GD&T 几何公差入门与提高
（第 2 版）

夏忠定　编著

电子工业出版社
Publishing House of Electronics Industry
北京·BEIJING

内 容 简 介

本书共 12 章,以及 3 个附录,系统地介绍了 GD&T 图纸的特点、基本术语和定义。本书详细阐述了 GD&T 的公差原则,24 个公差修饰符号的使用,12 个基本符号的定义、功能和检测,复合公差的理解和应用。本书采用国际最新标准 ASME Y14.5—2018 作为依据,内容全面、文字简明、图表数据充实,采用了大量、详细的应用图例,力求增强可读性、易懂性和实用性。

本书不仅对第 1 版的第 1~11 章的内容进行了修改和增减,还增加了第 12 章 "GD&T 和 GPS 主要差异分析"、附录 A "测量取点方案"和附录 B "拟合操作算法"等新内容。同时,对全书每章的习题内容也进行了补充,除了选择题,还增加了判断题和应用题,并附加了每章的习题答案(附录 C)。

本书不仅适合制造企业,尤其是汽车、航空行业的机械设计工程师、质量工程师、工艺工程师和测量工程师学习,而且适合大学本专科院校机械类专业的学生学习。

未经许可,不得以任何方式复制或抄袭本书之部分或全部内容。
版权所有,侵权必究。

图书在版编目(CIP)数据

GD&T 几何公差入门与提高 / 夏忠定编著. —2 版. —北京:电子工业出版社,2023.1
ISBN 978-7-121-44781-5

Ⅰ. ①G… Ⅱ. ①夏… Ⅲ. ①形位公差 Ⅳ. ①TG801.3

中国版本图书馆 CIP 数据核字(2022)第 249168 号

责任编辑:李树林　　文字编辑:底　波
印　　刷:三河市良远印务有限公司
装　　订:三河市良远印务有限公司
出版发行:电子工业出版社
　　　　　北京市海淀区万寿路 173 信箱　邮编:100036
开　　本:787×1 092　1/16　印张:21.5　字数:550 千字
版　　次:2019 年 7 月第 1 版
　　　　　2023 年 1 月第 2 版
印　　次:2023 年 1 月第 1 次印刷
定　　价:128.00 元

凡所购买电子工业出版社图书有缺损问题,请向购买书店调换。若书店售缺,请与本社发行部联系,联系及邮购电话:(010)88254888,88258888。
质量投诉请发邮件至 zlts@phei.com.cn,盗版侵权举报请发邮件至 dbqq@phei.com.cn。
本书咨询和投稿联系方式:(010)88254463,lisl@phei.com.cn。

序 一

2022年恰是国家"十四五"的第二年，正是国家高质量发展、数字化转型、智能制造的关键期。数字经济是全球未来的发展方向和趋势，对于制造业而言，数字化转型已不是"选择题"，而是关乎生存和长远发展的"必修课"。制造型企业数字化转型在很大程度上能够提升产品研发设计、生产制造、企业运营的能力，以及缩短产品研发周期。

在智能制造和全球协同制造的场景中，产品几何质量是关乎到产品设计、制造、检测等成本的协同控制与管理、供应链质量的控制与管理、产品服务质量管理等产品全生命周期的各个环节。

产品的数字化设计、制造、检测是制造型企业数字化转型的重要环节，新一代的几何尺寸与公差（GD&T）和产品几何技术规范（GPS）标准管控着产品的几何精度，其规范和严谨的标注表达方式和产品的定义清晰、无歧义，也更有利于机器与软件自动识别和判断。

借助三维标注技术，即通过在三维模型上规范地标注 GD&T 或 GPS 相关信息，清晰地表达产品的功能、制造和测量要求，下游部门可以直接重用设计发布的三维模型所有与制造相关的数据，实现数据的重用与设计、制造、检测无缝衔接，在很大程度上推动了企业的数字化转型。

目前，全球的产品几何精度管控标准存在两大体系：一是美国机械工程师协会（ASME）制定的 GD&T 标准；二是国际标准化委员会（ISO/TC213）制定的 GPS 标准体系。我国产品几何技术规范标准化技术委员会（SAC/TC240）的标准体系与 ISO 的 GPS 标准体系一致。GD&T 标准主要应用于北美，如美国、加拿大的公司及其在全球的分公司，我国的一些汽车主机厂和零部件厂也在使用。而 GPS 标准主要在欧洲公司及其全球分公司使用，我国的企业随着国家标准（GB）的不断发布也开始广泛采用 GPS 标准体系。

这两大标准体系（GD&T 和 GPS）的内容和定义有很多相同之处，但也存在一些差异。随着最新版本标准的不断发布，差异也越来越多。本书是作者根据其多年的企业培训经验，同时又结合国内汽车制造、航空、医疗、家电、工具等行业图纸对几何公差的要求，根据最新 GD&T 标准 ASME Y14.5—2018 和最新 GPS 国内与国际相关标准编写而成的。本书以 GD&T 标准内容为主体，同时增加相关章节专门讲解 GD&T 与 GPS 的主要差异，这将更有助于工程师理解不同标准体系的图纸。

  本书既适合制造业企业中的机械设计工程师、质量工程师、产品工程师、工艺工程师及现场检验和测量人员使用，也可以作为各大专院校毕业生岗前培训的参考资料和高等工科院校机械类及相关专业的教学参考书。

全国产品几何技术规范标准化技术委员会主任委员

明翠新

序二

　　制造业是国民经济的基础和工业化的产业主体，而与制造业息息相关的就是产品图纸，图纸的标注决定了产品质量、后期的检测和加工成本。合理的图纸标注一定要很好地表达产品的功能，同时能有效地控制产品的成本，并且图纸解释唯一，不存在歧义性。合理的公差标注、基准的选择，保证了产品可制造性，以及测量的重复和再现性。

　　早期的国内外大部分尺寸公差标准与规范，包括公差配合、几何公差、一般公差等，不能适应现代制造业信息化和数字化生产的发展。目前，大多数工程师还在按照传统的正负尺寸公差标注图纸，这样的图纸往往有很多缺点，如由于对图纸的不同理解导致各个部门的工程师相互之间扯皮推诿，产品功能无法通过图纸准确地表达，检测结果不统一，一个产品有多个测量结果，机器无法自动读取和识别标注的 PMI 信息。无论国外提倡的工业 4.0，还是中国制造强国战略，其中一个共同点就是智能制造。今后的产品设计是直接在 3D 模型上标注基准和公差等制造信息（即 PMI 信息）的，而且标注与 3D 模型的几何特征关联，机器通过提取特征自动获取相关的标注信息，从而轻松地实现数字化检测、制造和仿真，实现设计、制造和检测的一体化，最大限度地缩短产品开发周期，当然这些都离不开图纸基本的语言——GD&T。

　　几何尺寸和公差（GD&T），包括尺寸公差和几何公差，是国际上能精确描述产品几何技术规范的工程图纸语言，欧美企业广泛采用，国内越来越多的企业也开始重视并采用 GD&T 标注图纸，与之对应的国际标准就是 ASME Y14.5—2018。通过 GD&T 中的基准，12 个基本符号、24 个公差修饰符号、20 多个常用的基本术语，以及尺寸公差，能够对产品的功能进行准确无误的表达和管控，缩短设计时间，减少设计改动，提高设计质量。GD&T 能够准确地体现客户设计意图，提高产品设计和过程设计的可靠性，以及产品尺寸公差的验证和检测性，降低产品的检测和制造成本。GD&T 标注的图纸不但清晰易懂，而且标注的思路和逻辑也容易被工程师接受，如 GD&T 中的三步定图纸思路：第一步分析产品的功能，第二步选择并管控基准要素，第三步用基准要素去管控其他要素和特征。

本书既适合制造业企业中的机械设计工程师、质量工程师、产品工程师、工艺工程师及现场检验和测量人员使用，也可以作为各大专院校毕业生岗前培训的参考资料和高等工科院校机械类及相关专业的教学参考书。

苏州大学机电工程学院院长
国家杰出青年科学基金获得者
教育部长江学者特聘教授
国家"万人计划"专家
孙立宁

前言

本书详细介绍了几何公差和相关修饰符号的功能和应用,以及基准在设计、生产和检测过程(包括传统打表法和CMM测量以及检具设计)中的应用和理解。编写本书的目的主要是希望工程师们借助书中的内容和案例,提升其图纸几何公差能力。例如,通过正确的几何公差和相关公差修饰符号的标注,表达和保证零件各个功能的要求,合理地选择和标注基准要素及对基准要素的管控,正确地理解图纸中的几何公差标注及其检测方法和原理,包括三坐标和检具设计验证,正确理解并合理应用公差原则与相关标注要求等。

本书在编写过程中遵循以下3个原则。

(1)严格遵守相关的国际和国内几何尺寸和公差标准。

(2)案例设计和图表分析充分考虑相关行业中工程师实际面临的图纸问题,通过相关案例和图表,帮助工程师理解和应用国际和国内的公差标准。

(3)对标准的符号、定义的解释都尽量结合图表和文字,通俗易懂地解读标准内容,并且每章都设计了课后习题,用来帮助读者对相关章节内容的理解和回顾。

本书共12章和3个附录。第1章介绍了为什么要学习GD&T,GD&T在图纸标注中到底可以给企业带来哪些收益,以及能解决实际图纸中的哪些问题,并且阐述了传统的正负尺寸公差标注具有哪些缺点。第2、3章详细阐述了GD&T标准ASME Y14.5—2018中常用的28个术语和基本定义,以及对12个基本符号和24个修饰符号的理解和应用。第4章详细解释了相关公差原则的理解和应用,如独立原则、包容原则、与要素尺寸无关原则,与实体边界无关原则,以及最大实体和最小实体要求及尺寸基本规则。第5章详细介绍了基准(即基准参照系),包括基准的标注、基准的建立、公共基准的理解、怎样利用基准建立坐标系、基准最大实体要求和基准标注顺序、修饰符号对公差和产品测量的影响等。第6~10章系统地介绍了形状公差、方向公差、位置度公差、轮廓度公差和跳动度公差在图纸中的标注和应用,以及这些公差的检验方法和原理。第11章介绍了复合公差,包括复合轮廓度公差和复合位置度公差的标注规则、理解,以及复合公差与相关组合公差标注的区别。第 12 章系统介绍了 GD&T 和 GPS 这两大标准体系的主要差异。附录 A 介绍了测量取点方案，附录 B 介绍了几何公差测量常用的拟合操作算法，附录 C 给出各章习题的答案。

本书不仅对第 1 版的第 1~11 章的内容进行了修改和增减，还增加了第 12 章"GD&T 和 GPS 主要差异分析"、附录 A "测量取点方案"和附录 B "拟合操作算法"等新内容。同时，对全书每章的习题内容也进行了补充，除选择题外，还增加了判断题和应用题，并附加了每章的习题答案（附录 C）。

例如，第 2 章增加了术语实际最小实体包容面及其主要功能和用处，修改了中心线的定义等。第 3 章增加几何公差功能矩阵图。第 4 章修改了包容原则的两种检测方法，增加了最大/最小实体要求的两种解释以及零公差要求，公差要求和原则标注选择的建议。第 5 章增加了第一基准要素与自由度约束案例，一面、多孔基准建立基准参照系，基准标注的顺序和修饰符号的影响，基准选择与标注案例等内容。第 6 章增加了平面度公差、直线度公差、圆度公差和圆柱度公差图纸标注规范性检查流程。第 7 章增加了方向公差管控中心轴线的检测，修改了方向公差最大实体要求的两种检测方法，方向公差标注规范性检查流程。第 8 章增加了位置度公差图纸标注的三种表达方式、位置度公差图纸标注思路与流程案例、位置度公差同时要求、位置度公差最大实体要求两种检测方法、位置度公差标注规范性检查流程。第 9 章修改了非对称面轮廓度公差，增加了轮廓度公差的检测与原理，轮廓度公差三坐标测量，轮廓度公差图纸标注思路与案例，轮廓度公差标注规范性检查流程。第 10 章增加了跳动度公差与尺寸的关系，跳动度公差标注规范性检查流程。第 11 章增加了复合公差标注规范性检查流程。

另外，除特殊说明外，本书中的尺寸和公差单位都是毫米（mm），书中不再标注和说明。

感谢苏州大学的孙立宁教授和全国产品几何技术规范标准化技术委员会主任委员明翠新老师给本书提出的宝贵意见并为本书写序。感谢郑州大学赵凤霞教授、俞吉长老师、博世汽车的沈康、蔚来汽车的徐柱柱等资深 GD&T 专家为本书审稿，并且提出相关的改进意见。感谢电子工业出版社的编辑李树林、底波等对本书出版所做的工作。同时要感谢我的家人，在我编写本书过程中的全力支持与付出。最后，衷心感谢在工作中对我提供帮助和支持的人，同时也真诚地欢迎广大读者对本书的不足之处提出指正和建议，读者可以关注微信公众号"CMEU-CN"，或者发邮件至"simon_xia@yaaozxun.com"。

作 者

目 录

第1章 为什么学 GD&T 1
- 1.1 公差与误差 1
- 1.2 坐标尺寸公差标注方法 1
- 1.3 坐标尺寸公差标注的缺点分析 2
  - 1.3.1 图纸理解有歧义 3
  - 1.3.2 公差带小 4
  - 1.3.3 公差无补偿 4
  - 1.3.4 公差累积大 5
  - 1.3.5 产品功能无法表达 6
  - 1.3.6 不利于产品数字化研发 6
- 1.4 GD&T 公差及其优点分析 7
  - 1.4.1 什么是 GD&T 7
  - 1.4.2 GD&T 相关标准 7
  - 1.4.3 GD&T 六大优点分析 9
- 1.5 坐标尺寸公差无法有效表达图纸功能 12
  - 1.5.1 曲面的方向和位置无法有效表达 12
  - 1.5.2 孔组的位置无法有效表达 13
  - 1.5.3 螺纹孔的位置无法有效表达 13
  - 1.5.4 异形孔的尺寸无法表达 14
  - 1.5.5 坐标尺寸公差标注图纸无法做检具 14
- 1.6 正确使用坐标尺寸公差 15
- 本章习题 15

第2章 GD&T 基本术语和定义 19
- 2.1 概述 19

2.2　GD&T 常用的 28 个术语和基本定义 ··· 19
　　2.3　图纸中尺寸的标注 ··· 39
　　　　2.3.1　公制尺寸标注（Millimeter Dimensioning）··· 39
　　　　2.3.2　英制尺寸标注（Inch Dimensioning）··· 40
　　2.4　图纸中公差的标注 ··· 40
　　　　2.4.1　公制公差标注（Millimeter Tolerance）·· 40
　　　　2.4.2　英制公差标注（Inch Tolerance）·· 41
　　本章习题 ··· 41

第 3 章　GD&T 基本符号和修饰符号 ·· 45
　　3.1　12 个基本符号 ··· 45
　　3.2　24 个修饰符号 ··· 47
　　3.3　公差框格（Feature Control Frame）··· 56
　　　　3.3.1　公差框格定义 ·· 56
　　　　3.3.2　公差框格的标注 ·· 58
　　本章习题 ··· 58

第 4 章　GD&T 公差原则与相关要求 ·· 62
　　4.1　包容原则 ··· 62
　　　　4.1.1　包容原则的特点 ·· 64
　　　　4.1.2　包容原则的应用 ·· 65
　　　　4.1.3　包容原则的边界 ·· 65
　　　　4.1.4　包容原则与规则尺寸要素的关系 ··· 66
　　　　4.1.5　包容原则的检测 ·· 68
　　　　4.1.6　包容原则的失效 ·· 70
　　4.2　独立原则 ··· 71
　　　　4.2.1　独立原则的特点 ·· 72
　　　　4.2.2　独立原则的应用 ·· 72
　　　　4.2.3　独立原则的检测 ·· 72
　　4.3　最大实体要求 ··· 73
　　　　4.3.1　最大实体要求的功能 ··· 73
　　　　4.3.2　最大实体要求的图纸标注 ··· 74
　　　　4.3.3　最大实体要求下几何公差与尺寸公差之间的关系 ··· 74
　　　　4.3.4　最大实体零公差要求下几何公差与尺寸公差之间的关系 ······························ 74

  4.3.5 最大实体要求的两种解释 · 75

  4.3.6 最大实体要求的特点与应用 · 75

 4.4 最小实体要求 · 76

  4.4.1 最小实体要求的功能 · 76

  4.4.2 最小实体要求的图纸标注 · 76

  4.4.3 最小实体要求下几何公差与尺寸公差之间的关系 · 76

  4.4.4 最小实体零公差要求下几何公差与尺寸公差之间的关系 · · · · · · · · · · · · · · · 77

  4.4.5 最小实体要求的两种解释 · 78

  4.4.6 最小实体要求的特点与应用 · 78

 4.5 与要素尺寸无关原则和与实体边界无关原则 · 79

 4.6 公差要求与原则的选择以及标注建议 · 79

 4.7 图纸尺寸和公差标注基本规则 · 80

 本章习题 · 81

第5章 基准及基准参照系 · 85

 5.1 默认基准 · 85

  5.1.1 默认基准的缺点 · 85

  5.1.2 默认基准的后果 · 86

 5.2 基准 · 87

  5.2.1 基准要素符号和基准要素 · 87

  5.2.2 基准要素符号的标注 · 88

  5.2.3 基准要素的管控 · 89

 5.3 基准要素对应的理论几何边界 · 90

 5.4 基准的建立 · 91

  5.4.1 平面基准的标注与建立 · 92

  5.4.2 中心平面基准的标注与建立 · 92

  5.4.3 轴线基准的标注与建立 · 93

  5.4.4 孔基准的标注与建立 · 94

  5.4.5 第二基准和第三基准的标注与建立 · 95

 5.5 公共基准的理解与应用 · 97

  5.5.1 共面基准 · 97

  5.5.2 平行面基准 · 98

  5.5.3 共轴基准 · 99

  5.5.4 孔组基准 · 99

5.6 零件自由度及其约束 ··· 101
　　5.6.1 自由度 ·· 101
　　5.6.2 第一基准要素与自由度约束 ································· 102
5.7 基准参照系的建立 ·· 103
　　5.7.1 三平面基准建立基准参照系 ································· 104
　　5.7.2 一面两孔基准建立基准参照系 ···························· 105
　　5.7.3 一面、一孔和一槽基准建立基准参照系 ············ 106
　　5.7.4 一面、多孔基准建立基准参照系 ······················· 107
　　5.7.5 斜面基准建立基准参照系 ···································· 108
5.8 基准要素采用最大实体要求 ··· 109
5.9 基准要素采用最小实体要求 ··· 113
5.10 基准要素采用与要素尺寸无关原则 ······························ 117
5.11 基准要素偏移（Datum Feature Shift）······················· 117
5.12 同时要求（Simultaneous Requirement）···················· 123
5.13 基准目标 ·· 126
　　5.13.1 基准目标符号 ··· 126
　　5.13.2 基准目标区域 ··· 126
　　5.13.3 基准目标线 ··· 127
　　5.13.4 基准目标点 ··· 128
5.14 基准标注的顺序和修饰符号的影响 ······························ 128
5.15 基准选择与标注 ··· 130
本章习题 ·· 133

第6章　形状公差的理解与应用 ··· 138

6.1 平面度公差 ··· 138
　　6.1.1 平面度公差的应用 ·· 138
　　6.1.2 平面度公差最大实体应用 ···································· 140
　　6.1.3 单位面积平面度公差的应用 ································ 141
　　6.1.4 平面度公差常用的修饰符号 ································ 141
　　6.1.5 平面度公差的检测 ·· 142
　　6.1.6 平面度公差与包容原则的关系 ···························· 144
　　6.1.7 平面度公差标注规范性检查流程 ························ 144
6.2 直线度公差 ··· 145
　　6.2.1 直线度公差的应用 ·· 146

6.2.2 直线度公差最大实体应用 ·········· 148
　　6.2.3 单位长度的直线度公差的应用 ·········· 148
　　6.2.4 直线度公差常用的修饰符号 ·········· 149
　　6.2.5 直线度公差的检测 ·········· 149
　　6.2.6 直线度公差与包容原则的关系 ·········· 151
　　6.2.7 直线度公差标注规范性检查流程 ·········· 152
6.3 圆度公差 ·········· 153
　　6.3.1 圆度公差的应用 ·········· 154
　　6.3.2 圆度公差与包容原则的关系 ·········· 155
　　6.3.3 圆度公差常用的修饰符号 ·········· 155
　　6.3.4 圆度公差的检测 ·········· 155
　　6.3.5 圆度公差标注规范性检查流程 ·········· 156
6.4 圆柱度公差 ·········· 157
　　6.4.1 圆柱度公差的应用 ·········· 158
　　6.4.2 圆柱度公差与包容原则的关系 ·········· 159
　　6.4.3 圆柱度公差常用的修饰符号 ·········· 159
　　6.4.4 圆柱度公差的检测 ·········· 159
　　6.4.5 圆柱度公差标注规范性检查流程 ·········· 160
本章习题 ·········· 161

第7章 方向公差的理解与应用 ·········· 165

7.1 平行度公差 ·········· 165
　　7.1.1 平行度公差的应用 ·········· 165
　　7.1.2 平行度公差最大实体的应用 ·········· 167
　　7.1.3 平行度公差相切平面的应用 ·········· 168
　　7.1.4 平行度公差常用的修饰符号 ·········· 169
　　7.1.5 平行度公差的检测 ·········· 169
　　7.1.6 平行度公差标注规范性检查流程 ·········· 172
7.2 垂直度公差 ·········· 173
　　7.2.1 垂直度公差的应用 ·········· 174
　　7.2.2 垂直度公差最大实体的应用 ·········· 175
　　7.2.3 垂直度公差相切平面的应用 ·········· 176
　　7.2.4 垂直度公差常用的修饰符号 ·········· 177
　　7.2.5 垂直度公差的检测 ·········· 177

  7.2.6 垂直度公差标注规范性检查流程 ································ 180
 7.3 倾斜度公差 ·· 181
  7.3.1 倾斜度公差的应用 ·· 182
  7.3.2 倾斜度公差最大实体的应用 ··· 183
  7.3.3 倾斜度公差相切平面的应用 ··· 184
  7.3.4 倾斜度公差常用的修饰符号 ··· 184
  7.3.5 倾斜度公差的检测 ·· 185
  7.3.6 倾斜度公差标注规范性检查流程 ································ 188
 本章习题 ··· 189

第8章　位置度公差的理解与应用 ································ 193

 8.1 位置度公差的理解 ··· 193
  8.1.1 位置度公差的定义及其计算 ··· 194
  8.1.2 位置度公差图纸标注的三种表达方式 ································ 196
  8.1.3 位置度公差与要素尺寸无关原则 ······································· 196
  8.1.4 位置度公差最大实体要求 ·· 196
  8.1.5 位置度公差最小实体要求 ·· 198
  8.1.6 位置度公差图纸标注思路与流程案例 ································ 199
  8.1.7 位置度延伸公差带 ·· 201
  8.1.8 单方向位置度公差标注 ··· 202
  8.1.9 位置度公差管控对称关系 ·· 203
  8.1.10 位置度公差管控同轴关系 ·· 204
  8.1.11 位置度公差不带基准 ··· 204
  8.1.12 位置度零公差最大实体要求 ·· 205
  8.1.13 组合位置度公差标注与理解 ·· 206
  8.1.14 位置度公差应用在多个成组要素上 ································· 209
  8.1.15 位置度公差同时要求 ··· 210
 8.2 位置度公差的检测 ··· 211
  8.2.1 位置度公差与要素尺寸无关原则检测 ································ 211
  8.2.2 位置度公差最大实体要求两种检测方法 ··························· 215
  8.2.3 位置度公差基准最大实体要求检测原理 ··························· 216
  8.2.4 组合位置度公差最大实体要求检具设计 ··························· 218
 8.3 图纸中位置度公差的计算 ··· 218
 8.4 位置度公差标注规范性检查流程 ···································· 220

本章习题 ··· 221

第9章 轮廓度公差的理解与应用 ··· 225

9.1 理论轮廓 ··· 225
9.2 面轮廓度公差 ·· 225
9.2.1 不带基准的面轮廓度公差 ·· 226
9.2.2 带基准的面轮廓度公差 ··· 227
9.2.3 非对称面轮廓度公差 ·· 229
9.2.4 动态面轮廓度公差 ··· 231
9.2.5 非均匀面轮廓度公差带 ··· 233
9.2.6 面轮廓度公差常用的修饰符号 ·· 234
9.2.7 面轮廓度公差同时应用在多个表面 ·· 234
9.2.8 面轮廓度公差应用在闭合的表面 ··· 236
9.2.9 面轮廓度和位置度公差组合应用 ··· 237
9.2.10 组合面轮廓度公差的理解与应用 ·· 238
9.3 线轮廓度公差 ·· 241
9.3.1 不带基准的线轮廓度公差 ·· 241
9.3.2 带基准的线轮廓度公差 ··· 242
9.4 轮廓度公差的检测与原理 ··· 243
9.4.1 自由度全约束的轮廓度公差 ··· 243
9.4.2 自由度未被全约束的轮廓度公差 ··· 244
9.4.3 轮廓度公差三坐标测量机检测 ·· 248
9.5 轮廓度公差图纸标注思路与案例 ·· 248
9.6 轮廓度公差标注规范性检查流程 ·· 251
本章习题 ··· 251

第10章 跳动度公差的理解与应用 ··· 256

10.1 全跳动公差 ·· 256
10.1.1 全跳动公差的应用与检测 ··· 257
10.1.2 全跳动公差管控的功能 ·· 260
10.2 圆跳动公差的标注与检测 ·· 261
10.3 跳动度公差与尺寸的关系 ·· 263
10.3.1 跳动度公差大，尺寸公差小 ·· 263
10.3.2 跳动度公差小，尺寸公差大 ·· 264

10.4 跳动度公差标注规范性检查流程 ················· 265
本章习题 ································ 265

第 11 章 复合公差的理解与应用 ················· 268

11.1 复合轮廓度公差 ························ 268
    11.1.1 复合轮廓度公差的标注规则 ············· 268
    11.1.2 复合轮廓度公差应用在单一的表面要素 ········ 269
    11.1.3 复合轮廓度公差应用在成组表面要素 ········· 270
11.2 复合位置度公差 ························ 274
    11.2.1 复合位置度公差的标注规则 ············· 274
    11.2.2 复合位置度公差应用在成组要素 ··········· 274
11.3 复合公差标注规范性检查流程 ················ 280
本章习题 ································ 281

第 12 章 GD&T 和 GPS 主要差异分析 ··············· 285

12.1 概述 ····························· 285
12.2 公差原则的差异 ························ 285
    12.2.1 独立原则 ····················· 285
    12.2.2 包容原则 ····················· 286
12.3 相关定义的差异 ························ 287
    12.3.1 轴线的定义 ···················· 287
    12.3.2 中心线的定义 ··················· 287
    12.3.3 中心平面的定义 ·················· 288
    12.3.4 中心面的定义 ··················· 289
12.4 几何公差图纸标注和解释的差异 ··············· 289
    12.4.1 方向公差 ····················· 290
    12.4.2 位置度公差 ···················· 291
    12.4.3 轮廓度公差 ···················· 297
12.5 图纸投影视角的差异 ····················· 301
    12.5.1 第三投影视角 ··················· 301
    12.5.2 第一投影视角 ··················· 302
本章习题 ································ 302

附录 A 测量取点方案 ······················· 306

A.1 概述 ····························· 306

  A.2 取点方案 ·· 306

附录 B 拟合操作算法 ··· 309
  B.1 概述 ·· 309
  B.2 最小二乘法 ··· 309
  B.3 约束的最小二乘法 ··· 310
  B.4 最小区域法 ··· 310
  B.5 约束的最小区域法 ··· 311
  B.6 最大内切法 ··· 312
  B.7 最小外接法 ··· 313
  B.8 外（贴）切接法 ·· 314

附录 C 习题答案 ·· 315
  第 1 章 习题答案 ·· 315
  第 2 章 习题答案 ·· 315
  第 3 章 习题答案 ·· 316
  第 4 章 习题答案 ·· 316
  第 5 章 习题答案 ·· 317
  第 6 章 习题答案 ·· 318
  第 7 章 习题答案 ·· 318
  第 8 章 习题答案 ·· 319
  第 9 章 习题答案 ·· 319
  第 10 章 习题答案 ·· 320
  第 11 章 习题答案 ·· 320
  第 12 章 习题答案 ·· 321

参考文献 ·· 322

第 1 章

为什么学 GD&T

1.1 公差与误差

公差就是实际零件的各要素相对理想要素的最大允许变动量,也就是在图纸或三维模型上标注对零件几何精度的规范要求,包括尺寸公差、形状公差、方向公差和位置公差。公差是通过图纸标注获得的,从而对零件的加工和测量提出要求。

由于加工设备的精度、加工工艺方法和零件在加工过程中的装夹定位等因素,零件各要素的实际尺寸、形状、方向和位置相对理论的尺寸、形状、方向和位置有一定的偏离量,这种实际的偏离量就叫作误差。误差要通过对实际零件进行测量才能获得,实际误差值比图纸上标注的公差值小,零件才算合格。公差与误差标注示例如图 1-1 所示。

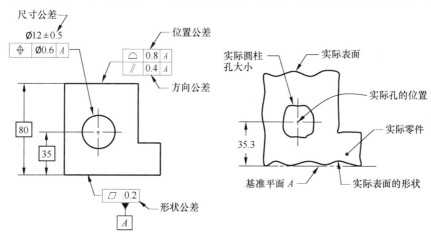

图 1-1 公差与误差标注示例

1.2 坐标尺寸公差标注方法

图纸中公差有四大类,即尺寸公差、形状公差、方向公差和位置公差,应根据对产品的几何精度特性要求的不同,选择性地标注相应类型的公差,从而达到合理规范的图纸标注。

目前,工程师在工程技术图纸中常用的是坐标尺寸公差标注法,也就是正负尺寸公差标注法,即用正负尺寸公差在直角坐标系下管控中心要素(如中心轴线、中心平面)或表面要素的方向和位置,坐标尺寸公差标注示例如图1-2所示。这样的标注不符合标准规范,也不利于数字化的检测和对图纸的理解。

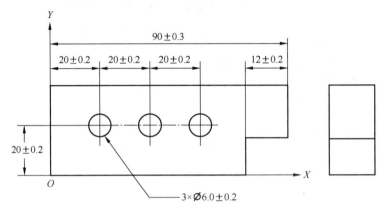

图1-2 坐标尺寸公差标注示例

1.3 坐标尺寸公差标注的缺点分析

坐标尺寸公差标注的图纸会引起一系列问题,包括图纸理解、功能表达、制造成本、测量不确定性、数字化测量和制造等,具体见表1-1。

表1-1 坐标尺寸公差标注的图纸存在的问题

图纸理解有歧义	没有基准,检测可以得到不同的结果; 合格零件被废弃; 不合格零件被接受
公差带小	公差带是方形或长方形的; 公差带较小; 生产成本较高
公差无补偿	公差带尺寸固定; 满足功能的零件被漏掉; 生产成本更高,资源浪费
公差累积大	公差累积大
产品功能无法表达	零件的功能无法通过图纸在设计、制造、质量和供应商之间准确有效地传递
不利于产品数字化研发	不利于MBD数据的自动传递和重用; 机器和软件无法自动识别设计意图; 无法实现从设计、工艺和质量的自动化流程

在表1-1中MBD的英文全称为Model Based Definition,基于模型的定义,即在三维模型上直接标注与之相关的制造信息,包括公差、基准、表面粗糙度、注释和通用要求

等。下游部门包括质量部门和工艺部门,可以通过相关软件直接读取模型的标注信息,从而重用设计端的数据,实现数据和流程的自动化。

1.3.1 图纸理解有歧义

坐标尺寸公差无法指定基准及基准的顺序,检测工程师往往无法根据坐标尺寸公差标注的图纸建立统一的基准参照系(坐标系)。不同的检测工程师检测的结果可能不一样,所以产品检测结果不唯一,图纸理解有歧义。

在图 1-2 中,管控两个平面之间距离的尺寸 12±0.2,图纸标注没有指明哪个平面是基准平面,哪个平面是被测平面,测量时就会出现两种不同的结果。

坐标尺寸公差缺点之检测结果不唯一标注示例如图 1-3 所示。如果把右边的平面当作基准平面,则基准是实际表面的体外相切平面,然后左边被测平面上每个点到基准平面的距离为实测距离。另一种测量结果是把左边的平面当作基准平面,基准是实际表面的体外相切平面,然后右边平面上每个点到基准平面的距离为实测距离。可见,两种检测结果不一样,检测结果具有争议,无法判断哪种结果是对的。

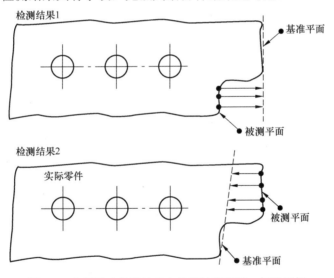

图 1-3　坐标尺寸公差缺点之检测结果不唯一标注示例

对于图 1-2 中管控孔的中心到 X 轴和 Y 轴的位置尺寸 20±0.2,图纸标注无法指明 X 轴和 Y 轴谁是第一基准,谁是第二基准,检测时因为基准的顺序不明确,结果也不一样。坐标尺寸公差缺点之无法指定基准顺序标注示例如图 1-4 所示。如果把 X 轴作为第一基准,Y 轴作为第二基准,则实际零件与检测夹具首先贴合第一基准 X 轴,然后贴合第二基准 Y 轴,检测孔的中心到 X 轴的距离是 H_1。如果把 Y 轴作为第一基准,X 轴作为第二基准,则实际零件与检测夹具首先贴合第一基准 Y 轴,然后贴合第二基准 X 轴,检测孔的中心到 X 轴的距离是 H_2。两种检测结果不一样,检测结果有争议,无法判断哪种结果是对的。

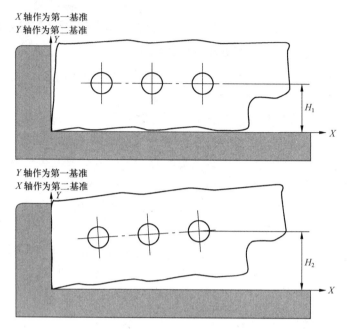

图 1-4　坐标尺寸公差缺点之无法指定基准顺序标注示例

1.3.2　公差带小

坐标尺寸公差缺点之公差带小标注示例如图 1-5 所示。在图 1-5 中，坐标尺寸公差的公差带形状是方形的，方形公差带边长为 0.4，且相对理想位置对称分布。图纸表示只要孔的中心位置在方形公差带里就可以满足孔和轴的装配功能，即孔的实际中心在方形公差带的 4 个角点的位置也是可以满足功能的，由于孔和轴之间的间隙是圆环形，从而可以得出只要孔的实际位置与理想位置的偏差是 R 都可以满足装配功能。因此，孔的位置度公差带应该是以 R 为半径的圆形，而不是方形，方形公差带比圆形公差带小，漏掉了一部分满足装配功能的零件，降低了产品的合格率。

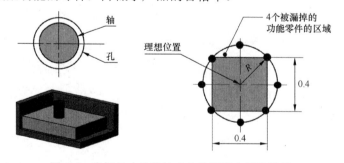

图 1-5　坐标尺寸公差缺点之公差带小标注示例

1.3.3　公差无补偿

坐标尺寸公差缺点之公差无补偿标注示例如图 1-6 所示，坐标尺寸公差的公差带是固定的，它不会随着孔直径的变大而变大。实际情况是孔直径变大，孔和轴的间隙变大，孔相对理论位置的偏移可以增大，即孔的位置公差应该是可以放大的，公差带固定会导致一部分满足装配功能的零件被漏掉。而 GD&T 图纸标注的位置度公差后面加最大实体状态（MMC）修饰符号Ⓜ后，允许位置度公差可以得到补偿放大，允许位置度公差值随着孔的实际直径尺寸变化而变化。

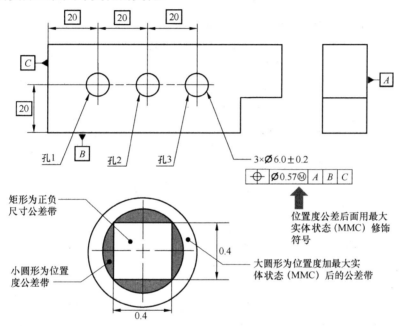

图 1-6　坐标尺寸公差缺点之公差无补偿标注示例

1.3.4　公差累积大

坐标尺寸公差缺点之公差累积大标注示例如图 1-7 所示。在图 1-7 中的坐标尺寸公差标注，孔 1 的中心到 Y 轴的距离是 20±0.2，孔 2 的中心到 Y 轴的距离是 40±0.4，孔 3 的中心到 Y 轴的距离是 60±0.6，孔 1 和孔 2 的位置度公差都逐步地累积到了孔 3 中。

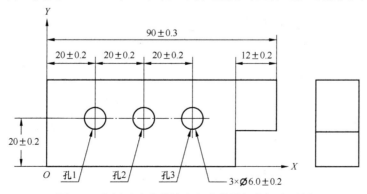

图 1-7　坐标尺寸公差缺点之公差累积大标注示例

1.3.5 产品功能无法表达

坐标尺寸公差缺点之产品功能无法有效表达标注示例如图 1-8 所示，零件实际装配是靠 3 个平面定位的（底平面和两个侧面），中间 3 个孔用螺栓紧固，如果图纸是按图 1-2 所示的坐标尺寸公差标注的，那么整个图纸就没有基准，而且孔的位置是用坐标尺寸公差标注管控的，下游部门如质量部门、工艺部门和供应商等不能从图纸中读出产品的相关功能信息。比如，产品装配定位是靠面还是靠孔，3 个孔是用来装配紧固还是定位的，都无法从图 1-2 的图纸中读出这些功能信息。

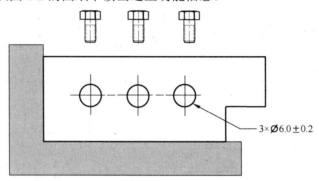

图 1-8 坐标尺寸公差缺点之产品功能无法有效表达标注示例

1.3.6 不利于产品数字化研发

制造业数字化转型已是大势所趋，对于制造业发展而言，数字化转型已不是"选择题"，而是关乎生存和长远发展的"必修课"，同时产品设计制造数字化又是企业数字化的重中之重，基于模型的定义（MBD）必将取代传统的二维图纸标注。通过在三维模型上规范的标注和定义，清晰表达产品的功能、制造和测量要求，其他部门可以直接重用 MBD 模型的数据，实现数据的重用和无缝链接。基于 MBD 模型的协同并行设计如图 1-9 所示，PMI 的英文全称为 Product Manufacturing Information，即产品制造数据信息。

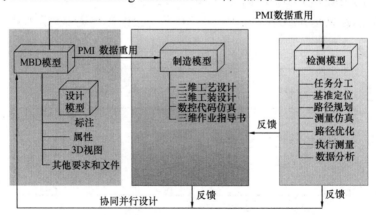

图 1-9 基于 MBD 模型的协同并行设计

如果在 MBD 模型上全部标注坐标尺寸公差（正负公差），而坐标尺寸公差无法清晰表达产品的功能，以及制造和测量要求，同时坐标尺寸公差标注无基准，软件无法自动创建基准坐标系，那么对测量和制造的结果都会带来很大的不确定性，不利于数据的重用和链接，阻碍了企业的数字化进程。

1.4 GD&T 公差及其优点分析

1.4.1 什么是 GD&T

GD&T 的全称是 Geometrical Dimensioning and Tolerancing，对应的中文是"几何尺寸和公差标注"，相应的标准是 ASME Y14.5—2018，目前在欧美的汽车行业及相关的制造行业使用比较多。通过几何公差的图纸标注，可以有效且精确地表达产品的功能，同时尽量地放大制造公差，降低产品的成本，提高产品的合格率。GD&T 几何公差功能标注示例如图 1-10 所示，设计工程师通过 GD&T 中的相关原则、符号、基准和各种公差，精确地在图纸上表达产品的功能。制造工艺工程师通过 GD&T 图纸能够很好地理解产品的功能要求，并加工出合格的产品。质量工程师根据 GD&T 图纸对产品的要求，对实际产品进行尺寸公差检测，有效地判定哪些产品是合格的。GD&T 标注的图纸可以统一不同部门的工程师及供应商对图纸的理解，图纸解释是唯一的，不会引起歧义，GD&T 是工程师们的共同图纸语言。

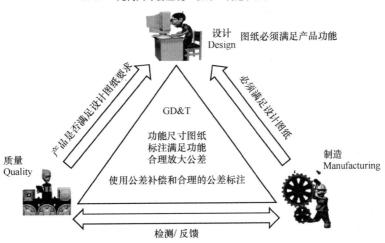

图 1-10 GD&T 几何公差功能标注示例

1.4.2 GD&T 相关标准

与 GD&T 相关的标准如下。

（1）ASME Y14.5—2018：*Dimensioning and Tolerancing*，即工程图纸的尺寸和公差标注。

（2）ASME Y14.5.1—2019：*Mathematical Definition of Dimensioning and Tolerancing Principles*，即尺寸和公差原理的数学定义。

（3）ASME Y14.41—2019：*Digital Production Definition Data Practices*，即数字产品定义数据规则（MBD-GD&T 三维标注）。

（4）ASME Y14.43—2011：*Dimensioning and Tolerancing Principles for Gages and Fixtures*，即检具和夹具的尺寸公差标注原则。

（5）ASME Y14.8—2022：*Casting,Forgings, and Molded Parts*，即铸造、锻造和模制件。

本书主要参考 ASME Y14.5—2018 标准来编写，该标准的正文（不包括附录和其他）由 12 部分组成，ASME Y14.5—2018 内容框架标注示例如图 1-11 所示，内容如下。

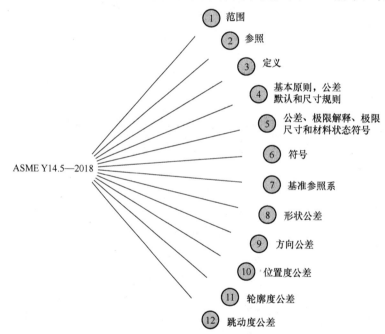

图 1-11　ASME Y14.5—2018 内容框架标注示例

① 范围。

② 参照。

③ 定义。

④ 基本原则、公差默认和尺寸规则。

⑤ 公差、极限解释、极限尺寸和材料状态符号。

⑥ 符号。

⑦ 基准参照系。

⑧ 形状公差。
⑨ 方向公差。
⑩ 位置度公差。
⑪ 轮廓度公差。
⑫ 跳动度公差。

1.4.3　GD&T 六大优点分析

与坐标尺寸公差相比较，GD&T 图纸标注具有一些优点（见表 1-2）。比如，图纸理解无歧义，检测结果唯一，孔的位置度公差带是圆形公差带，公差可以补偿（放大），产品的功能可以通过图纸精确地表达和传递，GD&T 图纸标注不但可以降低产品的制造成本，也可以降低产品的检测成本，同时也是产品的数字化和自动化检测基础。通过 MBD（基于模型的定义）技术，机器和软件自动识别和读取标注信息，下游部门如检测和工艺部门可以重用设计部门的 PMI（产品制造加工信息，包括尺寸、公差和基准）。通过 GD&T 的标注可以使设计、加工到检测的全流程集成，从而缩短产品的研发时间。

表 1-2　GD&T 图纸标注优点

图纸理解无歧义	基准统一检测结果； 指导检测； 消除零件质量问题的争议； 检测成本低
公差带大	公差带是圆形的； 增加公差带大小 57%； 制造成本低
公差有补偿	使用公差修饰符 MMC 或 LMC，公差带更大，公差有补偿； 好零件被接受，坏零件被拒收； 绿色生产
公差累积小	公差累积小，零部件公差分配更合理
产品功能有效表达	有基准，通过基准控制其他特征，几何公差后加上相应的修饰符号，零件功能在图纸上一目了然
有利于产品数字化研发	数据重用，产品研发流程自动化； 有利于设计和制造部门的沟通

1. 图纸理解无歧义

GD&T 公差优点之图纸理解唯一标注示例如图 1-12 所示，孔的位置是用位置度公差管控的，位置度公差值为 0.57，参照基准 A、B、C，基准 A 是底面，基准 B 和 C 是另外两个侧面，基准 A 是第一基准，基准 B 和 C 分别是第二基准和第三基准。孔的中心之间的理论距离是 20，孔的中心相对基准 B 和 C 的理论距离也是 20。产品位置度公差检测时，按照基准的顺序，把实际零件在检测夹具上定位后建立坐标系，或者按照参照基准的标注顺序直接在基准要素上取点建立坐标系，依据基准 A、B、C 的先后顺序建立坐标系，每个检测工程师对图纸和检测过程的理解是唯一的。

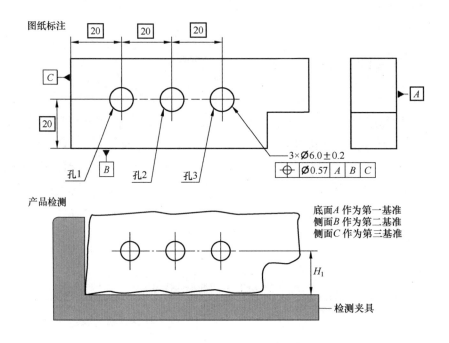

图 1-12　GD&T 公差优点之图纸理解唯一标注示例

2. 公差带大

GD&T 公差优点之公差带大标注示例如图 1-13 所示。GD&T 位置度公差带是圆形的，与坐标尺寸公差的矩形公差带比较，圆形公差带大（大了约 57%）。公差带大，合格率自然就提高了，产品的制造成本就降低了。

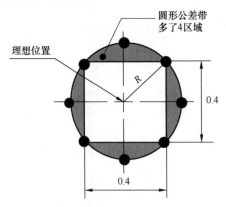

图 1-13　GD&T 公差优点之公差带大标注示例

3. 公差有补偿

GD&T 公差优点之公差有补偿标注示例如图 1-14 所示。因为 GD&T 中一些几何公差可以采用最大实体状态（MMC）和最小实体状态（LMC）修饰符号，公差采用最大实体要求或最小实体要求后，公差值是可以放大的，即公差有补偿。在图 1-14 中，孔的位置度公差后面加了一个修饰符号Ⓜ，其允许的位置度公差与孔的尺寸对应关系可参见图 1-14 中的右侧部分，最大允许的位置度公差是 0.97。位置度公差从最小的 0.57 变大到最大的 0.97，公差放大了 0.4。关于公差补偿在本书的后面相关章节中有详细的介绍。

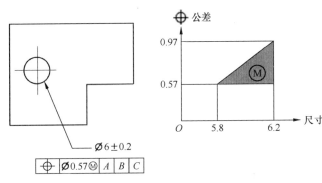

图 1-14 GD&T 公差优点之公差有补偿标注示例

4. 公差累积小

GD&T 公差优点之公差累积小标注示例如图 1-15 所示。相对于坐标尺寸公差标注，GD&T 图纸标注，公差累积会更小，在图 1-15 中，孔 3 的中心到基准 C 边的理想距离尺寸是 60，公差是位置度公差 0.4，即相对基准 C 边的位置极限偏差是±0.2。孔 1 和孔 2 的位置度公差不会累积到孔 3 中，因为孔 3 的参照基准是 A、B、C，而不是孔 2。相对于坐标尺寸公差标注的图纸，GD&T 标注的图纸公差累积会更小。

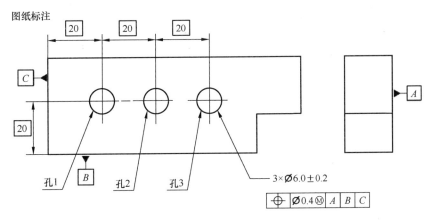

图 1-15 GD&T 公差优点之公差累积小标注示例

5. 产品功能有效表达

图 1-15 所示的图纸标注可以传递出产品的功能信息,如零件装配靠 3 个平面 A、B、C 定位,中间 3 个孔是用来装配的,因为 3 个平面是基准,基准即代表安装定位面,而 3 个孔的位置度公差加了 Ⓜ,表示装配。关于 Ⓜ 的功能,在本书后面的相关章节中详细介绍。GD&T 图纸标注,不但确保产品功能的有效表达和传递,而且确保每个工程师从图纸里读出的产品功能信息都是一致的。

6. 有利于产品数字化研发

基于 MBD 的三维 GD&T 标注,是在产品三维模型中描述与产品相关的所有设计信息、工艺信息、产品属性以及管理信息的先进的产品数字化定义方法。各类信息按照模型的方式进行组织管理、显示、传递和重用。MBD 使制造信息和设计信息共同定义到三维数字化模型中,使其成为生产制造过程的唯一数据依据,实现 CAD 和 CAM(加工、装配、测量、检验)的高度集成。基于 MBD 的三维 GD&T 标注彻底改变了传统的以二维图纸为主、三维模型为辅来定义产品的方式,开创了一个新的产品研发模式。MBD 标注模型示例如图 1-16 所示。

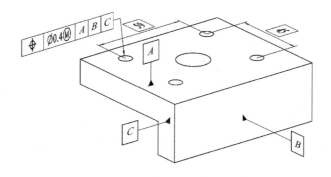

图 1-16　MBD 标注模型示例

1.5　坐标尺寸公差无法有效表达图纸功能

1.5.1　曲面的方向和位置无法有效表达

曲面的方向和位置无法有效表达标注示例如图 1-17 所示。有些产品的功能,坐标尺寸公差是无法有效表达出来的。比如,曲面到基准 A 的位置高度如何表达,曲面对基准 A 的位置和方向分开管控(位置高度公差大,方向公差小),曲面对基准 A 的位置表达为单边公差(相对理论位置只能高不能低,或者只能低不能高)。坐标尺寸公差都无法有效地表达以上的功能要求,但 GD&T 中的轮廓度公差、复合轮廓度公差及轮廓度公差后标注修饰符号 Ⓤ 可以很好地表达这些功能要求,具体相关讲解可参考本书第 9 章。

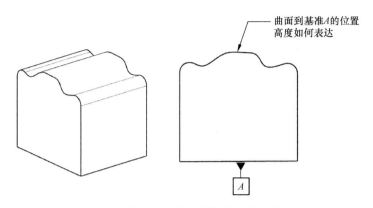

图 1-17 曲面的方向和位置无法有效表达标注示例

1.5.2 孔组的位置无法有效表达

孔组的位置无法有效表达标注示例如图 1-18 所示。如果两个孔之间的相对位置比每个孔到基准 A 的位置更重要,即需要图纸管控两个孔之间的距离是 30±0.1,左右两个孔到基准 A 的距离分别是 30±0.2 和 60±0.2,坐标尺寸公差无法表达上述的功能要求。坐标尺寸公差能表达孔之间的位置公差要求,就不能表达每个孔相对基准 A 边的位置度公差要求;能表达每个孔相对基准 A 边的位置度公差要求,就不能表达两个孔之间的位置度公差要求。但用 GD&T 中的组合位置度公差就可以很好地在图纸上表达上述的功能要求。位置度公差标注两行,第一行公差值为 0.4 带基准 A,第二行位置度公差值为 0.1 不带基准。关于组合位置度公差的具体相关讲解参考本书第 8 章。

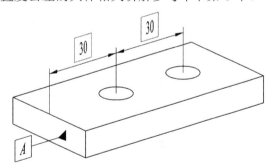

图 1-18 孔组的位置无法有效表达标注示例

1.5.3 螺纹孔的位置无法有效表达

螺纹孔的位置无法有效表达标注示例如图 1-19 所示。螺纹是一种常用的紧固方法,但往往由于螺纹孔在加工过程中可能会倾斜,螺栓拧进螺纹孔后也会倾斜,装配时很有可能和另一个板的通孔干涉了,从而导致装配问题。坐标尺寸公差往往除加严公差外,无法用一个更有效的图纸标注来解决上述问题。GD&T 在位置度公差后标注修饰符号Ⓟ（延伸公差带）可以很好地解决这个问题。关于修饰符号Ⓟ的具体相关讲解参考本书第 8 章。

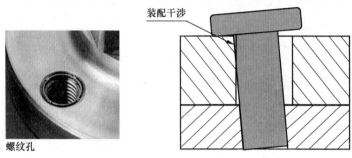

图 1-19　螺纹孔的位置无法有效表达标注示例

1.5.4　异形孔的尺寸无法表达

异形孔的尺寸无法表达标注示例如图 1-20 所示。对于规则的圆孔和圆轴，想要满足孔被加工后相对理论尺寸值只能做大、轴被加工后相对理论尺寸值只能做小的功能要求，用坐标尺寸公差可以在图纸上表达，可参见图 1-20 的左侧部分。但对于不规则的异形孔和轴，用尺寸公差标注几乎无法表达孔相对理论尺寸只能做大、轴相对理论尺寸只能做小的功能要求。而 GD&T 中轮廓度公差后标注修饰符号Ⓤ可以很好地表达异形孔尺寸大小。关于修饰符号Ⓤ的相关讲解可参考本书第 9 章。

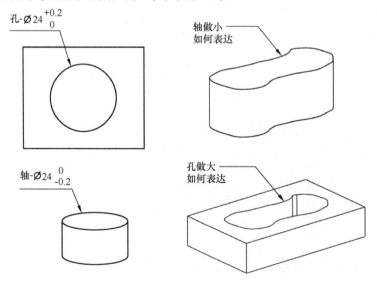

图 1-20　异形孔的尺寸无法表达标注示例

1.5.5　坐标尺寸公差标注图纸无法做检具

坐标尺寸公差标注缺点之无法做检具标注示例如图 1-21 所示。当进行检具设计检测产品时，被测零件是用平面定位还是用孔定位？用大孔定位还是小孔定位？定位销做成圆柱销还是圆锥销？检测销做成什么形状？尺寸是多少？整张图纸是无法回答上述问题的，根据图纸标注无法设计产品检具。

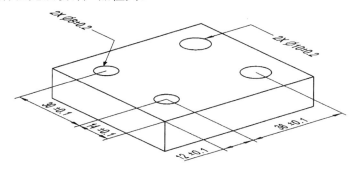

图 1-21　坐标尺寸公差标注缺点之无法做检具标注示例

1.6　正确使用坐标尺寸公差

坐标尺寸公差（正负尺寸公差）虽然在表达要素的形状、方向和位置上有很多缺点和不足，有时甚至无法表达，但这并不代表它无用武之地，坐标尺寸公差可以有效地表达规则尺寸要素的尺寸大小，如孔和轴的直径大小、槽和凸台的宽度或厚度大小、球的直径大小等。如果需要管控表面要素（Feature）或尺寸要素（Feature of Size）的形状、方向和位置，建议采用 GD&T 标注方法。坐标尺寸公差的使用范围见表 1-3。

表 1-3　坐标尺寸公差的使用范围

标注类型	建议使用	不建议使用
尺寸大小（Size）	是	
倒角（Chamfer）		是
圆角（Radius）		是
形状（Form）		是
方向（Orientation）		是
位置（Location）		是

本　章　习　题

一、判断题

1. 公差是图上或模型上标注的对零件的几何精度规范要求。（　　）

2. 误差是要素的实际值相对理论值的偏差量。（ ）
3. 图纸或模型标注的公差值就是零件误差最大允许量。（ ）
4. 形位公差包括尺寸公差、形状公差、方向公差和位置公差。（ ）
5. 小圆弧、倒圆角建议标注坐标尺寸公差管控其大小。（ ）
6. 规则尺寸要素的尺寸大小可以通过坐标尺寸公差管控。（ ）
7. 中心要素如中心轴线和中心平面的位置可以通过坐标尺寸公差有效管控。（ ）
8. 位置度公差可以带基准同时采用最大实体要求。（ ）
9. 异形孔的尺寸大小可以通过轮廓度公差有效表达。（ ）
10. GD&T 相关的定义、符号和基准的介绍参照标准 ASME Y14.5—2018。（ ）
11. 关于 GD&T 符号和公差相关的数学定义参照标准 ASME Y14.5.1—2019。（ ）
12. 坐标尺寸公差标注的图纸优点之一就是图纸标准清晰易懂。（ ）

二、选择题

1. 坐标尺寸公差标注图纸表达方向、位置要求时，（ ）。
   A. 理解是唯一的　　　　　　　　B. 检测结果是唯一的
   C. 理解有歧义　　　　　　　　　D. 以上答案都正确
2. 坐标尺寸公差标注圆柱孔的位置，其公差带是（ ）。
   A. 圆形的　　　B. 椭圆形的　　　C. 扇形的　　　D. 方形或长方形的
3. 坐标尺寸公差标注的图纸，其公差允许值（ ）。
   A. 可以变化　　　B. 可以补偿　　　C. 固定不变　　　D. 以上答案都不正确
4. GD&T 标注的图纸，可以在公差框格里的公差值后面加（ ）修饰符号。
   A. 最大实体状态（MMC）　　　　B. 最小实体状态（LMC）
   C. 统计公差符号 ST　　　　　　D. 以上答案都正确
5. 对于一个圆柱孔的位置，如果 GD&T 的圆形公差带要转换为坐标尺寸公差的方形公差带，那么（ ）。
   A. 其方形公差带是圆形公差带的外接正方形
   B. 其方形公差带是圆形公差带的内接正方形
   C. 方形公差带比圆形公差带大
   D. 以上答案都正确
6. 对于同一个孔的位置，在同样满足装配功能的前提下，标注坐标尺寸公差和 GD&T 位置度公差相比较，（ ）。
   A. 坐标尺寸公差的公差带比位置度公差带大 57%
   B. 位置度公差的公差带比坐标尺寸公差的公差带大 57%
   C. 坐标尺寸公差的公差带比位置度公差带大 67%

D．坐标尺寸公差的公差带比位置度公差带小 67%

7．坐标尺寸公差可以有效地管控尺寸要素的（　　）。

A．尺寸大小　　　　B．形状误差　　　C．方向误差　　　D．位置误差

8．几何公差可以有效地管控表面要素和尺寸要素的（　　）。

A．形状误差　　　　B．方向误差　　　C．位置误差　　　D．以上所有

9．请计算图 1-22 所示的 X 的尺寸和公差，X 的尺寸和公差应为（　　）。

A．20±0.05　　　　B．20±0.1　　　　C．20±0.2　　　　D．20±0.25

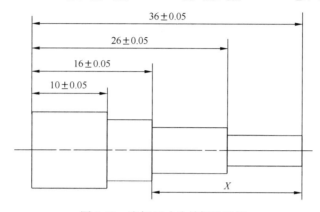

图 1-22　坐标尺寸公差标注示例

三、应用题

根据图 1-23 回答问题。

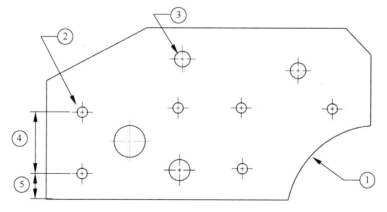

图 1-23　图纸尺寸与公差标注示例

1．管控标记①的圆弧的尺寸大小建议怎样标注才规范合理？

2．管控标记②和③的圆的尺寸大小建议标注什么公差才规范合理？

3．管控标记②和③的圆的位置建议标注什么公差才规范合理？

4．管控标记②的孔相对边的位置，在标记④和⑤处应该标注什么尺寸才合理？

第 2 章 GD&T 基本术语和定义

2.1 概述

本章详细阐述 GD&T 标准、工程图纸中常用的 28 个术语和基本定义,以及尺寸和公差在公制和英制中的标注方法。GD&T 是一门图纸语言,是工程师之间交流沟通的工具,只有了解掌握相关的术语和定义,才能熟练地应用 GD&T 这门图纸语言在工程师之间顺畅地交流与沟通。

2.2 GD&T 常用的 28 个术语和基本定义

1. 表面要素 (Feature)

表面要素是指零件的实际物理表面,如轴、孔、槽的表面。也就是说,能够用手指感知并能留下指纹的表面就叫作表面要素。表面要素标注示例如图 2-1 所示,图中共有 7 个表面要素。

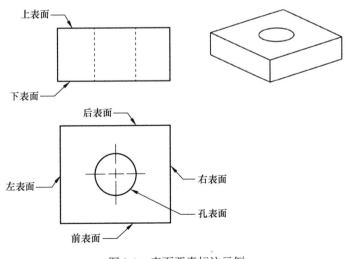

图 2-1 表面要素标注示例

2. 对立（Opposed）

对立标注示例如图 2-2 所示，在图 2-2（a）中，A 和 B 是完全对立的两个相互平行的平面，因为在 A 平面上的任意一点，在 B 平面上都能够找到对立的另一个点。在图 2-2（b）中，A 和 B 是部分对立的两个相互平行的平面，因为 A 平面上的点只有一部分能够在 B 平面上找到对立的点。在图 2-2（c）中，A 和 B 是非对立的两个相互平行的平面，因为两个平面找不到对立的点。

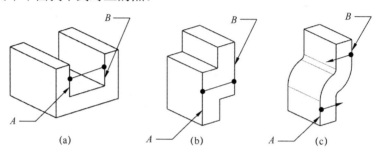

图 2-2 对立标注示例

3. 尺寸要素（Feature of Size）

尺寸要素包括两种：规则尺寸要素和非规则尺寸要素。

1）规则尺寸要素（Regular Feature of Size）

规则尺寸要素包括：一个圆柱面、球面或圆元素，或者一对具有对立（或部分对立）的相互平行的线元素或表面要素，并且能通过标注尺寸公差来管控。

规则尺寸要素要满足下面 4 个条件。

（1）包含对立（至少部分对立）的表面或线元素。

（2）能够导出一个中心要素，如中心点、中心线或中心面。

（3）可以标注尺寸公差管控。

（4）形状可以是一个圆柱、球、圆或相互平行的直线和平面。

根据规则尺寸要素的规定可知，在图 2-2（a）、（b）中，A 和 B 平面是规则尺寸要素，在图 2-2（c）中，A 和 B 平面不是规则尺寸要素，因为它们没有对立的元素。

工程图纸中常见的规则尺寸要素有圆轴、圆孔、板槽（两相互平行且有对立元素的平面）和球。

2）非规则尺寸要素（Irregular Feature of Size）

非规则尺寸要素标注示例如图 2-3 所示，非规则尺寸要素包括两种类型。

（1）由一个或一组要素组成，它们具有一个球面、圆柱面或两个相互平行平面的非关联实际包容配合面。

（2）由一个或一组要素组成，它们具有非球面、圆柱面或两个相互平行平面的非关联实际包容配合面。

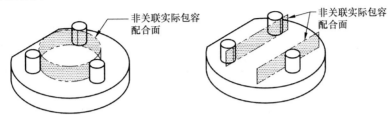

图 2-3 非规则尺寸要素标注示例

非规则尺寸要素不需要具有相对立的表面或线元素,也不需要直接用尺寸公差管控,但必须能够建立非关联实际包容配合面。

区分规则、非规则尺寸要素对图纸标注理解正确与否很重要,因为 Rule #1(包容原则)只能应用在规则尺寸要素上。

规则尺寸要素具有两个或多个对立的点,并且具有实际局部尺寸,可以用尺寸公差管控它们的大小和形状误差。

非规则尺寸要素不需要对立的点,它的非关联实际包容配合面也可以不是圆柱面、球面或相互平行的直线或平面。

4. 实际局部尺寸(Actual Local Size)

实际局部尺寸标注示例如图 2-4 所示,实际局部尺寸是指尺寸要素任意横截面实测的任意单一的距离,即两点之间的尺寸大小。实际局部尺寸的测量工具常用千分尺、游标卡尺或三坐标。

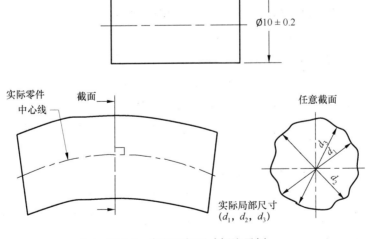

图 2-4 实际局部尺寸标注示例

5. 实际包容配合面（Actual Mating Envelope）

实际包容配合面是指在实际零件材料外面，与外部尺寸要素接触的最小尺寸的理想包容配合面，即最小外接包容配合面；或者与内部尺寸要素接触的最大尺寸的理想包容配合面，即最大内切包容配合面。实际包容配合面包括两种：非关联实际包容配合面和关联实际包容配合面。

实际包容配合面标注示例如图 2-5 所示，实际包容配合面是与尺寸要素最高点接触且在材料外面的一个理想包容配合面，实际包容配合面是一个变化的尺寸，取决于实际零件的尺寸和形状，并且总在材料的外面。

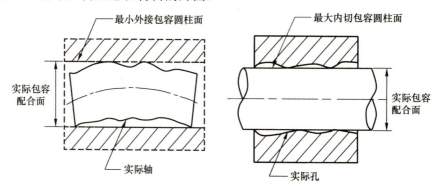

图 2-5　实际包容配合面标注示例

对于外部尺寸要素，如圆轴，实际包容配合面就是在材料外面与实际零件最高点接触的一个最小包容面，即最小外接包容圆柱面。

对于内部尺寸要素，如圆孔，实际包容配合面就是在材料外面与实际零件最高点接触的一个最大包容面，即最大内切包容圆柱面。

6. 非关联实际包容配合面（Unrelated Actual Mating Envelope）

非关联实际包容配合面是指与内部尺寸要素或外部尺寸要素材料外面最高点接触的一个理想包容配合面，它不与任何基准相关联，即不受任何基准约束。非关联实际包容配合面标注示例如图 2-6 所示，包容配合面不需要和图纸中的基准保持理想的方向和位置关系，图中圆柱轴的非关联实际包容配合面即最小外接包容圆柱面不需要和基准 A 垂直，图中圆柱孔的非关联实际包容配合面即最大内切包容圆柱面不需要和基准 A 垂直。

非关联实际包容配合面在实际工程图纸中的主要功能如下。

（1）当圆柱尺寸要素（如圆柱轴或孔）作为第一基准要素时，由基准要素即圆柱轴或孔的非关联实际包容配合面建立第一基准轴线。当宽度尺寸要素（如板或槽）作为第一基准要素时，由基准要素（如板或槽）的非关联实际包容配合面建立第一基准中心平面。

（2）当方向公差或位置度公差应用在圆柱尺寸要素（如圆柱轴或孔）时，由圆柱轴或孔的非关联实际包容配合面建立轴线（测量对象），从而评价方向公差或位置度公差。

当方向公差或位置度公差应用在宽度尺寸要素（如板或槽）时，由板或槽的非关联实际包容配合面建立中心平面（测量对象），从而评价方向公差和位置度公差。当评价图 2-6 中的垂直度公差时，首先要由圆柱轴或孔的非关联实际包容配合面建立被测对象，即轴线。

（3）当方向公差或位置度公差应用在圆柱或宽度尺寸要素时，且采用最大实体状态（MMC）要求时，由尺寸要素的非关联实际包容配合面的尺寸，与相对应的最大实体状态（MMC）极限尺寸比较，从而计算出公差补偿量。关于最大实体要求公差补偿计算参照 4.3 节。

（4）当圆柱或宽度尺寸要素作为第一基准要素，且采用最大实体边界（MMB）要求时，由尺寸要素的非关联实际包容配合面的尺寸，与相对应的最大实体边界（MMB）比较，从而计算出基准要素偏移（Datum Feature Shift）。关于基准要素偏移参照 5.11 节。

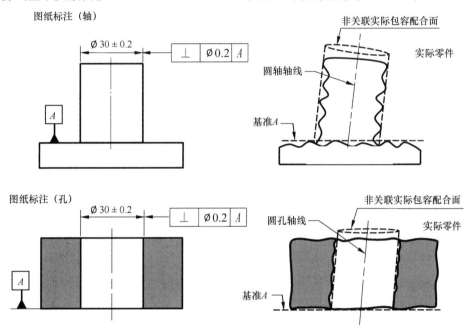

图 2-6 非关联实际包容配合面标注示例

7. 关联实际包容配合面（Related Actual Mating Envelope）

关联实际包容配合面是指与内部尺寸要素或外部尺寸要素材料外面最高点接触的一个理想包容配合面，且与基准相关联，基准按照理想状态约束其方向和位置。关联实际包容配合面标注示例如图 2-7 所示，包容配合面与基准保持理想的位置和方向要求，图中轴的关联实际包容配合面即最小外接包容圆柱面要和基准 A 垂直，图中孔的关联实际包容配合面即最大内切包容圆柱面要和基准 A 垂直。

关联实际包容配合面在实际工程图纸中的主要功能如下。

（1）当圆柱尺寸要素（如圆柱轴或孔）作为第二或第三基准要素时，由基准要素（如圆柱轴或孔）的关联实际包容配合面建立第二或第三基准轴线，如图 2-7 中的第二基准 B 轴线。当宽度尺寸要素（如板或槽）作为第二或第三基准要素时，由基准要素（如板或槽）的关联实际包容配合面建立第二或第三基准中心平面。

（2）当圆柱或宽度尺寸要素作为第二或第三基准要素，且采用最大实体边界（MMB）要求时，由尺寸要素的关联实际包容配合面的尺寸，与相对应的最大实体边界（MMB）比较，从而计算出基准要素偏移（Datum Feature Shift）。关于基准要素偏移参照 5.11 节。

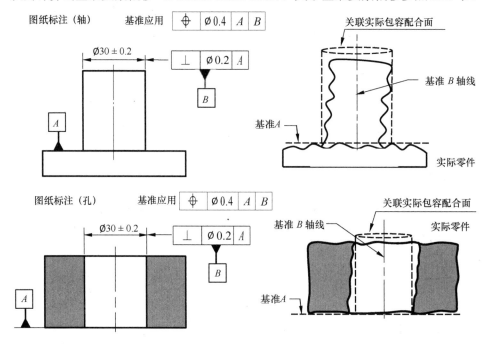

图 2-7 关联实际包容配合面标注示例

8. 实际最小实体包容面（Envelope Actual Minimum Material）

实际最小实体包容面是指在实际零件材料的里面，与外尺寸要素（如轴）接触的最大尺寸的理想包容面，即最大内切包容面；或者与内尺寸要素（如孔）接触的最小尺寸的理想包容面，即最小外接包容面。实际最小实体包容面包括两种：非关联实际最小实体包容面和关联实际最小实体包容面。

实际最小实体包容面标注示例如图 2-8 所示，实际最小实体包容面是与要素的最低点接触且在材料里面的一个理想的包容面，实际最小实体包容面是一个变化的尺寸，取决于实际零件的尺寸和形状，并且总在材料的里面。

对于外部尺寸要素，如圆柱轴，实际最小实体包容面就是在材料里面且与实际零件最低点接触的一个最大包容面，即最大内切包容圆柱面。

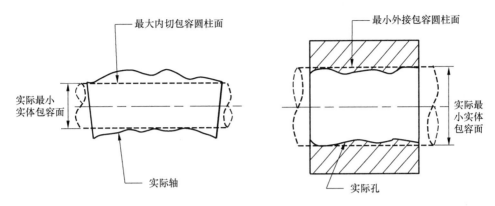

图 2-8 实际最小实体包容面标注示例

对于内部尺寸要素，如圆孔，实际最小实体包容面就是在材料里面且与实际零件最低点接触的一个最小包容面，即最小外接包容圆柱面。

9. 非关联实际最小实体包容面（Unrelated Actual Minimum Material Envelope）

非关联实际最小实体包容面是指与内尺寸要素（如孔）或外尺寸要素（如轴）的材料里面最低点接触的一个理想包容面，它不与任何基准相关，即不受任何基准要素约束。这个理想的包容面在材料里面且不需要和图纸中的基准保持理想的方向和位置关系，其标注示例如图 2-9 所示，圆柱轴的非关联实际最小实体包容面即最大内切圆柱面不需要和基准 A 垂直，圆柱孔的非关联实际最小实体包容面即最小外接圆柱面不需要和基准 A 垂直。

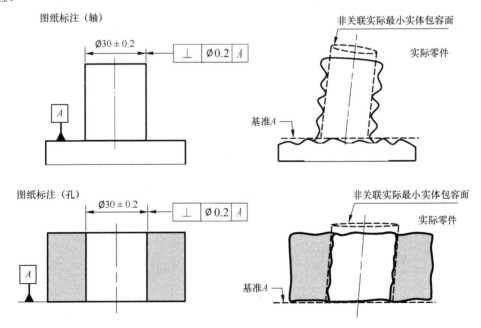

图 2-9 非关联实际最小实体包容面标注示例

非关联实际最小实体包容面在实际工程图纸中的主要功能如下。

（1）当方向公差或位置度公差应用在圆柱或宽度尺寸要素，且采用最小实体状态（LMC）要求时，由尺寸要素的非关联实际最小实体包容面的尺寸，与相对应的最小实体状态（LMC）极限尺寸值比较，从而计算出公差补偿量。关于最小实体要求公差补偿计算参照 4.4 节。

（2）当圆柱或宽度尺寸要素作为第一基准要素，且采用最小实体边界（LMB）要求时，由尺寸要素的非关联实际最小实体包容面的尺寸，与相对应的最小实体边界（LMB）比较，从而计算出基准要素偏移（Datum Feature Shift）。关于基准要素偏移参照 5.11 节。

10. 关联实际最小实体包容面（Related Actual Minimum Material Envelope）

关联实际最小实体包容面是指与内尺寸要素（如孔）或外尺寸要素（如轴）的材料里面最低点接触的一个理想包容面，且与基准关联，基准按照理想状态约束其方向和位置。关联实际最小实体包容面标注示例如图 2-10 所示，最小实体包容面与基准 A 保持理想的方向关系，即垂直于基准 A。

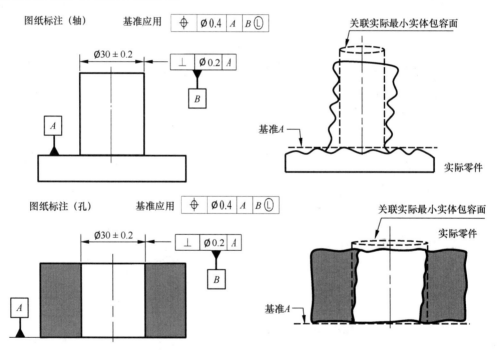

图 2-10　关联实际最小实体包容面标注示例

关联实际最小实体包容面在实际工程图纸中的主要功能如下。

当圆柱或宽度尺寸要素作为第二或第三基准要素，且采用最小实体边界（LMB）要求时，由尺寸要素的关联实际最小实体包容面的尺寸，与相对应的最小实体边界（LMB）比较，从而计算出基准要素偏移（Datum Feature Shift）。关于基准要素偏移参照 5.11 节。

11. 轴线（Axis）

轴线是理想的直线，一般是圆柱尺寸要素的非关联实际包容配合面的轴线。轴线和中心线标注示例如图 2-11 所示，对于外部尺寸要素（如圆轴），轴线就是实际圆轴的非关联实际包容配合面，即最小外接包容圆柱面的轴线。对于内部尺寸要素（如圆孔），轴线就是实际圆孔的非关联实际包容配合面，即最大内切包容圆柱面的轴线。

方向公差（垂直度、平行度、倾斜度）和位置度公差应用在圆柱尺寸要素，管控的对象是尺寸要素的轴线。

12. 中心线（Median Line）

中心线是由所有垂直于尺寸要素非关联实际包容配合面轴线的横截面中心点构造的非理想的线，其中的中心点是横截面包容圆的圆心（外尺寸要素如轴，包容圆是最小外接圆，内尺寸要素如孔，包容圆是最大内切圆），中心线可以是曲线，如图 2-11 所示。

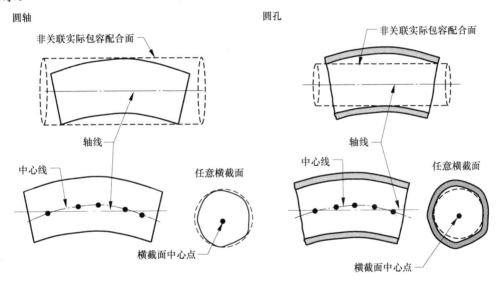

图 2-11 轴线和中心线标注示例

形状公差直线度应用在圆柱尺寸要素，管控的对象是尺寸要素的中心线。

13. 中心平面（Center Plane）

中心平面和中心面标注示例如图 2-12 所示，中心平面是理想的平面，一般是指宽度尺寸要素非关联实际包容配合面的中心平面。

方向公差（垂直度、平行度、倾斜度）和位置度公差应用在宽度尺寸要素，管控的对象是尺寸要素的中心平面。

14. 中心面（Median Plane）

中心面是由所有垂直于尺寸要素非关联实际包容配合面的中心平面且与实际表面相交的所有线素的中心点构造的非理想的面，中心面可以是曲面，如图 2-12 所示。

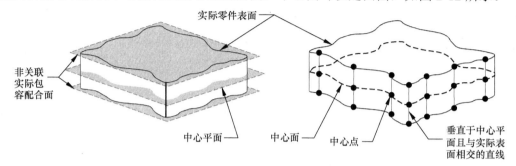

图 2-12 中心平面和中心面标注示例

形状公差平面度应用在宽度尺寸要素，管控的对象是中心面。

15. 最大实体状态（Maximum Material Condition，MMC）

尺寸要素在尺寸公差极限范围内，具有材料最多的状态就是最大实体状态，对于外部尺寸要素（如轴），最大实体状态就是轴的尺寸最大时的状态，对于内部尺寸要素（如孔），最大实体状态就是孔的尺寸最小时的状态。最大实体状态标注示例如图 2-13 所示，轴的直径等于最大值 12.3 时是轴的最大实体状态，孔的直径等于最小值 11.7 时是孔的最大实体状态。

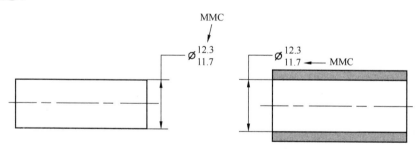

图 2-13 最大实体状态标注示例

16. 最小实体状态（Least Material Condition，LMC）

尺寸要素在尺寸公差极限范围内，具有材料最少的状态就是最小实体状态，对于外部尺寸要素（如轴），最小实体状态就是轴的尺寸最小时的状态，对于内部尺寸要素（如孔），最小实体状态就是孔的尺寸最大时的状态。最小实体状态标注示例如图 2-14 所示，轴的直径等于最小值 11.7 时是轴的最小实体状态，孔的直径等于最大值 12.3 时是孔的最小实体状态。

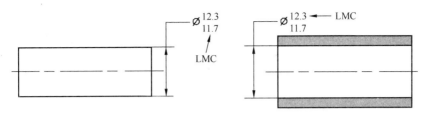

图 2-14 最小实体状态标注示例

17. 与要素尺寸无关（Regardless of Feature Size，RFS）

标注的几何公差与要素尺寸的大小无关，无论零件的实际尺寸是多大，允许的几何公差值始终保持图纸标注的值固定不变。与要素尺寸无关标注示例如图 2-15 所示，图中标注的垂直度公差与尺寸大小无关，无论零件的实际尺寸多大，垂直度公差允许值始终是 0.4 不改变。

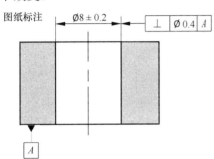

实际尺寸	垂直度公差
7.8（MMC）	0.4
8.0	0.4
8.1	0.4
8.2（LMC）	0.4

尺寸与垂直度公差的关系

图 2-15 与要素尺寸无关标注示例

18. 公差补偿（Bonus Tolerance）

公差补偿是相对于图纸标注的几何公差的额外公差，当尺寸要素标注的几何公差（包括平面度、直线度、方向公差和位置度公差）采用最大实体或最小实体要求时，即在几何公差值后加修饰符号Ⓜ或者Ⓛ，公差补偿就可以产生。本节解释方向公差和位置度公差的补偿原理。关于平面度和直线度公差的补偿原理参照第 6 章。

当方向公差或位置度公差使用最大实体即修饰符号Ⓜ，图纸表示被管控的尺寸要素在最大实体尺寸时，允许的几何公差等于图纸标注的公差值，没有公差补偿。当被管控尺寸要素的非关联实际包容配合面尺寸偏离最大实体尺寸时，几何公差是可以得到补偿的，补偿值就等于非关联实际包容配合面尺寸与最大实体尺寸的差值。最大实体要求的公差补偿标注示例如图 2-16 所示。当非关联实际包容配合面尺寸等于最大实体尺寸 7.8 时，公差补偿值为 0；当非关联实际包容配合面尺寸等于 8.0 时，与最大实体尺寸 7.8 比较，偏离了（多了）0.2，公差补偿值为 0.2，公差补偿值加上基本公差值就等于总体垂直度公差允许值。当非关联实际包容配合面尺寸等于最小实体尺寸 8.2 时，公差补偿值最大，为 0.4。

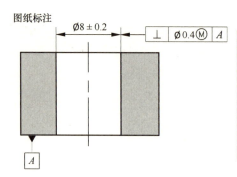

图 2-16 最大实体要求的公差补偿标注示例

尺寸与垂直度公差的关系			
非关联实际包容配合面尺寸	基本公差	公差补偿	总体公差
7.8（MMC）	0.4	0	0.4
8.0	0.4	0.2	0.6
8.1	0.4	0.3	0.7
8.2（LMC）	0.4	0.4	0.8

当方向公差或位置度公差使用最小实体即修饰符号Ⓛ时，图纸表示被管控的尺寸要素在最小实体尺寸时，允许的几何公差是图纸标注的公差值，没有公差补偿。当被管控尺寸要素的非关联实际最小实体包容面尺寸偏离最小实体尺寸时，几何公差是可以得到补偿的，补偿值就等于非关联实际最小实体包容面尺寸与最小实体尺寸的差值，最小实体要求的公差补偿标注示例如图 2-17 所示。当非关联实际最小实体包容面尺寸等于最小实体尺寸 8.2 时，公差补偿值为 0；当非关联实际最小实体包容面尺寸等于 8.1 时，与最小实体尺寸 8.2 比较，偏离了（少了）0.1，公差补偿值为 0.1，公差补偿值加上基本公差值就等于总体垂直度公差允许值。当非关联实际最小实体包容面尺寸等于最大实体尺寸 7.8 时，公差补偿值最大，为 0.4。

公差补偿对于零件图纸设计非常重要，设计者合理使用公差补偿可以在保证功能的前提下，放大制造公差，提高产品合格率，最大限度地降低产品成本。

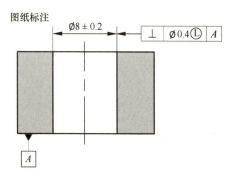

尺寸与垂直度公差的关系			
非关联实际最小实体包容面尺寸	基本公差	公差补偿	总体公差
7.8（MMC）	0.4	0.4	0.8
8.0	0.4	0.2	0.6
8.1	0.4	0.1	0.5
8.2（LMC）	0.4	0	0.4

图 2-17 最小实体要求的公差补偿标注示例

19. 内边界（Inner Boundary）

内边界是尺寸要素最差的边界。对于内部尺寸要素，如孔，其内边界的大小等于孔的最大实体尺寸（最小极限尺寸）减去对应的几何公差值。对于外部尺寸要素，如轴，其内边界大小等于轴的最小实体尺寸（最小极限尺寸）减去对应的几何公差值。

内边界解释标注示例如图 2-18 所示，孔的直径尺寸是 8±0.2，垂直度公差是 0.2。其孔的内边界大小等于孔的最大实体尺寸 7.8 减去 0.2 的垂直度公差,内边界大小等于 7.6。内边界概念常用于内部尺寸要素,如孔。这是因为内边界决定内部尺寸要素的装配边界。

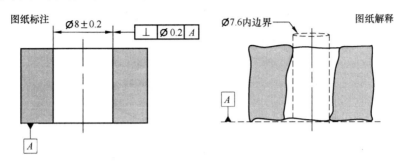

图 2-18 内边界解释标注示例

20. 外边界(Outer Boundary)

外边界是尺寸要素最差的边界。对于内部尺寸要素,如孔,其外边界大小等于最小实体尺寸(最大极限尺寸)加上对应的几何公差值。对于外部尺寸要素,如轴,其外边界大小等于最大实体尺寸(最大极限尺寸)加上对应的几何公差值。

外边界解释标注示例如图 2-19 所示,轴的直径尺寸是 8±0.2,垂直度公差是 0.2。其轴的外边界大小等于轴的最大实体尺寸 8.2 加上 0.2 的垂直度公差值,其外边界大小等于 8.4。外边界多用于轴类等外部尺寸要素,因为外边界决定外部尺寸要素装配边界。

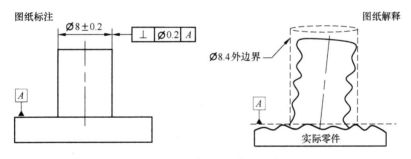

图 2-19 外边界解释标注示例

21. 实效状态(Virtual Condition)

实效状态是一个固定的边界,它是由尺寸要素所标注的几何公差采用最大实体或最小实体要求,以及在这个实体要求下的几何公差与尺寸共同形成的一个固定尺寸边界。实效状态对应的固定尺寸的边界简称实效边界。

对于外部尺寸要素,如轴,当标注的几何公差采用最大实体要求时,其实效状态是一个固定尺寸的最差边界,边界的大小等于轴的最大实体尺寸(最大极限尺寸)加上相应的几何公差。此时轴的实效边界等于轴的外边界大小。

对于外部尺寸要素,如轴,当标注的几何公差采用最小实体要求时,其实效状态是一个固定尺寸的最差边界，边界的大小等于轴的最小实体尺寸（最小极限尺寸）减去相应的几何公差。此时轴的实效边界等于轴的内边界大小。

对于内部尺寸要素，如孔，当标注的几何公差采用最大实体要求时，其实效状态是一个固定尺寸最差的边界，边界的大小等于孔的最大实体尺寸（最小极限尺寸）减去相应的几何公差。此时孔的实效边界等于孔的内边界大小。

对于内部尺寸要素，如孔，当标注的几何公差采用最小实体要求时，其实效状态是一个固定尺寸的最差边界，边界的大小等于孔的最小实体尺寸（最大极限尺寸）加上相应的几何公差。此时孔的实效边界等于孔的外边界大小。

实效边界通常是指验证几何公差时，产品可以接受的边界，可以用来保证产品装配和其他功能。几何公差标注采用最大实体要求，通过实效边界可以计算出功能检具的尺寸，如检测孔的位置度，算出实效边界，从而可以计算出检测位置度销子的尺寸大小。另外，只有尺寸要素的几何公差在采用最大实体或最小实体要求时，才有固定尺寸的实效边界。

22. 实效状态、内边界、外边界之间的关系

尺寸要素的内边界和外边界是由其非关联实际包容配合面尺寸和相对应的几何公差共同形成的一个边界，它的尺寸大小不一定是一个固定值，这与它的几何公差使用的公差要求有关，如最大实体要求、最小实体要求、与要素尺寸无关原则。内部尺寸要素孔的几何公差使用的最大实体要求，即公差框格的公差值后面加了修饰符号Ⓜ，那么孔的内边界就是一个固定值。外部尺寸要素轴的几何公差使用的最大实体要求，即公差框格的公差值后面加了修饰符号Ⓜ，那么轴的外边界就是一个固定值。如果几何公差采用与要素尺寸无关原则，则孔和轴都没有一个固定的内边界或外边界。

实效状态是一个固定尺寸的边界，当几何公差采用最大实体要求和最小实体要求时，实效状态边界等于尺寸要素的内边界，或者等于尺寸要素的外边界。如果几何公差采用与尺寸要素无关原则，因为尺寸要素没有固定尺寸的内边界和外边界，所以没有实效状态。

内部尺寸要素采用最大实体要求时的实效边界标注示例如图 2-20 所示。由图 2-20 可知，直径尺寸为 20 的孔的位置度 0.1 采用的是最大实体要求，即位置度公差 0.1 后面加了修饰符号Ⓜ，由公差补偿可知，孔允许的位置度公差是随着孔的非关联实际包容配合面尺寸变化而变化的。当孔的非关联实际包容配合面尺寸等于最大实体尺寸（最小极限尺寸）时，孔允许的位置度公差是 0.1。当孔的非关联实际包容配合面尺寸大于最大实体尺寸时，孔允许的位置度公差就要补偿放大，补偿值等于孔的非关联实际包容配合面尺寸与最大实体尺寸的差值，具体关系参见图 2-20 中左下角的表格。再由内、外边界的定义可知，孔的内边界直径尺寸是 19.7，外边界直径尺寸是 20.7。孔的位置度采用了最大实体要求，其内边界是一个固定值，每个孔的非关联实际包容配合面尺寸减去对应的

位置度公差值结果一样。由实效状态定义可知，孔的实效状态边界大小等于孔的内边界大小。

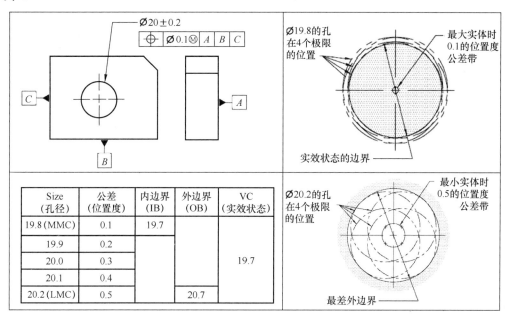

图 2-20 内部尺寸要素采用最大实体要求时的实效边界标注示例

内部尺寸要素采用最小实体要求时的实效边界标注示例如图 2-21 所示。由图 2-21 可知，直径尺寸为 20 的孔的位置度 0.1 采用的是最小实体要求，即位置度公差 0.1 后面加了修饰符号Ⓛ，由公差补偿可知，孔允许的位置度公差是随着孔的非关联实际最小实体包容面尺寸变化而变化的。当孔的非关联实际最小实体包容面尺寸等于最小实体尺寸（最大极限尺寸）时，孔允许的位置度公差是 0.1。当孔的非关联实际最小实体包容面尺寸小于最大极限尺寸时，孔允许的位置度公差就要补偿放大，补偿值等于孔的非关联实际最小实体包容面尺寸与最小实体尺寸的差值，具体关系参见图 2-21 中左下角的表格。再由内、外边界的定义可知，孔的内边界直径尺寸是 19.3，外边界直径尺寸是 20.3。孔的位置度采用了最小实体要求，其外边界是一个固定值，每个孔的非关联实际最小实体包容面尺寸加上对应的位置度公差值结果一样。由实效状态定义可知，孔的实效状态边界大小等于孔的外边界大小。

内部尺寸要素采用与要素尺寸无关原则时的实效边界标注示例如图 2-22 所示。由图 2-22 可知，直径尺寸为 20 的孔的位置度 0.1 采用的是与要素尺寸无关原则，即位置度公差 0.1 后面没有修饰符号Ⓜ和Ⓛ。孔允许的位置度公差值是一个固定值 0.1，没有公差补偿，不会随着孔的实际尺寸变化而改变。具体关系参见图 2-22 中左下角的表格。再由内、外边界的定义可知，孔的内边界直径尺寸是 19.7，外边界直径尺寸是 20.3。每个孔的直径尺寸不一样，但允许的位置度公差值固定不变，所以没有一个固定尺寸的内边界和外边界。由实效状态定义可知，与要素尺寸无关原则下的孔没有实效状态。

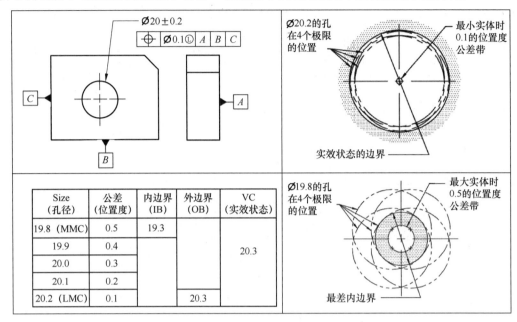

图 2-21　内部尺寸要素采用最小实体要求时的实效边界标注示例

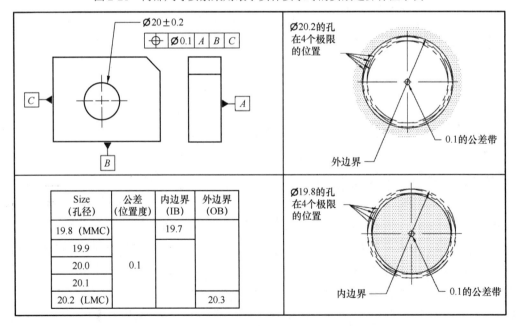

图 2-22　内部尺寸要素采用与要素尺寸无关原则时的实效边界标注示例

外部尺寸要素采用最大实体要求时的实效边界标注示例如图 2-23 所示。由图 2-23 可知，直径尺寸为 20 的轴的位置度 0.1 采用的是最大实体要求，即位置度公差 0.1 后面加了修饰符号Ⓜ，由公差补偿可知，轴允许的位置度公差是随着轴的非关联实际包容配合面尺寸变化而变化的。当轴的非关联实际包容配合面尺寸等于最大实体尺寸（最大极限尺寸）时，轴允许的位置度公差是 0.1。当轴的非关联实际包容配合面尺寸小于最大实体尺寸时，轴允许的位置度公差就要补偿放大，补偿值等于轴的非关联实际包容配合面尺寸与最大实体尺寸的差值，具体关系参见图 2-23 中左下角的表格。再由内、外边界的定义可知，轴的内边界直径尺寸是 19.3，外边界直径尺寸是 20.3。轴的位置度采用了最大实体要求，其外边界是一个固定值，每个轴的非关联实际包容配合面尺寸加上对应的位置度公差值结果一样。由实效状态定义可知，轴的实效状态边界大小等于轴的外边界大小。

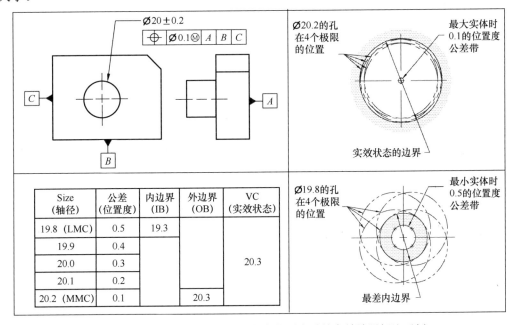

图 2-23　外部尺寸要素采用最大实体要求时的实效边界标注示例

外部尺寸要素采用最小实体要求时的实效边界标注示例如图 2-24 所示。由图 2-24 可知，直径尺寸为 20 的轴的位置度 0.1 采用的是最小实体要求，即位置度公差 0.1 后面加了修饰符号Ⓛ，由公差补偿可知，轴允许的位置度公差是随着轴非关联实际最小实体包容面尺寸变化而变化的。当轴的非关联实际最小实体包容面尺寸等于最小实体尺寸（最小极限尺寸）时，轴允许的位置度公差是 0.1。当轴的非关联实际最小实体包容面尺寸大于最小极限尺寸时，轴允许的位置度公差就要补偿放大，补偿值等于轴的非关联实际最小实体包容面尺寸与最小实体尺寸的差值，具体关系参见图 2-24 中左下角的表格。再由内、外边界的定义可知，轴的内边界直径尺寸是 19.7，外边界直径尺寸是 20.7。轴的位置度采用了最小实体要求，其内边界是一个固定值，每个轴的非关联实际最小实体包容面尺寸减去对应的位置度公差值结果一样。由实效状态定义可知，轴的实效边界大小等于轴的内边界大小。

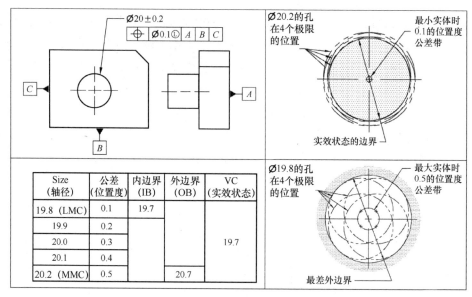

图 2-24 外部尺寸要素采用最小实体要求时的实效边界标注示例

外部尺寸要素采用与要素尺寸无关原则时的实效边界标注示例如图 2-25 所示。由图 2-25 可知，直径尺寸为 20 的轴的位置度 0.1 采用的是与要素尺寸无关原则，即位置度公差 0.1 后面没有修饰符号Ⓜ和Ⓛ。轴允许的位置度公差值是一个固定值 0.1，没有公差补偿，不会随着轴的实际尺寸变化而改变，具体关系参见图 2-25 中左下角的表格。再由内、外边界的定义可知，轴的内边界直径尺寸是 19.7，外边界直径尺寸是 20.3。每个轴的直径尺寸不一样，但允许的位置度公差值固定不变，所以没有一个固定尺寸的内边界和外边界。由实效状态定义可知，与要素尺寸无关原则下的轴没有实效状态。

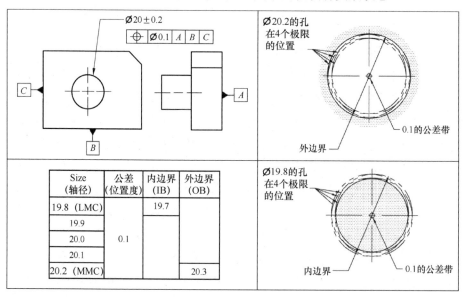

图 2-25 外部尺寸要素采用与要素尺寸无关原则时的实效边界标注示例

23. 成组（Pattern）

位置度和轮廓度公差应用在两个或多个表面要素和尺寸要素，用下列标注方式可以把它们当作成组要素考虑。关于成组要素的具体应用和解释，请参照第 8 章和第 9 章的相关内容。

（1）$n\times$——n 个要素。

（2）n COAXIAL HOLES——n 个同轴孔。

（3）ALL OVER——全表面。

（4）ALL AROUND——全周。

（5）$A \leftrightarrow B$（Between A and B）——A 和 B 之间。

（6）$A \to B$（From A to B）——从 A 到 B。

（7）n Surface——n 个表面。

（8）Simultaneous requirement——同时要求。

24. 理论尺寸（Basic Dimension）

理论尺寸即理想状态下的尺寸，一般指的是三维模型上的尺寸，理论尺寸用来定义理论轮廓、位置或方向。理论尺寸标注示例如图 2-26 所示。

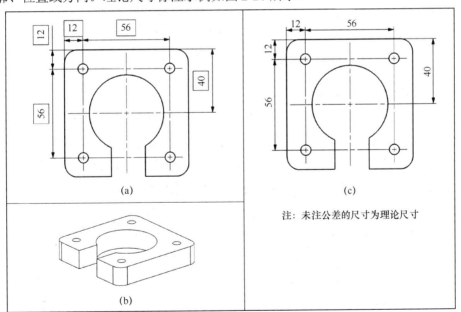

图 2-26 理论尺寸标注示例

理论尺寸可以用下面三种方式之一表达。

（1）尺寸标注在方框里，如图 2-26（a）所示，常用于 2D 图纸标注方式。

（2）以三维模型定义理论尺寸，如图 2-26（b）所示，常用于基于 3D 模型的 GD&T

标注方式。

（3）标注不带公差的尺寸，然后在图中加注释"未注公差的尺寸为理论尺寸"，如图 2-26（c）所示，常用于 2D 图纸标注方式。如果采用这种方法表达，则正负公差就不能采用一般公差表格了。

对于 2D 图纸的标注，建议采用图 2-26（a）表达理论尺寸。

25. 理论位置（True Position）

由理论尺寸确定的尺寸要素的正确理论位置，一般指的是三维模型上的位置。理论位置标注示例如图 2-27 所示，在图 2-27 中，通过两个理论尺寸 20 就确定了孔的中心轴线相对基准的理论位置。

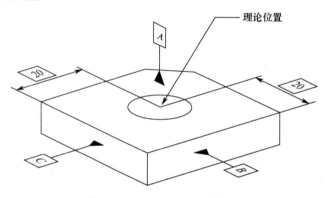

图 2-27　理论位置标注示例

26. 理论轮廓（True Profile）

由理论半径、理论角度尺寸、理论坐标尺寸、理论大小尺寸，包括 3D 模型等定义的轮廓，即零件的表面外形。理论轮廓定义一般用在轮廓度公差，轮廓度公差所定义的公差带可以管控相对于理论轮廓的尺寸、形状、方向和位置的综合控制。理论轮廓标注示例如图 2-28 所示，通过理论半径和尺寸定义了理论轮廓。

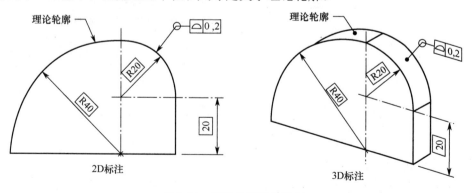

图 2-28　理论轮廓标注示例

27. 连续表面要素（Continuous Feature）

两个或多个断开的表面要素，标注了⟨CF⟩，表示把它们当作单个连续表面要素。连续表面要素标注示例如图 2-29 所示，图中⟨CF⟩表示 3 个断开的平面当作一个连续平面要素，在 0.1 的平面度公差带里。

28. 连续尺寸要素（Continuous Feature of Size）

连续尺寸要素是指两个或多个规则的尺寸要素，或者一个被断开了的规则尺寸要素标注了⟨CF⟩，表示把它们当作单个规则的尺寸要素。连续尺寸要素标注示例如图 2-30 所示，图中⟨CF⟩表示直径为 22.1～22.2 之间的轴，当作单个连续的轴管控。

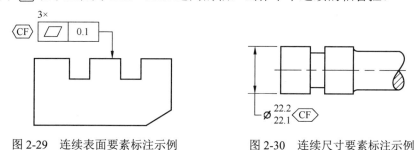

图 2-29　连续表面要素标注示例　　　图 2-30　连续尺寸要素标注示例

2.3　图纸中尺寸的标注

2.3.1　公制尺寸标注（Millimeter Dimensioning）

公制尺寸标注示例如图 2-31 所示。图纸标注的尺寸如果是公制尺寸，则应该遵循下面的原则。

（1）尺寸小于 1 毫米（mm），小数点前面要加 0。

（2）尺寸是整数，尺寸后面不用带小数点和 0。

（3）尺寸有小数，小数后面不用加 0。

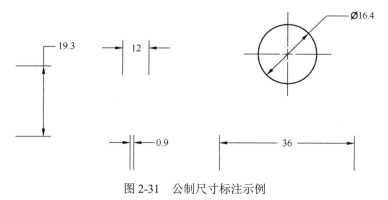

图 2-31　公制尺寸标注示例

2.3.2 英制尺寸标注（Inch Dimensioning）

英制尺寸标注示例如图 2-32 所示。图纸标注的尺寸如果是英制尺寸，则应该遵循下面的原则。

（1）尺寸小于 1 英寸（in），小数点前面不用加 0。
（2）尺寸的小数位数与公差的小数位数要一致，如果有必要，则尺寸的小数后要加 0。

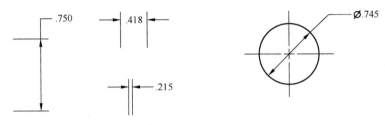

图 2-32　英制尺寸标注示例

2.4　图纸中公差的标注

2.4.1　公制公差标注（Millimeter Tolerance）

公制公差标注示例如图 2-33 所示。图纸中公制公差标注应该遵循下面的原则。
（1）单边公差，只需要一个 0，0 前面不需要加正负号。
（2）双边公差，正负公差的小数位数保持一致，如果有必要，可以在小数后加 0。
（3）极限尺寸标注，极限尺寸的小数位数保持一致。
（4）理论尺寸和几何公差一起标注，理论尺寸的小数位数和公差小数位数不需要保持一致。

$24^{\ 0}_{-0.02}$	or	$24^{+0.02}_{\ 0}$	单边公差
$24^{+0.25}_{-0.10}$	not	$24^{+0.25}_{-0.1}$	双边公差
24.35 24.00	not	24.35 24	极限尺寸
25 with ⊕ ⌀0.15Ⓜ A B C	not	25.00 with ⊕ ⌀0.15Ⓜ A B C	几何公差

图 2-33　公制公差标注示例

2.4.2　英制公差标注（Inch Tolerance）

英制公差标注示例如图 2-34 所示。图纸中英制公差标注应该遵循下面的原则。

（1）单边公差，尺寸和公差小数位数保持一致，0 前面需要加正负号。

（2）双边公差，尺寸、正负公差的小数位数保持一致。

（3）极限尺寸标注，极限尺寸的小数位数保持一致。

（4）理论尺寸和几何公差一起标注，理论尺寸的小数位数和公差的小数位数可以保持一致，也可以不保持一致。

$.400^{+.005}_{-.000}$	not	$.400^{+.005}_{0}$	单边公差
.400±.004	not	.40±.004	双边公差
.354 .250	not	.354 .25	极限尺寸
[1.000] with [⌖ | Ø.005Ⓜ | *A* | *B* | *C*]	or	[1.00] with [⌖ | Ø.005Ⓜ | *A* | *B* | *C*]	几何公差

图 2-34　英制公差标注示例

本 章 习 题

一、判断题

1．尺寸要素包括规则尺寸要素和非规则尺寸要素。（　　）

2．实际包容配合面包括关联和非关联两种。（　　）

3．圆柱尺寸要素的轴线是其关联实际包容配合面的中心轴线。（　　）

4．理论尺寸在图纸中应该标注在括号中。（　　）

5．中心平面一般是指宽度尺寸要素非关联实际包容配合面的中心平面。（　　）

6．中心线是任意横截面中心点构造成一条理想的直线。（　　）

7．垂直度公差应用于圆柱尺寸要素，管控的是圆柱尺寸要素的中心轴线。（　　）

8．位置度公差应用于圆柱尺寸要素，管控的是圆柱尺寸要素的中心线。（　　）

9．位置度公差采用最大实体要求应用于圆柱尺寸要素，通过实际局部尺寸计算公差补偿。（　　）

10．孔的内边界尺寸等于孔的最大实体尺寸减去对应的几何公差。（　　）

11. 轴的外边界尺寸等于轴的最大实体尺寸减去对应的几何公差。（　　）

12. 实效边界是尺寸变化的边界。（　　）

二、选择题

1. 对于外尺寸要素（如圆柱轴），实际局部尺寸是（　　）。

   A. 最小外接圆的尺寸　　　　　　　　B. 最大内切圆的尺寸
   C. 任意一个横截面两点之间的尺寸　　D. 任意一个纵截面两点之间的尺寸

2. 对于内尺寸要素（如圆柱孔），非关联实际包容配合面尺寸是（　　）。

   A. 最小外接圆柱面的尺寸　　　　　　B. 最大内切圆柱面的尺寸
   C. 任意一个横截面两点之间的尺寸　　D. 任意一个纵截面两点之间的尺寸

3. 下面（　　）是规则尺寸要素。

   A. 圆柱
   B. 圆孔
   C. 两个相互平行的平面，且具有对立的点
   D. 以上所有

4. 区分规则和非规则尺寸要素的重要性是（　　）。

   A. 最大实体要求只应用在规则尺寸要素
   B. 最小实体要求只应用在规则尺寸要素
   C. 包容原则只应用在规则尺寸要素
   D. 以上所有

5. 对于外尺寸要素（如圆柱轴），其最大实体状态的尺寸是（　　）。

   A. 最小极限尺寸　　　　　　　　　　B. 最大极限尺寸
   C. 名义尺寸　　　　　　　　　　　　D. 理论尺寸

6. 对于内尺寸要素（如圆柱孔），其最大实体状态的尺寸是（　　）。

   A. 最小极限尺寸　　　　　　　　　　B. 最大极限尺寸
   C. 名义尺寸　　　　　　　　　　　　D. 理论尺寸

7. 当尺寸要素的几何公差使用最大实体或最小实体要求时，它有一个固定的外或内边界值，一般叫作（　　）。

   A. 最大实体边界　　　　　　　　　　B. 最小实体边界
   C. 实效状态　　　　　　　　　　　　D. 合成状态

8. 当内部尺寸要素（如圆柱孔）的几何公差应用最大实体要求时，其固定的实效边界大小等于（　　）。

   A. 孔的最小极限尺寸减去相应几何公差
   B. 孔的最小极限尺寸加上相应几何公差
   C. 孔的最大极限尺寸减去相应几何公差

D．孔的最大极限尺寸加上相应几何公差

9．当内尺寸要素（如圆柱孔）的几何公差应用最小实体要求时，其固定的实效边界等于（　　）。

A．孔的最小极限尺寸减去相应几何公差

B．孔的最小极限尺寸加上相应几何公差

C．孔的最大极限尺寸减去相应几何公差

D．孔的最大极限尺寸加上相应几何公差

10．当外尺寸要素（如圆柱轴）的几何公差应用最大实体要求时，其固定的实效边界等于（　　）。

A．轴的最小极限尺寸减去相应几何公差

B．轴的最小极限尺寸加上相应几何公差

C．轴的最大极限尺寸减去相应几何公差

D．轴的最大极限尺寸加上相应几何公差

11．当外尺寸要素（如圆柱轴）的几何公差应用最小实体要求时，其固定的实效边界等于（　　）。

A．轴的最小极限尺寸减去相应几何公差

B．轴的最小极限尺寸加上相应几何公差

C．轴的最大极限尺寸减去相应几何公差

D．轴的最大极限尺寸加上相应几何公差

12．在图 2-35 中，尺寸为 36 的孔，其最大实体尺寸是（　　）。

A．36　　　　B．36.1　　　　C．35.9　　　　D．35.8

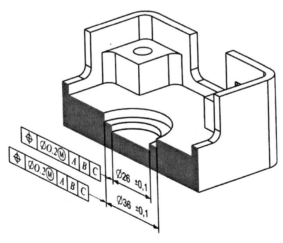

图 2-35　最大实体尺寸、实效边界计算

13．在图 2-35 中，直径尺寸为 36 的孔，其最大允许的位置度公差是（　　）。

A. 0.2　　　　B. 0.3　　　　C. 0.4　　　　D. 0.5

14. 在图 2-35 中，直径尺寸为 36 的孔，其实效边界 VC 等于（　　）。

A. 35.7　　　　B. 35.8　　　　C. 35.9　　　　D. 40.0

三、应用题

指出图 2-36 中标记为 A～G 中哪些是尺寸要素。如果是尺寸要素，则指出 MMC 尺寸和 LMC 尺寸。

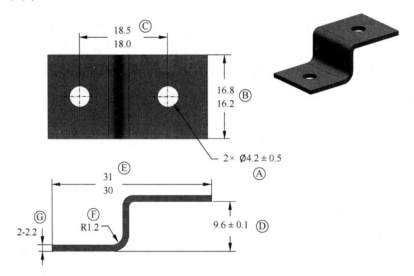

图 2-36　尺寸要素图纸标注应用

第 3 章

GD&T 基本符号和修饰符号

3.1　12 个基本符号

GD&T 共有 12 个基本符号，在 GD&T 标准 ASME Y14.5—2018 中分为五大类，相对旧版标准 ASME Y14.5—2009，新版标准 ASME Y14.5—2018 把同心度和对称度两个符号取消了，几何公差 12 个符号及其分类见表 3-1。

表 3-1　几何公差 12 个符号及其分类

应　用	公差类型	公差名称	符　号	有无基准
单一要素	形状公差	直线度	─	无
		平面度	▱	无
		圆度	○	无
		圆柱度	⌭	无
单一要素或关联要素	轮廓度公差	线轮廓度	⌒	有或无
		面轮廓度	⌓	有或无
关联要素	方向公差	倾斜度	∠	有
		平行度	∥	有
		垂直度	⊥	有
	位置度公差	位置度	⌖	有或无
	跳动度公差	圆跳动	↗*	有
		全跳动	⌰*	有

* 箭头可以填充也可以不填充

1. 形状公差

形状公差有 4 个符号，即直线度、平面度、圆度和圆柱度。形状公差图纸标注不需要带基准，平面度管控平表面和中心面的形状误差，直线度管控表面线素和中心线的形状误差，圆度管控表面圆要素的形状误差，圆柱度管控表面圆柱面的形状误差。

2. 轮廓度公差

轮廓度公差有 2 个符号,即线轮廓度和面轮廓度。线轮廓度管控线要素,面轮廓度管控整个表面要素。根据实际功能要求,轮廓度公差图纸标注可以带基准,也可以不带基准,轮廓度公差可以管控要素的尺寸大小、形状、要素之间的相互位置,以及相对基准的位置和方向等。

3. 方向公差

方向公差有 3 个符号,即倾斜度、平行度和垂直度,方向公差图纸标注必须有基准。方向公差管控平表面要素和中心要素(中心轴线和中心平面)的方向。

4. 位置度公差

位置度公差管控中心要素(中心轴线、中心平面和中心点)。根据实际功能要求,位置度公差图纸标注可以带基准,也可以不带基准。不带基准应该标注在成组要素,管控要素之间的相互位置。带基准标注在单个尺寸要素,管控相对基准的位置和方向。带基准标注在成组要素,管控相对基准的位置、方向和要素之间的相互位置。

5. 跳动度公差

跳动度公差有 2 个符号,即圆跳动和全跳动,跳动度公差图纸标注必须带基准。

跳动度公差可以标注相对基准轴线旋转的圆柱表面,即径向跳动度,也可以标注在和基准轴线垂直的平面,即端面跳动。

6. 尺寸与几何公差功能矩阵图

几何公差加上尺寸大小公差,管控零件要素的四大几何特性,即大小、形状、方向和位置,具体参照表 3-2 尺寸与几何公差功能矩阵。

表 3-2 尺寸与几何公差功能矩阵

公差类型	要素的几何特性				表面粗糙度
	大 小	形 状	方 向	位 置	
Size(尺寸公差)(独立原则)	Z				N/A
Size(尺寸公差)(包容原则)	Z	J			N/A
平面度		Z			N/A
直线度		Z			N/A
圆度		Z			N/A
圆柱度		Z			N/A
垂直度		J[①]	Z		N/A
平行度		J[①]	Z		N/A

(续表)

公差类型	要素的几何特性				表面粗糙度
	大小	形状	方向	位置	
倾斜度		J①	Z		N/A
位置度			J	Z	N/A
线轮廓度	Z	Z	Z	Z	N/A
面轮廓度	Z	Z	Z	Z	N/A
圆跳动		J	J	Z②	N/A
全跳动		J	J	Z②	N/A

注：① 当方向公差管控平面时，间接管控平面的形状误差。当方向公差管控尺寸要素如孔、轴等时，管控的对象是中心轴线或中心平面，所以不管控形状误差。
② 当跳动度公差标注在与基准轴线垂直的平面（端面跳动度公差）时，跳动度公差不管控平面的位置。

灰色阴影区域表示不管控此几何特性。

Z：表示直接管控此几何特性。

J：表示间接管控此几何特性。

N/A：表示不适合，因为尺寸与几何公差的单位是毫米（mm），表面粗糙度的单位是微米（μm）。

3.2　24个修饰符号

GD&T 除常用的 12 个基本符号外，还有一些修饰符号，不同的修饰符号在图纸中表达不同的功能。根据产品的实际功能要求，选择标注相对应的修饰符号，如果产品功能要求是保证孔轴装配，则图纸应该选择修饰符号Ⓜ进行表达。如果产品功能要求是保证强度最小壁厚，则图纸应该选择修饰符号Ⓛ进行表达。常见的修饰符号见表 3-3。

表 3-3　常见的修饰符号

名　称	修饰符号	名　称	修饰符号
最大实体状态（公差后面） 最大实体边界（基准后面）	Ⓜ	直接半径	R
最小实体状态（公差后面） 最小实体边界（基准后面）	Ⓛ	球半径	SR
基准移动	▷	受控半径	CR
延伸公差带	Ⓟ	方形	□
自由状态	Ⓕ	参考	( )
相切平面	Ⓣ	弧长	⌒
非对称轮廓度	Ⓤ	尺寸起始点	⌀→
独立	Ⓘ	区间	↔

（续表）

名　　称	修饰符号	名　　称	修饰符号
统计公差	⟨ST⟩	全周	⌖
连续要素	⟨CF⟩	全表面	⌖
直径	Φ	动态轮廓度	△
球直径	SΦ	从…到…	→

1. 最大实体状态（MMC）和最大实体边界（MMB）

最大实体符号标注示例如图 3-1 所示。最大实体符号Ⓜ既可以标注在几何公差后面，也可以标注在基准后面，标注在公差后面叫作最大实体状态（MMC），标注在基准后面叫作最大实体边界（MMB）。标注在公差后面会对相应的几何公差产生公差补偿，即把公差允许值放大，降低制造成本。标注在基准后面，基准要素模拟器有一个固定尺寸的边界即最大实体边界（MMB），当基准要素偏离最大实体边界（MMB）时，会产生基准要素偏移（Datum Feature Shift），这种偏移会对相应的几何公差产生一定的影响，详细内容参照第 5 章。

图 3-1　最大实体符号标注示例

2. 最小实体状态（LMC）和最小实体边界（LMB）

最小实体符号标注示例如图 3-2 所示。最小实体符号Ⓛ可以标注在几何公差后面，也可以标注在基准后面，标注在公差后面叫作最小实体状态（LMC），标注在基准后面叫作最小实体边界（LMB）。标注在公差后面会对相应的几何公差产生公差补偿，即把公差允许值放大，降低制造成本。标注在基准后面，基准要素模拟器有一个固定尺寸的边界即最小实体边界（LMB），当基准要素偏离最小实体边界（LMB）时，会产生基准要素偏移（Datum Feature Shift），这种偏移会对相应的几何公差产生一定的影响，详细内容参照第 5 章。

图 3-2　最小实体符号标注示例

3. 基准移动（Translation）

基准移动符号表示基准要素模拟器不需要固定在理论位置上，根据实际情况，基准要素模拟器可以在标注的公差范围内移动和调整。基准移动符号标注示例如图 3-3 所示，标注表示基准要素 C 的模拟器不需要相对基准 A 和 B 固定在理论位置。这会影响检具的设计，基准要素 C 的定位销可以在标注的公差范围内移动，即基准要素 C 的定位销不需要固定在理论位置。

图 3-3　基准移动符号标注示例

4. 延伸公差带（Projected Tolerance Zone）

延伸公差带符号标注示例如图 3-4 所示。延伸公差带符号ⓟ一般标注在位置度公差或方向公差后面，表示公差带向外延伸，公差带延伸的高度等于ⓟ后的数值，被测中心要素延伸后要在延伸的公差带里面。ⓟ一般多用在螺纹孔的位置度或垂直度公差，具体内容参考第 8 章。

在图 3-4（a）所示的图纸标注表示直径 0.2 的位置度公差带向外延伸 25，ⓟ可以和Ⓜ或Ⓛ组合标注，ⓟ一般放在Ⓜ或Ⓛ后面。

5. 自由状态（Free State）

自由状态符号标注示例如图 3-5 所示。自由状态符号Ⓕ可以标注在公差和基准后面，表示产品在自由状态下检测。除自身的重力外，不施加外力，常用在柔性易变形的零件上，此类的零件自由状态和装夹约束状态的公差测量差异较大。如果一张图纸中有些公差需要在约束状态下检测（图纸中要说明具体约束条件），有些公差需要在自由状态下检测，那么对于需要在自由状态下检测的公差，可通过在公差后面加Ⓕ来表达，如图 3-5 所示的圆度公差和尺寸公差需要在自由状态下检测。当自由状态符号应用在公差框格中的几何公差时，一般标注在几何公差值和其他修饰符号后面；当自由状态符号应用在基准上时，一般标注在基准要素符号和其他修饰符号后面；当自由状态符号应用在尺寸公差时，直接标注在尺寸公差后面。

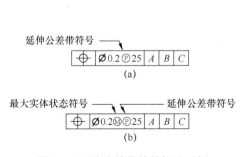

图 3-4　延伸公差带符号标注示例

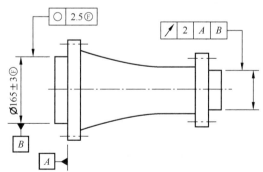

图 3-5　自由状态符号标注示例

6. 相切平面（Tangent Plane）

相切平面符号标注示例如图 3-6 所示。相切平面符号Ⓣ一般多用在方向公差后面，轮廓度公差和跳动度公差也可以使用，表示管控的对象是实际表面的相切面，而不是整个表面所有的点。相切平面是通过实际表面最高点,且与整个表面相贴的理想平面。具体内容参考第 7 章。

7. 非对称轮廓度（Unequally Disposed Profile）

非对称轮廓度符号标注示例如图 3-7 所示。非对称轮廓度符号Ⓤ只能标注在轮廓度公差后面,表示轮廓度公差带不需要相对理想表面对称分布,具体内容参考第 9 章。

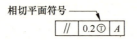

图 3-6　相切平面符号标注示例　　　图 3-7　非对称轮廓度符号标注示例

8. 独立（Independency）

独立符号Ⓘ只能标注在尺寸公差后面,表示公差原则采用独立原则,即尺寸公差不管控形状公差,如一个轴的直径尺寸大小不管控轴的直线度、圆度和圆柱度公差。

9. 统计公差（Statistical Tolerance）

统计公差符号标注示例如图 3-8 所示。如要表达尺寸公差是统计公差,则统计公差符号⟨ST⟩标注在尺寸公差后面。如要表达几何公差是统计公差,则统计公差符号⟨ST⟩标注在公差控制框中的几何公差和其他修饰符号后面。标注统计公差符号后,应该在图纸中加上注释"标注统计公差符号的要素,生产加工时必须用统计过程管控,并指明管控指标,如 CPK 要求"。

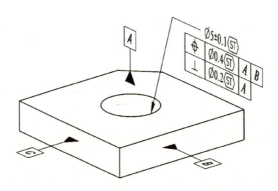

图 3-8　统计公差符号标注示例

10. 连续要素（Continuous Feature）

连续要素是指把两个或多个断开的表面要素,或者断开的规则尺寸要素,当作单个表面要素或单个规则的尺寸要素处理。连续要素符号⟨CF⟩可以应用标注在以下 3 种情况。

（1）标注在规则尺寸要素的尺寸公差后面。

（2）标注在几何公差附近,几何公差应用在被断开的表面要素。

（3）标注在基准要素符号附近,基准要素符号应用在被断开的表面要素。

连续要素符号标注示例（一）如图 3-9 所示，连续要素符号应用在被断开的 3 个规则尺寸要素轴的尺寸公差上，表示要把 3 个断开的规则尺寸要素当作单个规则尺寸要素处理，即把 3 个断开的轴当作一个大轴进行管控。

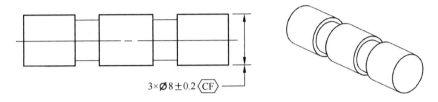

图 3-9　连续要素符号标注示例（一）

连续要素符号标注示例（二）如图 3-10 所示，连续要素符号应用在基准要素符号 A 上，表示把 6 个断开的平面要素当作单个大平面要素，然后作为基准要素 A。相当于 6 个平面没有断开，当作一个整体考虑。

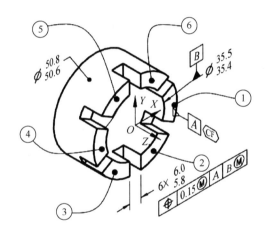

图 3-10　连续要素符号标注示例（二）

连续要素符号标注示例（三）如图 3-11 所示，连续要素符号应用在轮廓度公差框格附近，表示被断开的 6 个表面当作单一的表面，在轮廓度 0.4 的公差带里。这相当于 6 个表面没有断开，当作一个大表面整体进行管控。

11. 直径（Diameter）

直径符号标注示例如图 3-12 所示，直径符号 ϕ 可以标注在尺寸公差前面，管控孔、轴的直径大小。直径符号 ϕ 标注在几何公差前面，表示公差带是圆柱。

12. 球直径（Spherical Diameter）

球直径符号 $S\phi$ 可以标注在尺寸公差前面，管控球直径大小，也可以用在球心的位置度公差前面，表示公差带是球形。

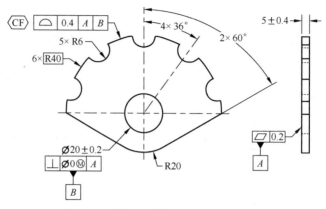

图 3-11 连续要素符号标注示例（三）

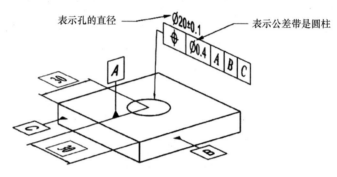

图 3-12 直径符号标注示例

13. 直接半径（Directly Radius）

直接半径符号标注示例如图 3-13（a）所示，直接半径符号 R 标注在尺寸公差前面，可创建一个由两道圆弧（最小及最大半径）形成的公差带，零件表面在此公差带内。当半径的中心位置由尺寸标注管控时，公差带边界的两个圆弧是同心的。当半径中心位置没用尺寸标注管控（理论圆弧与相邻两边相切定位）时，公差带边界的两个圆弧与相邻两边相切，从而形成一个月牙形的公差带。

14. 球半径（Spherical Radius）

球半径符号 SR 标注在尺寸公差前面，表示管控球的半径尺寸。

15. 受控半径（Controlled Radius）

受控半径符号标注示例如图 3-13（b）所示，受控半径符号 CR 标注后，由最大和最小半径创建公差带的两个圆弧边界，实际圆弧表面必须在公差带里，且要光滑过渡。另外，圆弧的实际半径尺寸应该在尺寸极限范围内。当半径的中心位置由尺寸标注管控时，公差带边界的两个圆弧是同心的。当半径中心位置没用尺寸标注管控（理论圆弧与相邻两边相切定位）时，公差带边界的两个圆弧与相邻两边相切，从而形成一个月牙形的公差带。在工程中，通过受控半径管控，使得圆弧光滑过渡，可以减少应力集中。

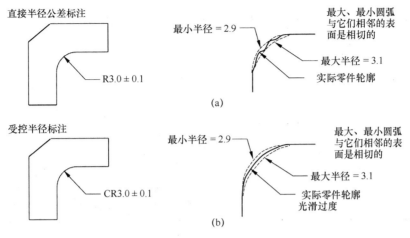

图 3-13 半径符号标注示例

16. 方形（Square）

方形符号标注示例如图 3-14 所示，方形符号□标注在尺寸前，用来定义一个正方形尺寸。

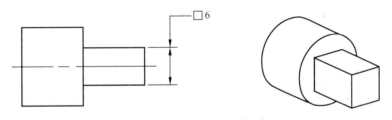

图 3-14 方形符号标注示例

17. 参考（Reference）

参考符号标注示例如图 3-15 所示，参考符号（）表示尺寸为参考尺寸。参考尺寸尽量少在图纸中标注。

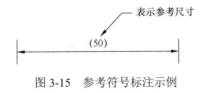

图 3-15 参考符号标注示例

18. 弧长（Arc Length）

弧长符号用来表示弧线的长度。

19. 尺寸起始点（Dimension Origin）

尺寸起始点符号表示两个要素之间的尺寸公差，是从其中一个要素起始的，指明了测量方向和起始点。尺寸起始点符号标注示例如图 3-16 所示，图中表示小平面是尺寸测量起始位置，即测量基准。

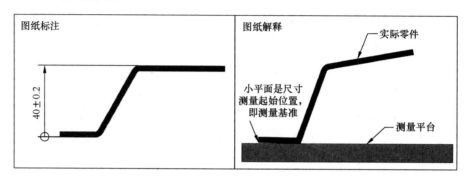

图 3-16 尺寸起始点符号标注示例

20. 区间（Between）

区间符号表示标注的公差或规范适用两个或多个要素之间，区间符号标注示例如图 3-17 所示，图中的轮廓度公差管控的是 G ←→ H 区间的几个表面。

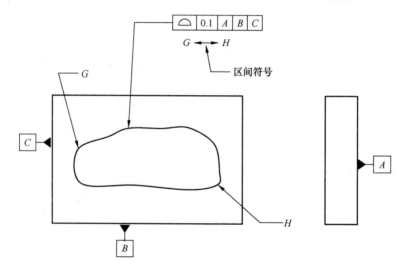

图 3-17 区间符号标注示例

21. 全周（All Around）

全周符号表示轮廓度公差或其他规范应用在指定视图的全周表面要素，标注示例如图 3-18 所示。全周符号表示公差框格中的轮廓度公差应用在标注视图中的全周轮廓表面。

22. 全表面（All Over）

全表面符号表示公差框格中的轮廓度公差或其他规范应用三维模型中的所有表面。全表面符号标注示例如图 3-19 所示，图中 0.2 的轮廓度公差管控三维数模的所有表面。

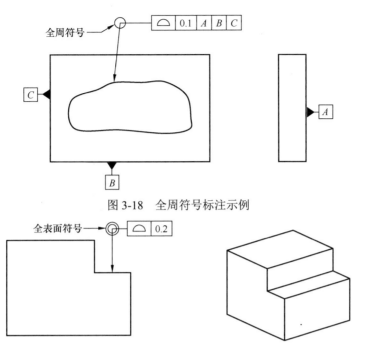

图 3-18 全周符号标注示例

图 3-19 全表面符号标注示例

全表面符号要谨慎使用，一旦标注，则表示所有表面由一个公差值管控。

23. 动态轮廓度（Dynamic Profile）

动态轮廓度符号表示轮廓度公差带尺寸大小随着实际轮廓的尺寸动态变化，只需要保证公差带的宽度等于标注的公差值。其目的是通过动态轮廓度加严被管控要素的形状公差，而不是尺寸公差。动态轮廓度符号标注示例如图 3-20 所示，动态轮廓度公差 0.4 管控异形孔的形状，而不管控尺寸大小。关于动态轮廓度的具体内容和应用可参照第 9 章。

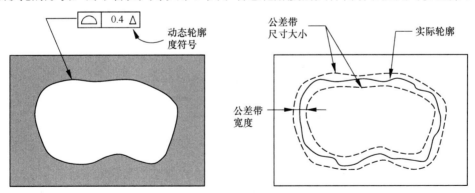

图 3-20 动态轮廓度符号标注示例

24. 从…到…（From–to）

From-to 这个符号表示标注的几何公差带从一个位置到另一个位置是按比例变化的，

公差框格的指引线直接标注在被管控表面的区域，可以用点、线、面指定两个位置。From-to 符号标注示例如图 3-21 所示，图中 C 是起始位置，轮廓度公差允许值为 0.1，D 是终止位置，轮廓度公差允许值是 0.3。From C to D 表示轮廓度公差值从 C 处的 0.1 按比例变化到 D 处的 0.3。

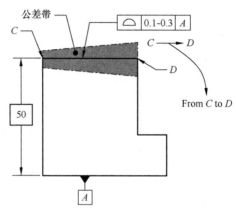

图 3-21 From-to 符号标注示例

3.3 公差框格（Feature Control Frame）

3.3.1 公差框格定义

公差框格标注示例如图 3-22 所示。图纸上标注几何公差是通过公差框格表达的，公差框格里包括几何公差符号、公差值、公差带形状修饰符号、公差修饰符号、基准符号及基准修饰符号。

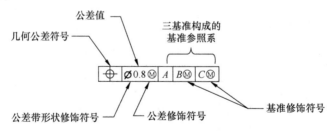

图 3-22 公差框格标注示例

公差框格第一格标注的是几何公差符号，即 12 个基本公差符号之一。

公差框格第二格标注公差值及其修饰符号，常见的修饰符号可参见表 3-3。

公差框格第三格标注基准及其修饰符号，根据实际装配定位功能可标注第一、第二和第三基准。常见的修饰符号见表 3-3。

公差框格可以带基准，也可以不带基准，不带基准的公差框格只有两格，带基准的公差框格至少有三格（一个基准），最多有五格（三个基准）。

不带基准的公差框格常用在形状公差上，管控产品的形状误差。除形状公差外，位置度和轮廓度公差也可以不带基准，轮廓度不带基准可以管控要素的形状、相互位置或尺寸大小。位置度不带基准管控尺寸要素之间的相互位置，此类具体内容在后续相关章节中会详细介绍。

带基准的公差框格常用于方向公差和位置度公差，还有跳动度公差和轮廓度公差。公差框格标注示例如图 3-23 所示。公差框格中的基准，根据产品装配定位功能选择，可以带一个基准、两个基准、三个基准，分别叫作第一基准、第二基准和第三基准。

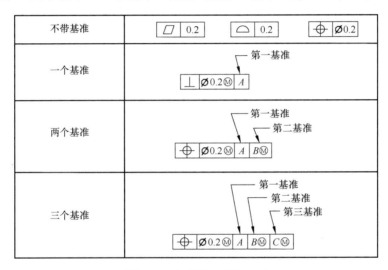

图 3-23 公差框格标注示例

组合公差框格标注示例如图 3-24 所示，两行或多行公差框格组合在一起标注管控零件的相关要素。

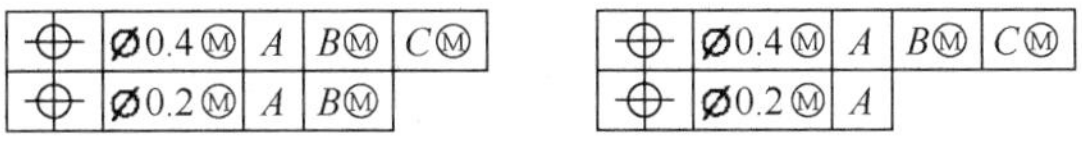

图 3-24 组合公差框格标注示例

复合公差框格标注示例如图 3-25 所示，一个公差符号，上下两行或多行公差框格，用来表达复合公差。

图 3-25 复合公差框格标注示例

公差框格和基准要素符号组合标注示例如图 3-26 所示，当一个要素或成组要素由一个几何公差控制，而它们又是基准要素时，可以把公差框格与基准要素符号组合在一起，基准要素符号可以标注在公差框格上。

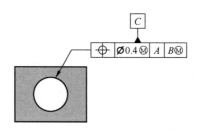

图 3-26　公差框格和基准要素符号组合标注示例

3.3.2　公差框格的标注

公差框格标注的位置不一样，其管控的对象和表达功能也会有不一样的解释，如管控的是表面要素，还是中心要素。在标注公差框格时，一定要首先明确被管控的对象，然后把公差框格标注在一个合理的位置。

如果要管控的对象是表面要素，则公差框格指引线的箭头可以直接标注在表面，也可以标注在表面轮廓线的延长线上。

如果要管控的对象是中心要素，则公差框格指引线的箭头可以与尺寸线箭头对齐，也可以标注在管控尺寸要素的尺寸公差附近（上面或下面）。

公差框格标注示例如图 3-27 所示，图中的轮廓度管控表面要素，指引线箭头直接标注在被管控的表面。位置度管控的是孔的中心轴线即中心要素，公差框格标注在管控孔直径的尺寸公差下面，垂直度管控的是槽的中心平面，公差框格的指引线箭头与槽的宽度尺寸线箭头对齐。

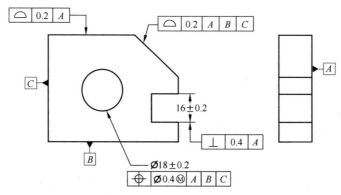

图 3-27　公差框格标注示例

本 章 习 题

一、判断题

1．平面度公差图纸标注应该带基准。（　　）

2. 轮廓度公差图纸标注必须带基准。（　　）
3. 全跳动公差标注在与基准轴线垂直的平面，管控平面的位置和方向。（　　）
4. 最大实体修饰符号Ⓜ只能标注在几何公差后面。（　　）
5. 位置度公差图纸标注可以不带基准。（　　）
6. 延伸公差Ⓟ可以标注在位置度和方向公差后面。（　　）
7. 如果在方向公差后面加Ⓣ，则表示公差可以得到补偿。（　　）
8. 如果希望尺寸公差采用独立原则，则应该在尺寸公差后面加Ⓘ。（　　）
9. 如果希望轮廓度公差带非对称分布，则应该在公差后面加Ⓤ。（　　）
10. 最小实体修饰符号Ⓛ可以标注在尺寸公差后面。（　　）
11. 几何公差后面标注最大实体修饰符号Ⓜ，表示公差可以补偿放大。（　　）
12. 公差框格最多只能有5个框格，最少要有3个框格。（　　）

二、选择题

1. 下面哪个是位置公差（　　）。
   A. 位置度　　　　B. 平面度　　　　C. 平行度　　　　D. 圆柱度
2. 下面哪些公差可以管控位置（　　）。
   A. 位置度　　　　B. 轮廓度　　　　C. 跳动度　　　　D. 以上所有
3. 下面哪个符号是全周符号（　　）。
   A. Ⓤ　　　　　　B. Ⓜ　　　　　　C. ⌀　　　　　　D.  ⌀
4. 关于Ⓤ，下面说法正确的是（　　）。
   A. 可以用在形状公差和方向公差　　　B. 只能用在位置度公差
   C. 只能用在轮廓度公差　　　　　　　D. 可以用在位置度公差和轮廓度公差
5. 关于独立符号Ⓘ，下面说法正确的是（　　）。
   A. 只能用在几何公差后面　　　　　　B. 只能用在尺寸公差后面
   C. 几何公差和尺寸公差都可以应用　　D. 以上答案都不对
6. 在图3-28所示的标注中，尺寸公差后面的⟨CF⟩表示（　　）。
   A. 特殊特性，需要重点管控　　　　　B. 公差需要做统计分析
   C. 当作一个尺寸要素整体管控　　　　D. 尺寸自由状态检测

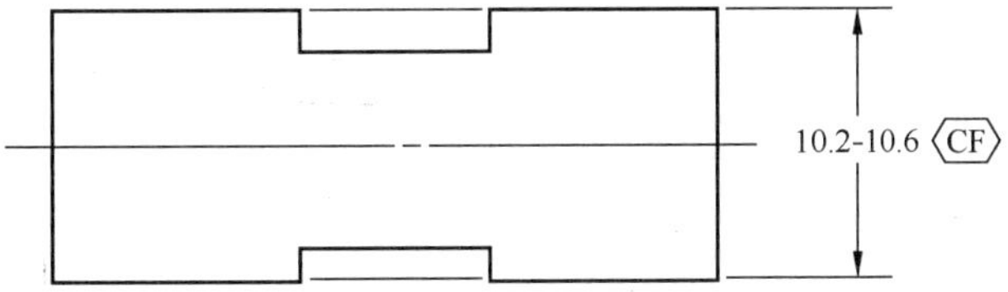

图3-28　连续要素图纸标注

7. 标注平面度公差时，对公差框格描述正确的是（　　）。
   A．只能是一格　　　　　　　　B．只能是两格
   C．可以是三格　　　　　　　　D．最多是四格
8. 标注轮廓度公差时，对公差框格描述正确的是（　　）。
   A．最多是两格　　　　　　　　B．最多是三格
   C．最多是四格　　　　　　　　D．最多是五格
9. 对于几何公差标注，下面描述正确的是（　　）。
   A．圆度和圆柱度公差应该带基准　B．轮廓度必须带基准
   C．位置度必须带基准　　　　　　D．跳动度必须带基准
10. 对于公差框格，下面描述正确的是（　　）。
    A．公差框格最多两格　　　　　B．公差框格最多三格
    C．公差框格最多四格　　　　　D．公差框格最多五格

三、应用题

公差符号图纸标注应用示例如图 3-29 所示。

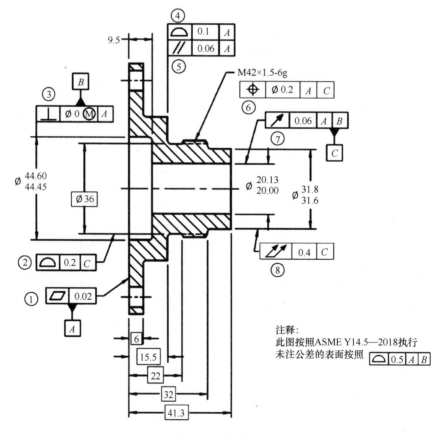

图 3-29　公差符号图纸标注应用示例

1. 写出图 3-29 中标记①~⑧的几何公差的名称。

序 号	公差名称	序 号	公差名称	序 号	公差名称
①		④		⑦	
②		⑤		⑧	
③		⑥			

2. 图 3-29 中标记的①~⑧的几何公差，哪些公差管控表面要素（Feature）？哪些公差管控尺寸要素（Feature of Size）？

3. 图 3-29 中标记的①~⑧的几何公差，哪些公差可以得到公差补偿？

4. 图 3-29 中标记的①~⑧的几何公差，哪些公差可以管控位置？

5. 图 3-29 中标记③的垂直度公差最大允许值是多少？

6. 图 3-29 中理论尺寸 41.3 的公差是多少？

第 4 章
GD&T 公差原则与相关要求

GD&T 公差原则与相关要求实际就是解释了尺寸公差与几何公差之间的关系，GD&T 公差原则与相关要求示例如图 4-1 所示。其中：基本公差原则包括包容原则（Rule#1）、独立原则和与要素尺寸无关原则（Rule#2）；相关要求包括最大实体要求、最小实体要求和尺寸基本规则。

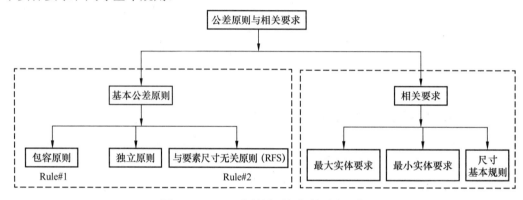

图 4-1　GD&T 公差原则与相关要求示例

4.1　包容原则

包容原则解释了尺寸公差和形状公差之间的关系。包容原则是 ASME Y14.5—2018 默认的基本公差原则，只要图纸按照 ASME Y14.5—2018 标准执行，是无须特殊说明的，图纸中标注在规则的尺寸要素的尺寸公差按照包容原则相关规定执行。

包容原则指的是单个规则的尺寸要素的形状误差被标注的尺寸公差管控，具体要求如下。

（1）规则尺寸要素的表面不能超过最大实体包容边界。包容边界的大小等于最大实体尺寸，包容边界形状为图纸视图或三维模型表达的理论几何形状。

（2）当规则尺寸要素的局部实际尺寸处处等于最大实体尺寸时，不允许有形状误差。当局部实际尺寸偏离最大实体尺寸时，允许有局部的形状误差，其值就等于实际局部尺寸与最大实体尺寸的差值。

(3) 当规则尺寸要素实际加工尺寸等于最小实体尺寸时，允许有最大的形状误差。该误差值等于最大实体尺寸与最小实体尺寸的差值。

(4) 当应用几何公差，要求规则尺寸要素在最小实体时形状理想，如标注直线度零公差，同时采用最小实体要求，那么表示规则尺寸要素在最小实体时形状理想，而在最大实体时不要求形状理想。

(5) 当规则尺寸要素部分局部区域不包含对立点时，在任意横截面处，实际表面的点到实际非关联包容配合面之间的距离不得超过最小实体极限尺寸。局部区域不包含对立点的规则尺寸要素的尺寸解释示例如图 4-2 所示，图中的圆柱轴表面有一个键槽，导致表面部分局部区域无对立点，在横截面无对立点区域处，实际表面点到实际非关联包容配合面的距离尺寸不得超过最小实体极限尺寸，即 24.8。

(6) 包容原则只适用于单个的规则尺寸要素。

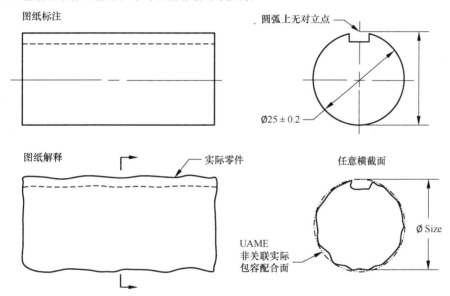

图 4-2 局部区域不包含对立点的规则尺寸要素的尺寸解释示例

包容原则确保了单个规则的尺寸要素的装配，如孔轴配合。当包容原则应用在外部尺寸要素时，如轴，其最大实体包容边界等于其最大极限尺寸（轴的最大实体尺寸）。当包容原则应用在内部尺寸要素时，如孔，其最大实体包容边界等于最小极限尺寸（孔的最大实体尺寸）。

包容原则应用在外部规则尺寸要素，如轴，当轴的直径为最大实体尺寸（最大极限尺寸）时，轴的形状（包括直线度、圆度和圆柱度）必须是理想的，不允许有形状误差，因为轴的实际表面不能超过最大实体包容边界；当轴的实际直径小于最大实体尺寸（最大极限尺寸）时，允许轴有相应的形状误差，其形状误差的大小等于轴的实际直径尺寸与最大实体尺寸（最大极限尺寸）的差值；当轴的实际尺寸等于最小实体尺寸（最小极限尺寸)时,其形状误差允许最大。轴的尺寸和形状误差的关系标注示例如图 4-3 所示。

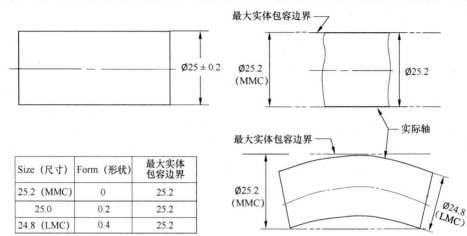

图 4-3 轴的尺寸和形状误差的关系标注示例

包容原则应用在内部尺寸要素,如孔,当孔的直径为最大实体尺寸(最小极限尺寸)时,孔的形状(包括直线度、圆度和圆柱度)必须是理想的,不允许有形状误差,因为孔的实际表面不能超过最大实体包容边界;当孔的实际直径大于最大实体尺寸(最小极限尺寸)时,允许孔有相应的形状误差,其形状误差的大小等于实际孔的直径与最大实体尺寸(最小极限尺寸)的差值;当孔的实际尺寸等于最小实体尺寸(最大极限尺寸)时,其形状误差允许最大。孔的尺寸和形状误差的关系标注示例如图 4-4 所示。

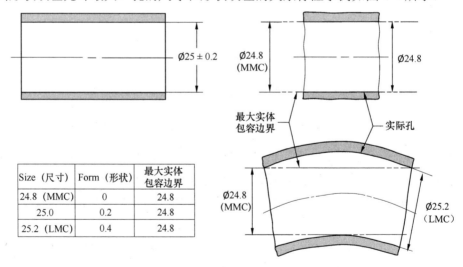

图 4-4 孔的尺寸和形状误差的关系标注示例

4.1.1 包容原则的特点

包容原则的特点如下。

（1）被测要素的实际轮廓在给定长度上处处不应超过最大实体包容边界，即实际要素的配合作用尺寸不得超出最大实体尺寸。

（2）当要素的局部实际尺寸处处为最大实体尺寸时，必须有理想形状，不允许有任何形状误差。

（3）当要素的局部实际尺寸偏离最大实体尺寸时，允许局部有形状误差。其偏离量可补偿给形状误差，即形状误差等于偏离量。

（4）当实际要素处于最小实体状态时，允许的形状误差达到最大值。

（5）要素的局部实际尺寸不得超出尺寸极限范围。

（6）尺寸公差不仅限制了要素的实际尺寸，还控制了要素的形状误差。

（7）在包容原则下，表面形状误差不会超过图纸标注的尺寸公差。

（8）在包容原则下，图纸标注的表面形状误差应该小于对应的尺寸公差。

4.1.2 包容原则的应用

包容原则一般应用于孔轴配合，保证配合功能。特别是配合公差较小时，如最小间隙或最大过盈的精密配合。要想保证孔轴配合有一定的间隙量和过盈量，孔和轴的实际配合表面都不能超过自己的最大实体包容边界，包容原则很好地保证了这一功能要求。包容原则应用之孔轴配合标注示例如图 4-5 所示。图中，孔和轴的最大实体尺寸都是 30，在包容原则规定下，孔和轴的实际表面都不会超过自己的最大实体包容边界 30，从而保证了图纸标注所示的公差配合功能。

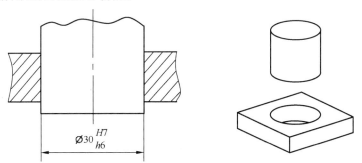

图 4-5 包容原则应用之孔轴配合标注示例

4.1.3 包容原则的边界

包容原则应用于规则尺寸要素，其包容原则边界与规则尺寸要素的理想几何形状一样。常见的包容原则的边界如下。

（1）圆柱面，如包容原则应用于圆孔或圆轴。

（2）两个平行平面，如包容原则应用于槽或板（两个相互平行平面的尺寸要素）。

（3）一个球面，如包容原则应用于球。

最大实体包容边界应用于尺寸要素的整个长度、宽度、深度，包容原则通过确保局部表面不会超过最大实体的理想边界，从而保证了配合功能。

4.1.4 包容原则与规则尺寸要素的关系

1. 包容原则与单个规则尺寸要素

包容原则只控制单个规则尺寸要素的形状误差，不管控规则尺寸要素的方向和位置误差，如规则尺寸要素的垂直度、对称度、位置度必须用相应的方向和位置度公差管控。

包容原则中尺寸公差只管控形状误差图纸标注示例（孔）如图 4-6 所示。图中，尺寸公差 $\phi10\pm0.2$ 和尺寸公差 $\phi8\pm0.2$ 只管控两个孔的形状误差，即孔的圆柱度、圆度或直线度。不能管控两个孔的同轴度误差，以及每个孔与平面 A 和平面 B 的垂直度误差。

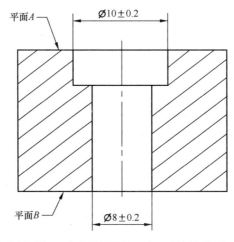

图 4-6 包容原则中尺寸公差只管控形状误差图纸标注示例（孔）

包容原则中尺寸公差只管控形状误差图纸标注示例（轴）如图 4-7 所示。图中，两个直径尺寸为 10 的轴，理想状态同轴。由包容原则可知，轴 1 和轴 2 都有一个最大实体包容边界，其尺寸等于最大实体尺寸，轴的实际外表面不能超过自己的最大实体包容边界。当轴的实际直径尺寸小于最大实体尺寸时，允许有相应的形状误差，最大形状误差不会超过自己的尺寸公差。所以包容原则管控了轴 1 和轴 2 的形状误差，但轴 1 和轴 2 的最大实体包容边界是独立的，两个包容边界不需要保持相互的位置（同轴）和方向（平行）关系，轴 1 和轴 2 的同轴度关系没有被管控。

2. 连续要素与包容原则

连续要素与包容原则图纸标注示例如图 4-8 所示。图中，两个直径尺寸为 10 的轴，理想状态是同轴，图纸标注在尺寸公差后面加了连续要素符号 Ⓒ𝐅 。由连续要素符号的定义可知，左右两个轴应该当作一个连续的轴整体管控，在包容原则下，就要用一个尺寸为 10.2 的最大实体包容边界同时把两个轴包在里面，两个轴的实际外表面不能超出最大实体包容边界。当两个轴的实际横截面尺寸处处都等于最大实体尺寸 10.2 时，两个轴不仅要求自身的形状理想，而且相互位置也要理想，不允许有同轴误差。当其中一个轴的非关联实际包容配合面尺寸小于最大实体包容边界 10.2 时，就允许两个轴有同轴度误差即相互位置误差，其值就等于轴的非关联实际包容配合面的尺寸与最大实体包容边界的差值。综上所述，规则尺寸要素加上连续要素符号 ⟨CF⟩，在包容原则下就可以管控多个连续的规则尺寸要素的相互位置关系了。

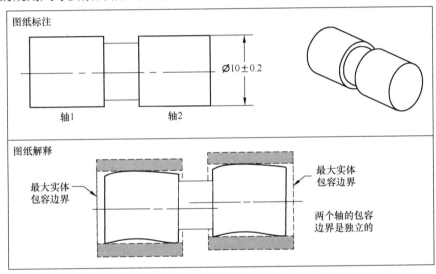

图 4-7　包容原则中尺寸公差只管控形状误差图纸标注示例（轴）

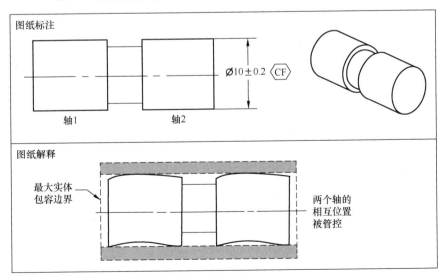

图 4-8　连续要素与包容原则图纸标注示例

4.1.5 包容原则的检测

包容原则中有两个重要的尺寸必须检测。

(1) 检测零件的非关联实际包容配合面,其尺寸要小于或等于,或者大于或等于最大实体包容边界,以保证装配性能。对于外部规则尺寸要素(如轴),非关联实际包容配合面就是最小外接圆柱面,其尺寸要小于或等于最大实体包容边界。对于内部规则尺寸要素(如孔),非关联实际包容配合面就是孔的最大内切圆柱面,其尺寸要大于或等于最大实体包容边界。

(2) 检测零件的任意一个横截面实际局部尺寸不要超出尺寸公差范围,以保证局部尺寸大小不超差。

轴的包容原则检测标注示例如图 4-9 所示,图中轴的非关联实际包容配合面的尺寸 D 要小于或等于最大实体包容边界 10.1,实际局部截面两点尺寸 $d_1 \sim d_3$ 要在尺寸公差 $\Phi 10 \pm 0.1$ 范围内。

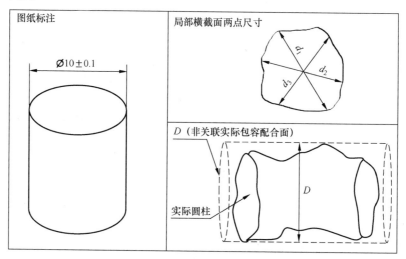

图 4-9 轴的包容原则检测标注示例

孔的包容原则检测标注示例如图 4-10 所示,图中的孔,非关联实际包容配合面的尺寸要大于或等于最大实体包容边界 9.9,实际局部截面两点尺寸 $d_1 \sim d_3$ 要在尺寸公差 $\Phi 10 \pm 0.1$ 范围内。

工程中检测包容原则中的尺寸的常用方法有三坐标法和检具法。

(1) 三坐标法:圆柱面上采点拟合非关联实际包容配合面。对于外尺寸要素(如圆轴),拟合最小外接圆柱面,其值要小于或等于最大实体尺寸。对于内尺寸要素(如圆孔),拟合最大内切圆柱面,其值要大于或等于最大实体尺寸。另外,还要评价实际局部尺寸不能超出尺寸极限。对于图 4-9 中的轴和图 4-10 中的孔的尺寸测量数据和评定合格条件见表 4-1。

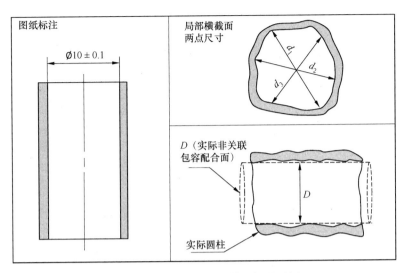

图 4-10 孔的包容原则检测标注示例

表 4-1 轴和孔的尺寸测量和评定合格条件

尺寸要素	尺寸类型	名义值	上公差（+）	下公差（−）	实测值	评定合格条件
轴	非关联实际包容配合面	10	0.1	0.1	D	$D \leqslant 10.1$(MMC)
	局部尺寸	10	0.1	0.1	d_i	$9.9 \leqslant d_i \leqslant 10.1$
孔	非关联实际包容配合面	10	0.1	0.1	D	$D \geqslant 9.9$（MMC）
	局部尺寸	10	0.1	0.1	d_i	$9.9 \leqslant d_i \leqslant 10.1$

（2）检具法：可以采用检具通止规测量包容原则的尺寸。对于图 4-9 中的轴，通规评价零件非关联实际包容配合面尺寸要小于或等于最大实体包容边界，止规测量零件实际局部尺寸不能超过尺寸公差范围。轴的包容原则检测之通止规法标注示例如图 4-11 所示。通规就是做一个直径尺寸等于轴的最大实体尺寸 10.1 的套筒，长度大于或等于轴的最大长度尺寸，只要实际轴能够顺利通过通规套筒，就说明轴的实际外表面不会超过最大实体包容边界 10.1。用 9.9 的止规（卡规）测量轴的实际局部尺寸，只要止规（卡规）在轴的任意一个横截面能够止住，就说明轴的实际局部尺寸在尺寸公差范围内。

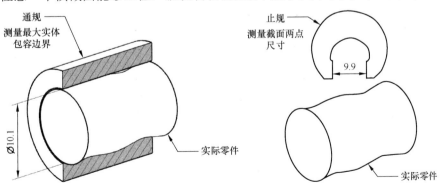

图 4-11 轴的包容原则检测之通止规法标注示例

对于图 4-10 中的孔，通规检验零件非关联实际包容配合面尺寸要大于或等于最大实体包容边界，止规测量零件实际局部尺寸不能超过尺寸公差范围。孔的包容原则检测之通止规法标注示例如图 4-12 所示。通规就是做一个圆柱，其直径等于孔的最大实体尺寸 9.9，通规的长度应该大于或等于孔的长度尺寸，只要直径 9.9 的通规通过实际孔，就表示孔的实际表面不会超过最大实体包容边界 9.9。止规检测零件实际局部尺寸，止规理论上应该是测量局部两点尺寸。止规尺寸是 10.1，只要止规在测量零件时能够止住不通过，就说明孔的实际局部尺寸在尺寸公差范围内。

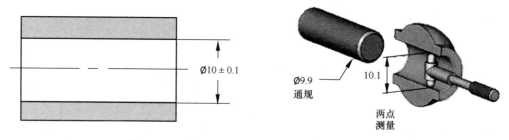

图 4-12 孔的包容原则检测之通止规法标注示例

4.1.6 包容原则的失效

以下几种情况可以不遵循包容原则的要求，即规则尺寸要素在最大实体时，形状无须保持理想状态。

（1）公差采用自由状态修饰符号Ⓕ。

（2）标准零件的尺寸，如棒、管路、板件等，这些零件在加工前首先要满足相应标准规范中规定的几何特征要求。

（3）在尺寸公差后面加上独立符号Ⓘ，表示公差原则采用独立原则。

（4）直线度管控规则尺寸要素形状误差，如中心线的直线度。

（5）平面度管控规则尺寸要素形状误差，如中心面的平面度。

（6）采用平均直径标注。

包容原则失效标注示例如图 4-13 所示。在图 4-13（a）中，圆度公差后面有Ⓕ，表示自由状态，可以不遵循包容原则要求，即圆度公差值可以大于尺寸公差值。在图 4-13（b）中，尺寸公差后面标注Ⓘ表示公差原则采用独立原则，形状公差可以大于尺寸公差，可以不遵循包容原则要求。在图 4-13（c）中，直线度管控轴的中心线的形状误差，图纸标注表示即使轴在最大实体时，也可以有 0.6 的形状误差，无须保持形状理想状态，可以不遵循包容原则要求。在图 4-13（d）中，平面度管控板的中心面的形状误差，图纸标注表示即使板在最大实体时，也可以有 0.6 的形状误差，无须保持形状理想状态，可以不遵循包容原则要求。在图 4-13（e）中，在尺寸后面加 AVG 表示平均尺寸，可以不遵循包容原则。

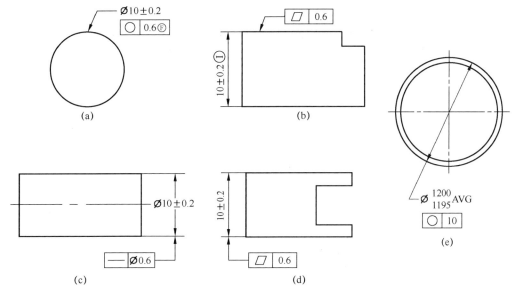

图 4-13 包容原则失效标注示例

4.2 独立原则

独立原则解释了尺寸公差和形状公差之间的关系，当规则尺寸要素，如孔和轴不用来配合装配，ASME Y14.5—2018 标准默认的包容原则加严了设计要求，增加了产品成本。此时应该采用独立原则，独立原则是通过在尺寸公差后面标注Ⓘ来表达的。

独立原则解释如下。图样上给定的每个尺寸、形状、方向和位置是独立的，应分别满足要求，在独立原则要求下，规则尺寸要素在最大实体和最小实体时无须保持形状理想完美，图纸标注的尺寸公差只控制局部实际尺寸，即任意一个横截面局部两点之间的尺寸，不控制要素本身的形状误差。例如，圆柱的直径公差，只管控圆柱每个截面的局部实际尺寸，不管控圆柱的形状（即直线度或圆柱度及截面的圆度）误差。在独立原则下，轴的尺寸和形状关系标注示例如图 4-14 所示。

图 4-14 中的圆柱无须在最大实体时形状保持理想状态，即使每个横截面的尺寸都等于最大实体尺寸 8.2，轴也可以弯曲，即允许有形状误差。因为在独立原则下，轴的尺寸是不管控形状误差的，产品检测也不会去测量形状误差，只要测量任意一个横截面实际局部尺寸在图纸允许的尺寸公差范围内就算合格。

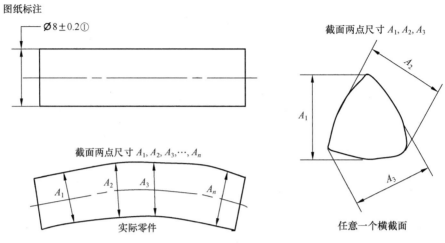

图 4-14 在独立原则下,轴的尺寸和形状关系标注示例

4.2.1 独立原则的特点

独立原则的特点如下。
（1）规则尺寸要素在最大实体和最小实体时,形状无须保持理想完美。
（2）尺寸公差仅控制要素的实际局部实际尺寸,不控制其形状误差。
（3）图纸标注时形状公差可以大于或小于尺寸公差。
（4）产品检测时,尺寸采用局部横截面两点法检测。

4.2.2 独立原则的应用

独立原则的应用如下。

1. 没有配合要求的情况

零件外形尺寸、管路尺寸,以及工艺结构尺寸,如退刀槽尺寸、螺纹收尾、倒圆、倒角尺寸等。一些不需要配合的孔和轴的尺寸,如工艺孔、排气孔等。

2. 配合精度要求不高的情况

孔和轴配合,但配合间隙比较大,如最小直径为 12 的孔和最大直径为 10 的轴装配,即使孔和轴在最大实体时,孔和轴有一点弯曲变形即形状不理想也可以装配。

4.2.3 独立原则的检测

独立原则只须采用两点法测量实际局部尺寸（如游标卡尺、内径千分尺、三坐标）,实际局部尺寸不超过图纸标注的尺寸公差即可。独立原则检测标注示例如图 4-15 所示,图中的 $d_1 \sim d_3$ 要在尺寸公差 $\varPhi 10 \pm 0.1$ 范围内。

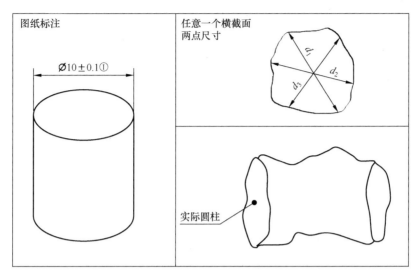

图 4-15 独立原则检测标注示例

4.3 最大实体要求

包容原则和独立原则解释了尺寸公差和形状公差之间的关系，其中包容原则规定尺寸公差要管控形状误差，独立原则规定尺寸公差不管控形状误差。最大实体要求解释了尺寸公差与形状、方向和位置度公差之间的关系。

4.3.1 最大实体要求的功能

孔和轴间隙装配时，它们之间的最小间隙量是保证孔和轴装配的条件，而最小间隙量由孔的最小直径尺寸和轴的最大直径尺寸决定，孔的最小直径尺寸为孔的最大实体尺寸，轴的最大直径尺寸为轴的最大实体尺寸。因此，最大实体主要是保证孔和轴的装配功能。最大实体的功能标注示例如图 4-16 所示。

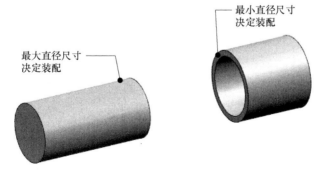

图 4-16 最大实体的功能标注示例

4.3.2 最大实体要求的图纸标注

最大实体要求在图纸中是用修饰符号Ⓜ表示的,最大实体要求修饰符号Ⓜ可以标注在公差框格中的几何公差值后面(包括直线度、平面度、垂直度、平行度、倾斜度和位置度公差),也可以标注在基准后面。标注在公差值后面表示公差框格中的几何公差值与被管控要素的尺寸关联,即尺寸公差要补偿几何公差。

4.3.3 最大实体要求下几何公差与尺寸公差之间的关系

最大实体要求标注示例如图4-17所示,在位置度公差0.2后面加上Ⓜ,表示位置度公差要采用最大实体要求,即被管控的孔允许的位置度公差不是一个固定值,它是随着孔的实际尺寸变化而变化的。当孔的实际尺寸等于最大实体尺寸9.8时,位置度公差没有补偿,孔允许的位置度公差等于图纸标注的基本的位置度公差0.2。当孔的实际尺寸偏离最大实体尺寸时,也就是大于最大实体尺寸,孔的位置度公差可以得到补偿,补偿值等于孔的实际尺寸与孔的最大实体尺寸的差值,补偿的位置度公差值加上基本的位置度公差值0.2就是总体允许的位置度公差值。当孔的实际尺寸等于最小实体尺寸10.2时,位置度公差补偿最大。采用最大实体要求后,孔的位置度公差和孔的尺寸的关系如图4-17所示,图中孔的实际尺寸指的是孔的非关联实际包容配合面尺寸,而不是局部两点尺寸,非关联实际包容配合面尺寸详细介绍可参考第2章中的相关内容。

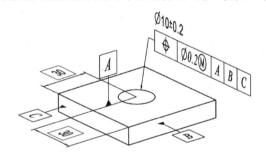

Ⓜ 最大实体要求			
Size（尺寸）	位置度公差基本值	位置度公差补偿值	位置度公差总体值
9.8	0.2	0	0.2
10.0	0.2	0.2	0.4
10.2	0.2	0.4	0.6

图4-17　最大实体要求标注示例

4.3.4 最大实体零公差要求下几何公差与尺寸公差之间的关系

当几何公差采用最大实体零公差要求时,几何公差允许值完全取决于要素的实际尺寸。当孔的实际尺寸等于最大实体尺寸9.8时,位置度公差没有补偿,孔允许的位置度公差等于图纸标注的0公差,表示必须在理论位置。当孔的实际尺寸偏离最大实体尺寸时,也就是大于最大实体尺寸,孔的位置度公差可以得到补偿,补偿值等于孔的实际尺寸与孔的最大实体尺寸的差值,补偿的位置度公差值加上基本的位置度公差值0就是总体允许的位置度公差值。当孔的实际尺寸等于最小实体尺寸10.2时,位置度公差补偿最大,即允许值最大。采用最大实体要求后,孔的位置度公差和孔的尺寸的关系如图4-18所示,图中孔的实际尺寸指的是孔的非关联实际包容配合面尺寸,而不是局部两点尺寸,非关联实际包容配合面尺寸详细介绍可参考第 2 章中的相关内容。

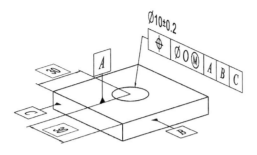

图 4-18 最大实体零公差要求标注示例

4.3.5 最大实体要求的两种解释

几何公差采用最大实体要求存在下面两种解释。

1. 表面解释

当几何公差采用最大实体要求时，在保证要素规定的尺寸极限的同时，要素的表面不得超出其实效边界（VC）。当实际零件要素偏离最大实体时，几何公差有额外的补偿。当实际零件要素处于最小实体且形状理想时，允许的几何公差达到最大值。表面解释具体参照 8.1.4 节中的相关内容。

注意，当几何公差采用最大实体要求，通过计算实效边界（VC）为负数时，如直径尺寸 2.0～2.5 的内尺寸要素（如孔）的位置度公差为 3.0 最大实体要求，实效边界（VC）=2.0（最大实体尺寸）-3.0（位置度公差值）=-1.0，此时表面解释不适用。

关于实效边界（VC）的定义与计算的详细介绍可参照 2.2 节中的相关内容。

2. 轴线解释

当方向或位置度公差采用最大实体要求时，要素的轴线、中心平面或中心点不得超出其规定的公差带。若非关联实际包容配合面（UAME）等于最大实体极限尺寸时，允许的公差即为图纸上标注的规定值。当要素的非关联实际包容配合面（UAME）的尺寸偏离最大实体极限尺寸时，公差带可增大。公差带的增加量等于规定的最大实体极限尺寸与非关联实际包容配合面（UAME）尺寸的差值。最终的公差带大小等于图纸上标注的规定值加上增加量。轴线解释具体参照 8.1.1 节中的相关内容。

4.3.6 最大实体要求的特点与应用

1. 最大实体要求的特点

最大实体要求的特点如下。

（1）被测要素遵守实效边界，即被测要素的实际表面不能超过自己的实效边界。

（2）当被测要素的非关联实际包容配合面尺寸等于最大实体尺寸时，允许的几何公差等于图纸上标注的几何公差。

（3）当被测要素的非关联实际包容配合面尺寸偏离最大实体尺寸时，其偏离量可补偿给几何公差，允许的几何公差为图纸上给定的几何公差与偏离量之和。

（4）实际局部尺寸必须在最大实体尺寸和最小实体尺寸之间。

2. 最大实体要求的应用

最大实体要求适用于尺寸要素，如孔、轴等。它主要用于可装配性的零件，保证装配互换性，能充分利用图纸上标注的公差，用尺寸公差补偿几何公差，提高零件的合格率，从而降低制造成本。

4.4 最小实体要求

最小实体要求解释了尺寸公差与形状、方向和位置度公差之间的关系。

4.4.1 最小实体要求的功能

计算一个轴的强度时，应该按照轴的最小直径尺寸去计算，轴的最小直径尺寸也就是轴的最小实体尺寸。而计算孔的最小壁厚以保证强度时，应该取孔的最大直径，即取孔的最小实体尺寸去计算。综上所述，最小实体的功能是保证强度。

4.4.2 最小实体要求的图纸标注

最小实体要求在图纸中是用符号Ⓛ表示的，最小实体要求符号可以标注在公差框格中几何公差值后面（包括直线度、平面度、垂直度、平行度、倾斜度和位置度公差），也可以标注在基准后面。标注在几何公差值后面表示公差框格中的公差值与被管控要素的尺寸关联，即尺寸公差要补偿几何公差。

4.4.3 最小实体要求下几何公差与尺寸公差之间的关系

最小实体要求标注示例如图 4-19 所示，在位置度公差 0.2 后面加上Ⓛ，表示位置度公差要采用最小实体要求，即位置度公差不是一个固定值，它是随着孔的实际尺寸变化而变化的。当孔的实际尺寸是最小实体尺寸 10.2 时，位置度公差没有补偿，孔允许的位置度公差等于图纸标注的基本的位置度公差 0.2。当孔的实际尺寸偏离最小实体尺寸时，也就是小于最小实体尺寸，孔的位置度公差可以得到补偿，补偿值等于孔的实际尺寸与孔的最小实体尺寸的差值，补偿的位置度公差值加上基本的位置度公差值 0.2 就是总体允许的位置度公差值。当孔的实际尺寸等于最大实体尺寸 9.8 时，补偿最大。采用最小实体要求后孔的位置度公差和孔的尺寸的关系如图 4-19 所示，这里孔的实际尺寸指的是孔的非关联实际最小实体包容面尺寸，而不是局部两点尺寸，非关联实际最小实体包容面尺寸详细介绍可参考第 2 章中的相关内容。

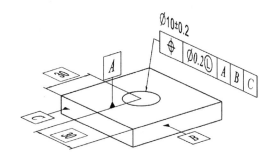

图 4-19　最小实体要求标注示例

4.4.4　最小实体零公差要求下几何公差与尺寸公差之间的关系

当几何公差采用最小实体零公差要求时，几何公差允许值完全取决于要素的实际尺寸。当孔的实际尺寸等于最小实体尺寸 10.2 时，位置度公差没有补偿，孔允许的位置度公差等于图纸标注的 0 公差，表示必须在理论位置。当孔的实际尺寸偏离最小实体尺寸时，也就是小于最小实体尺寸，孔的位置度公差可以得到补偿，补偿值等于孔的实际尺寸与孔的最小实体尺寸的差值，补偿的位置度公差值加上基本的位置度公差值 0 就是总体允许的位置度公差值。当孔的实际尺寸等于最大实体尺寸 9.8 时，位置度公差补偿最大，即允许值最大。采用最小实体要求后，孔的位置度公差和孔的尺寸的关系如图 4-20 所示，图中孔的实际尺寸指的是孔的非关联实际最小实体包容面尺寸，而不是局部两点尺寸，非关联实际最小实体包容面尺寸详细介绍可参考第 2 章中的相关内容。

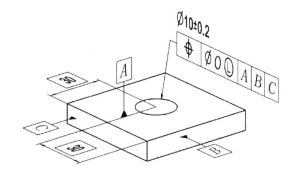

图 4-20　最小实体零公差要求标注示例

4.4.5 最小实体要求的两种解释

几何公差采用最小实体要求存在下面两种解释。

1. 表面解释

当几何公差采用最小实体要求时，在保证要素规定的尺寸极限的同时，要素的表面不得超出其实效边界（VC）。当尺寸要素偏离最小实体时，几何公差有额外的补偿。当实际零件要素处于最大实体时，允许的几何公差达到最大值。

注意，当几何公差应用最小实体要求，通过计算实效边界（VC）为负数时，如直径尺寸 2.0～2.5 的外尺寸要素（如轴）的位置度公差为 3.0 最小实体要求，实效边界（VC）=2.0（最小实体尺寸）−3.0（位置度公差值）=−1.0，表面解释不适用。

2. 轴线解释

当方向或位置度公差采用最小实体要求时，要素的轴线、中心平面或中心点不得超出其规定的公差带。若非关联实际最小实体包容面（UAMME）等于最小实体极限尺寸，允许的公差即为图纸上标注的规定值。当要素的非关联实际最小实体包容面（UAMME）尺寸偏离最小实体极限尺寸时，公差带可增大。公差带的增加量等于规定的最小实体极限尺寸与非关联实际最小实体包容面（UAMME）尺寸的差值。最终的公差带大小等于图纸上标注的规定值加上增加量。

4.4.6 最小实体要求的特点与应用

1. 最小实体要求的特点

最小实体要求的特点如下。

（1）被测要素遵守实效边界，即被测要素的实际表面不能超过自己的实效边界。

（2）当被测要素的非关联实际最小实体包容面尺寸等于最小实体尺寸时，允许的几何公差为图纸上标注的几何公差。

（3）当被测要素的非关联实际最小实体包容面尺寸偏离最小实体尺寸时，其偏离量可补偿给几何公差，允许的几何公差为图纸上给定的几何公差与偏离量之和。

（4）实际局部尺寸必须在最大实体尺寸和最小实体尺寸之间。

2. 最小实体要求的应用

最小实体要求适用于尺寸要素，如孔、轴等。它主要保证零件的强度、最小壁厚和最少材料等，能充分利用图纸上标注的公差，用尺寸公差补偿几何公差，提高零件的合格率，从而降低制造成本。

4.5 与要素尺寸无关原则和与实体边界无关原则

如果公差框格中的几何公差值后面没有标注修饰符号Ⓜ或Ⓛ，则表示公差框格中的几何公差值与要素尺寸无关，也就是与要素尺寸无关（Regardless of Feature Size，RFS）原则。RFS 是几何公差默认的，除非在几何公差后面加Ⓜ和Ⓛ。

注意，当圆跳动、全跳动、圆度、圆柱度、线轮廓度、面轮廓度、方向公差应用在表面时，不能在公差后面加Ⓜ或Ⓛ。

如果公差框格中基准后面没有标注Ⓜ或Ⓛ，则表示基准要素对应的理论几何边界采用的是与实体边界无关（Regardless of Material Boundary，RMB）原则。RMB 是基准默认的，除非在基准后面加Ⓜ和Ⓛ。RMB 详细介绍参考第 5 章中的相关内容。

与要素尺寸无关原则标注示例如图 4-21 所示。位置度公差 0.2 与孔的实际尺寸大小无关，不论孔的实际尺寸是多少，孔允许的位置度公差都是 0.2，不会随着孔的实际尺寸变化而变化，孔允许的位置度公差与孔的实际尺寸的具体关系如图 4-21 所示。这里孔的实际尺寸指的是孔的非关联实际包容配合面尺寸，而不是局部两点尺寸，非关联实际包容配合面尺寸详细介绍可参考第 2 章中的相关内容。

注意，以前的标准是在公差后面加Ⓢ表示 RFS，新标准中这个符号已经被废除。

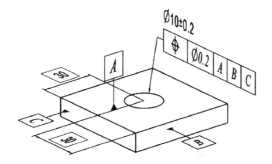

RFS（与要素尺寸无关原则）	
Size（尺寸）	位置度公差
9.8	0.2
10.0	0.2
10.2	0.2

图 4-21 与要素尺寸无关原则标注示例

4.6 公差要求与原则的选择以及标注建议

几何公差标注有三种常用的标注方式：最大实体要求、最小实体要求和与要素尺寸无关原则。可根据功能和设计需求，选择相应的图纸标注方式。如果要保证零件装配功能，如在决定零件之间的间隙量（浮动式或固定式螺栓紧固），或者要考虑后期制定检具检测零件，则建议采用最大实体要求。如果要保证最小接触面积、最小壁厚和强度要求，则建议采用最小实体要求。如果要保证要素中心点、轴线、导出中心线、中平面或导出中心面的几何控制精度要求（如形状、方向和位置），则建议采用与要素尺寸无关原则。

4.7　图纸尺寸和公差标注基本规则

图纸中的尺寸和公差标注要清晰明确，应该遵循以下基本规则。

（1）除参考尺寸、最大值、最小值或标准件尺寸外，每个尺寸都必须带有公差。公差可以通过下面的方式标注：直接标注在尺寸后、一般注释、公差控制框。

（2）尺寸与公差标注必须信息充分，产品定义必须完整。数值可以用工程图纸来表达，也可以用基于 CAD 模型的数据集来定义（三维标注，参见 ASME Y14.41—2019）。缩放（从工程图纸上直接测量）和假设任意距离或尺寸是不允许的。如果模型中没有标注尺寸，则需要提供 CAD 三维模型。

（3）最终产品的每个关键尺寸都必须标注显示，或者在模型数据集中定义，在图纸中应尽量少用参考尺寸。

（4）尺寸标注的目的是为了满足零件的功能及装配关系，表达意思清晰，图纸解释唯一，不得存在多种解释。

（5）图纸中不应包括加工制造方法。比如，只标注一个孔的直径，而不应该规定它是如何制造出来的，如钻、扩、冲或其他操作手段。然而如果制造、工艺、质保或环境信息对于定义工程要求至关重要的话，那么应该在图纸中标注或在参考文档中说明。

（6）非强制性的工艺尺寸应该用适当的标注表达出来，如"NON MANDATORY（MFG DATA）/非强制性的（制造数据）"。非强制性数据的例子之一就是工艺尺寸，可以用来定义表面质量要求。

（7）尺寸应尽量标注合理，用于提供必要的信息，可读性要足够强。尺寸应标注在可见轮廓线上。如果在模型上显示尺寸，则尺寸应该显示理论值。

（8）中心线或其他轮廓线，如果它们在二维投影视图中看起来是相互垂直的，那么这个夹角就默认是 90°，且不需要专门标注角度。

（9）如果中心线或表面在二维投影图中看起来是相互垂直的，而且没有标注角度，它们的位置或定义方式用的是理论尺寸，那么就默认 90°的理论角度。

（10）如果图纸中的轴线、中心平面或表面在图纸中显示重合（同一条直线或同一平面），那么这个理论尺寸就是 0，而且可以用几何公差来建立这些要素之间的相互关系。

（11）除另有规定外，所有的尺寸公差均只适用于 20℃（68℉），如果在其他温度环境下测量，则计算相应的补偿值。

（12）除另有规定外，所有的尺寸与公差均只适用于自由状态。

（13）除另有规定外，所有公差的适用范围包括要素全部的长、宽、高。

（14）尺寸与公差标注仅适用于它们所被标注的图纸级别。如零件图纸标注的公差并不一定适用于其他级别图纸中的要求（如总成图纸）。

（15）当图纸中用到坐标系时，除另有标注外，必须符合右手原则，每一条轴线都必须有命名，并显示其正方向。

（16）除另有规定外，表面的所有元素包括表面纹理，缺陷（如毛刺、划痕）都必须在指定的公差带里。

本 章 习 题

一、判断题

1．包容原则适合所有的尺寸要素。（　　）

2．包容原则管控尺寸要素的方向和位置误差。（　　）

3．在包容原则中，尺寸要素的实际表面不能突破最大实体包容边界。（　　）

4．包容原则保证了单个孔轴配合功能。（　　）

5．包容原则规定，尺寸要素在最大实体时不允许有形状误差。（　　）

6．平面度公差管控中心面形状，要遵守包容原则规定。（　　）

7．直线度公差管控中心线形状，不遵守包容原则规定。（　　）

8．按照 ASME Y14.5—2018 标准的图纸，默认遵守包容原则规定。（　　）

9．如果在几何公差后加Ⓜ，则表示公差原则采用最大实体要求。（　　）

10．当有强度功能要求时，应该考虑采用最小实体要求。（　　）

11．RFS 公差标准表示标注的几何公差随着尺寸的大小而变化。（　　）

12．如果必须保证要素的中心轴线位置精度，则位置度公差应该采用 RFS 原则。（　　）

二、选择题

1．关于基本公差原则，下列说法中正确的是（　　）。

A．ASME Y14.5—2018 默认的公差原则是独立原则

B．ASME Y14.5—2018 默认的公差原则是包容原则

C．ASME Y14.5—2018 如果采用独立原则，则在尺寸公差后面加Ⓔ

D．以上说法都不对

2．关于包容原则，下列说法中正确的是（　　）。

A．尺寸公差和形状误差没关系

B．尺寸公差管控形状误差，形状误差不能超过尺寸公差

C．尺寸公差管控形状误差，形状误差可以超过尺寸公差

D．尺寸公差管控位置度误差

3. 如果尺寸要素标注的几何公差应用最大实体要求,那么要素的实际允许的公差值取决于（   ）。

　A．要素的外边界

　B．要素的内边界

　C．要素的非关联实际包容配合面尺寸大小

　D．与要素的尺寸大小无关

4. 默认情况下,尺寸公差应该在什么温度下测量（   ）。

　A．20℃　　　　B．25℃　　　　C．20°F　　　　D．25°F

5. 下面哪种情况包容原则失效（   ）。

　A．直线度管控中心线　　　　　　B．平面度管控中心面

　C．尺寸公差后面加修饰符号Ⓘ　　D．以上所有

6. 在独立原则中,对于尺寸公差的测量,正确的是（   ）。

　A．测量局部两点之间的尺寸　　　B．测量局部的最大内切尺寸

　C．测量整体的最大内切尺寸　　　D．测量局部的最小外接尺寸

7. 在RFS原则中,尺寸和几何公差的关系描述正确的是（   ）。

　A．几何公差随着尺寸的增加而增加

　B．几何公差随着尺寸的增加而减少

　C．几何公差不随着尺寸的变化而变化,是一个固定值

　D．以上说法都不对

8. 以下哪种情况建议采用最大实体要求（   ）。

　A．必须保证强度　　　　　　　　B．必须保证装配

　C．必须保证密封　　　　　　　　D．必须保证壁厚

9. 按照包容原则,图4-22中的轴允许的最大表面直线度误差是（   ）。

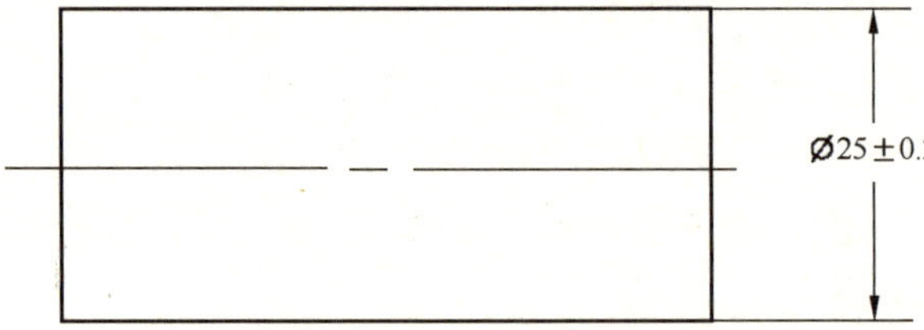

图4-22　包容原则与形状公差的关系

　A．0　　　　B．0.2　　　　C．0.3　　　　D．0.4

10. 图4-23中的轴允许的最大直线度公差是（   ）。

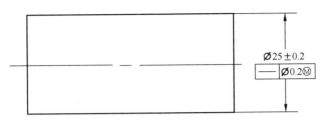

图 4-23 直线度最大实体要求标注

A. 0.6　　　　　B. 0.4　　　　　C. 0.3　　　　　D. 0.2

三、应用题

1. 请指出图 4-24 中哪些尺寸受到包容原则管控？哪些尺寸不受包容原则管控？

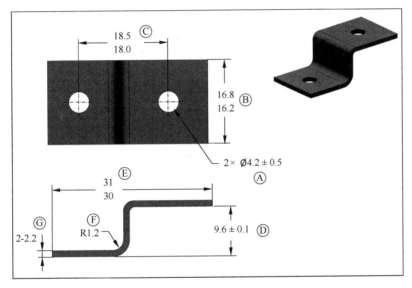

图 4-24 包容原则中尺寸的应用

2. 根据图 4-25，请填写形状误差与尺寸公差关系。

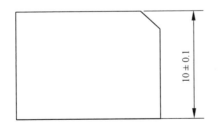

尺寸	允许的形状误差
10.1	
10.0	
9.9	

图 4-25 包容原则尺寸与形状的关系

3. 根据图 4-26，请填写位置度公差与尺寸公差关系。

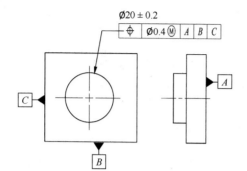

尺寸	基本位置度公差	补偿公差	总体公差
Ø19.8	0.4		
Ø20.0	0.4		
Ø20.2	0.4		

图 4-26　最大实体要求公差补偿计算

第 5 章

基准及基准参照系

基准及基准参照系是 GD&T 中很重要的组成部分,它是图纸中其他尺寸和公差测量的起始点。设计工程师通过合理的基准标注来表达传递零部件的装配定位功能,通过基准管控其他功能要素,工艺工程师通过产品图纸中的基准合理安排加工工序和装夹定位,测量工程师通过图纸中的基准建立坐标系检测实际产品的相关公差。

5.1 默认基准

默认基准就是根据图纸中坐标尺寸公差标注,以及平时我们工作习惯和工厂中一些加工传统观点,即使在图纸中没有标注基准符号,也假想图纸中某些平面、直线或点是尺寸测量的起始点,即零件默认的基准。默认基准标注示例如图 5-1 所示。在图 5-1(a)中,因为所有尺寸都是从最左边的平面标注的,所以把最左边的平面默认为基准;在图 5-1(b)中,从孔中心到两边分别标注了两个尺寸管控孔的位置,按照传统的理解,两个边应该默认为基准。

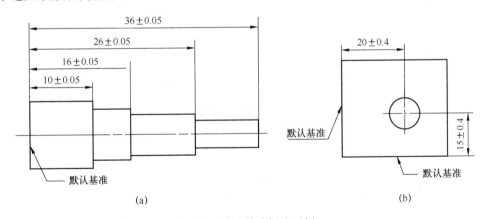

图 5-1 默认基准标注示例

5.1.1 默认基准的缺点

在实际工作中,默认基准主要存在以下缺点。

（1）无法准确地通过图纸去表达产品的装配定位功能，因为图纸上没有明确地标出基准，所以产品装配定位到底在哪里，无法通过图纸传递下去。比如，在图 5-1（b）中，装配时是以孔定位还是以边定位，无法从图纸中获取这些功能信息。

（2）产品测量时，检测工程师必须去猜测哪个表面是尺寸测量起始点，哪个表面应该和检测工装贴合。应该首先在哪个表面采点建立基准，不同的工程师猜测的结果是不一样的，这会导致一个产品有多种测量结果。

（3）默认基准无法指明基准的顺序，那么检测产品建立坐标系时，哪个是第一基准，哪个是第二基准和第三基准，没有统一的答案，每个检测工程师建立的坐标系不一样，这会导致产品检测结果不一样。

5.1.2　默认基准的后果

因为默认基准没有在图纸上明确哪个是基准，全靠检测工程师去猜测，很有可能猜错，把不是产品装配定位的表面当作基准，结果可能出现检测结果是对的，但产品装配时出现问题，从而导致把不合格的产品判断合格了。默认基准的缺点之检测基准不明确标注示例如图 5-2 所示。图中，产品检测应该把小平面和检测平台贴合，测量大平面的高度，这是因为产品的实际装配是靠小平面贴合定位的。图纸中没有指明基准，如果检测工程师默认大平面为测量基准，把大平面和测量平台贴合，测量小平面到平台的高度，那么产品测量结果是合格的，见图 5-2 中的检测结果 2。但按照实际状态去装配零件，小平面贴合定位，发现大平面高度超差，影响了功能，见图 5-2 中的检测结果 1。

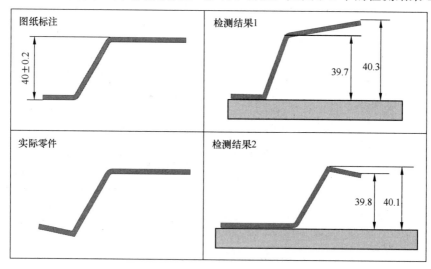

图 5-2　默认基准的缺点之检测基准不明确标注示例

默认基准的缺点之基准顺序无法指定标注示例如图 5-3 所示。图中，以默认边作为基准，但图纸中的尺寸公差标注无法表达哪个边是第一基准，哪个边是第二基准。因为假想的基准顺序不一样,把实际零件放在检测工装上的定位顺序不一样,所以测量结果也不一样,这样会导致产品测量结果的误判。

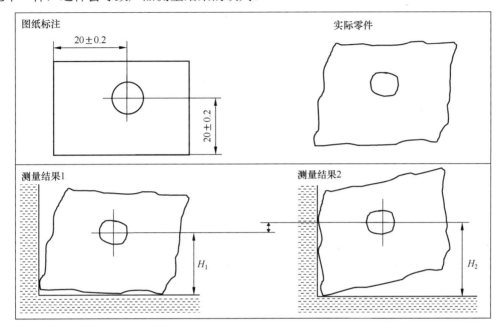

图 5-3 默认基准的缺点之基准顺序无法指定标注示例

综上所述,图纸上的基准一定要明确标注出来,并且要指明相关的基准顺序。这样图纸理解才是唯一的,检测零件时才不会出现多种不同的理解和结果。

5.2 基准

基准是由基准要素对应理论几何边界拟合的理想的点、直线、轴线或平面,或者点、直线、轴线、平面的组合。基准是其他尺寸和公差测量的参考起始点。

5.2.1 基准要素符号和基准要素

基准要素符号是由一个方框或矩形框和框中的大写字母、指引线,以及末端的三角形共同组成的符号,可以用来标示基准要素。该三角形既可以是实心的,也可以是空心的。基准要素符号标注示例如图 5-4 所示。

字母表上的字母（I、O、Q 除外）可以用作基准定义符号。零件上的每个要定义的基准要素都应当使用不同的字母。当同一张图纸中需要定义的基准要素数量太多,导致单个字母系列不够用时,可以在矩形框中使用双字母（AA 到 AZ、BA 到 BZ 等）。在图纸中的其他位置可以用同一个基准要素符号来重复定义同一个基准要素,不用把它命名为参考信息。

基准要素就是图纸上用基准要素符号或基准目标符号标注的要素。基准要素的标注是基于设计的功能要求，为了保证装配，对应的配合定位面一般标注为基准要素。

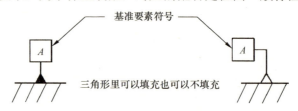

图 5-4 基准要素符号标注示例

5.2.2 基准要素符号的标注

基准要素符号可以按以下方式标注在基准要素的表面轮廓线、轮廓线的延伸线、尺寸要素的尺寸线或公差框格上。

（1）当基准就是表面本身时，可以标注在要素表面的轮廓线、要素轮廓线的延伸线上（但必须与尺寸线清楚地分开），或者用指引线指到该表面上。如果在二维图纸上基准要素所在的表面不可见，那么指引线可以用虚线来表示，如图 5-5（a）所示。

（2）当基准是轴线或中心平面时，基准要素符号可以标注在尺寸要素的尺寸线或尺寸线延伸线上，如图 5-5（d）、（e）和（f）所示。

（3）当基准是轴线时，可以标注在圆柱要素表面的轮廓线上，或者标注在要素外轮廓且与尺寸分开的延伸线上，如图 5-5（c）所示。

（4）标注在尺寸标注的指引线水平部分，如图 5-5（h）所示。

（5）标注在公差框格的上面或下面，并且与之相连，如图 5-5（b）所示。

（6）标注在粗点画线上，表示一部分是基准要素，如图 5-5（i）所示。

（7）标注在应用多个表面的轮廓度公差框格上，表示多个表面共同建立一个基准，如图 5-5（g）所示。

基准要素符号标注示例如图 5-5 所示。图中，基准要素符号 A 直接标注在轮廓线上，基准要素符号 C 标注在轮廓线的延长线上，表示相应的平面就是基准。基准要素符号 B 和 D 标注在指引线的水平部分，表示指引线指向的平面是基准。基准要素符号 G 标注在尺寸线上，表示大轴的轴线是基准。基准要素符号 H 标注在尺寸线的延长线上，表示小轴的轴线是基准。基准要素符号 J 标注在尺寸线的延长线上，表示槽的中心平面是基准。基准要素符号 E 标注在位置度公差框格下面，表示位置度公差框格管控的孔的轴线是基准。基准要素符号 F 标注在圆柱的轮廓线上，表示圆柱的轴线是基准。基准要素符号 K 标注在点画线上，表示平面的一部分是基准。基准要素符号 M 标注在轮廓度公差框格下面，表示轮廓度公差管控的两个平面一起建立一个平面基准。

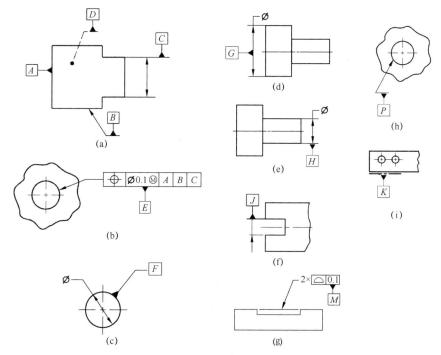

图 5-5 基准要素符号标注示例

5.2.3 基准要素的管控

可以直接使用相关的几何公差，或者间接的尺寸公差来管控基准要素，如第一基准是尺寸要素（孔、轴），用尺寸公差来管控第一基准要素的形状误差。基准要素之间可以考虑的相互管控关系如下。

（1）第一基准要素是单一要素时，要管控第一基准要素的形状误差，比如，用平面度管控平面基准的形状误差，如图5-6（a）所示，圆柱度或直线度公差管控圆柱类基准的形状误差等。对于圆柱类的基准要素，根据包容原则，也可以用尺寸公差管控它们的形状误差，如图 5-6（b）所示。第一基准要素是成组要素时，包括成组要素（如两个同轴的轴）或成组表面要素（如多个共面的平面）同时作为第一基准，要管控第一基准要素相互之间的位置关系，用轮廓度公差管控成组表面要素之间的相互位置，如图5-6（c）所示；位置度公差管控成组要素之间的相互位置，如图5-6（d）所示。

（2）第二基准要素的尺寸（尺寸要素基准）和相对于第一基准的方向，或者方向和位置关系的管控。如果第二基准由成组要素（如孔组）建立，那么还要管控要素之间的相互位置和相对第一基准的方向或位置关系。

（3）第三基准要素的尺寸（尺寸要素基准）和相对于第一基准、第二基准的方向，或者方向和位置关系的管控。如果第三基准由成组要素（如孔组）建立，那么还要管控要素之间的相互位置关系和相对于第一基准、第二基准的方向或位置关系。

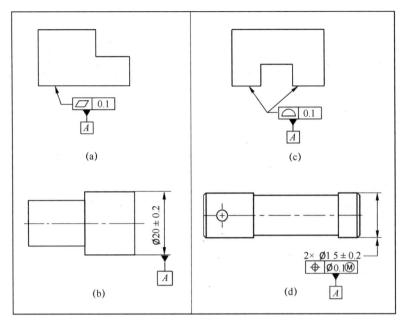

图 5-6 第一基准要素的管控标注示例

第二基准、第三基准要素的管控标注示例如图 5-7 所示。图中：第一基准 A 是一个平面，用平面度公差管控形状误差；第二基准 B 是一个孔，用垂直度公差管控相对第一基准 A 的方向误差；第三基准 C 是一个孔，用位置度公差管控相对于第一基准 A 和第二基准 B 的位置误差。

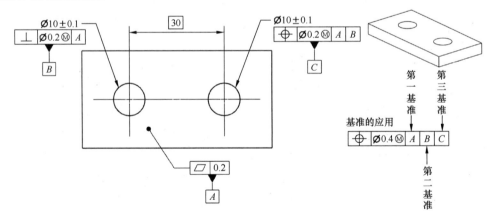

图 5-7 第二基准、第三基准要素的管控标注示例

5.3 基准要素对应的理论几何边界

基准是由图纸标注的基准要素对应的理论几何边界建立的，取决于基准要素自己的

形状，以及标注的基准顺序和基准要素后的修饰符号。基准要素对应的理论几何边界可以是下列形式之一。

（1）最大实体边界（MMB）。
（2）最小实体边界（LMB）。
（3）关联实际包容配合面。
（4）非关联实际包容配合面。
（5）关联实际最小实体包容面。
（6）非关联实际最小实体包容面。
（7）相切平面。
（8）基准目标。

基准要素对应的理论几何边界有以下特点。

（1）形状理想。
（2）公差框格中的每个参照基准之间的方向理想。
（3）除非标注了基准移动修饰符号或可移动基准目标符号，否则公差框格中的每个参照基准之间的位置理想。
（4）当标注了基准移动符号或可移动基准目标符号时，其位置是可以移动的，无须固定在理论位置。
（5）当基准要素采用最大实体边界（即在基准要素符号后面加Ⓜ修饰符号）或最小实体边界要求（即在基准要素符号后面加Ⓛ修饰符号）时，基准要素对应的理论几何边界的尺寸是固定不变的。具体内容参照 5.8 节和 5.9 节。
（6）当基准要素采用与实体边界无关要求（即在基准要素符号后面没有加Ⓛ修饰符号，也没有加Ⓜ修饰符号）时，基准要素对应的理论几何边界的尺寸是可调节的，随着实际基准要素的尺寸变化而变化。具体内容参照 5.10 节。

5.4 基准的建立

基准要素符号、基准要素、基准要素对应的理论几何边界和基准之间的关系总结如下。

（1）基准要素是零件的实际物理要素（用手指能够接触到并能留下指纹的表面）。
（2）基准要素符号用来在图纸中标注指明基准要素。
（3）基准要素对应的理论几何边界是由基准要素建立的理想边界。
（4）基准是由基准要素对应的理论几何边界拟合的理想的点、线、轴线、面。由基准建立基准参照系即坐标系，为测量相应的几何公差提供了测量起始点和方向。

下面举例说明图纸中几种常见的第一基准建立过程。

5.4.1 平面基准的标注与建立

平面作为基准，可以把基准要素符号直接标注在平面轮廓线、轮廓线的延长线上，或者用指引线指向平面标注。平面基准的建立标注示例如图 5-8 所示，基准 A 是一个平面，基准要素符号 A 直接标注在平面上。

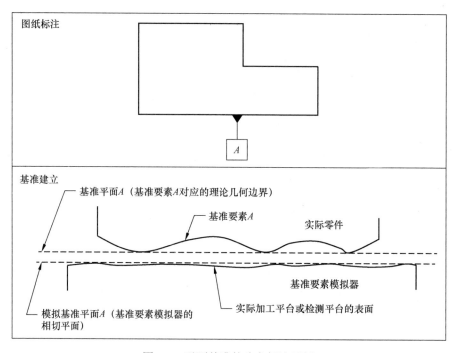

图 5-8　平面基准的建立标注示例

由于加工误差，实际零件表面不是理想的平面，实际表面不是基准，是基准要素。因为基准是理想的平面，基准平面 A 是基准要素 A 对应的理论几何边界，即基准要素 A 的实体材料外的相切平面。三坐标测量机（CMM）可以通过在实际零件表面（基准要素）上取点，然后拟合一个理想的实体材料外的相切平面，即基准平面 A。实际检测过程中也可以用检测平台，如用大理石平台表面去建立基准，大理石平台表面和零件相比精度很高，可以把大理石平台表面当作基准要素实际模拟器，由基准要素模拟器表面拟合一个与实际检测平台表面的体外相切理想平面就是模拟基准平面 A。可以用模拟基准平面 A 等效基准平面 A。

5.4.2 中心平面基准的标注与建立

中心平面基准的建立标注示例如图 5-9 所示。基准要素符号的三角形与宽度尺寸线箭头对齐标注，表示基准 A 是上下两个平面的中心平面，基准要素是上下两个平面。

由于加工误差，实际零件的上下两个表面都不是理想平面，它们不是基准，是基准要素。基准是理想的中心平面，它是由实际的基准要素对应的理论几何边界建立的。基准要素对应的理论几何边界就是两个相互平行的非关联实际包容配合面，这两个包容配合面的中心面就是基准平面 A。三坐标测量机（CMM）可以通过在基准要素即实际零件表面上取点，然后拟合一个理想的中心平面，即基准平面 A。实际检测过程中也可以用两个相互平行的平板（检测工装）与实际两个表面接触，这两个相互平行的平板就是基准要素模拟器，它们的中心平面就是模拟基准平面 A。可以用模拟基准平面 A 等效基准平面 A。

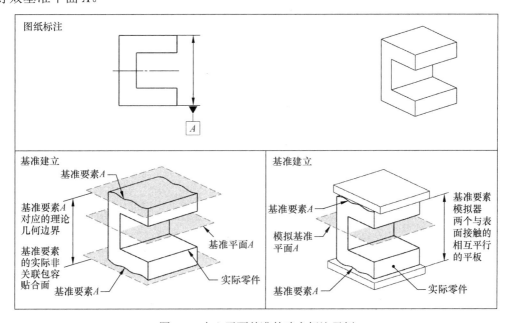

图 5-9 中心平面基准的建立标注示例

5.4.3 轴线基准的标注与建立

轴线基准的建立标注示例如图 5-10 所示。基准要素符号的三角形与轴的直径尺寸线箭头对齐标注，表示基准 A 是轴的轴线，基准要素是轴的外表面。由于加工误差，实际零件表面的形状不理想，实际表面不是基准，是基准要素。基准是理想的轴线，它是由实际的基准要素对应的理论几何边界建立的，实际基准要素的理论几何边界就是轴的外表面非关联实际包容配合面，即轴的最小外接圆柱面。最小外接圆柱面的轴线就是基准轴线 A。三坐标测量机（CMM）可以通过在基准要素即实际零件表面上取点，拟合最小外接圆柱面，最小外接圆柱面的中心轴线，即基准轴线 A。实际检测过程中也可以用一个套筒（检测工装）与实际圆柱表面接触，这个套筒就是基准要素模拟器，套筒的轴线就是模拟基准轴线 A。

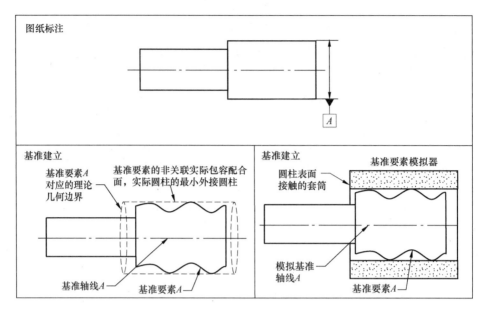

图 5-10 轴线基准的建立标注示例

5.4.4 孔基准的标注与建立

孔基准的建立标注示例如图 5-11 所示。基准要素符号的三角形与孔的直径尺寸线箭头对齐标注,表示基准 A 是孔的轴线,基准要素是孔的实际外表面。由于加工误差,实际零件外表面的形状不理想,实际表面不是基准,是基准要素。基准是理想的轴线,

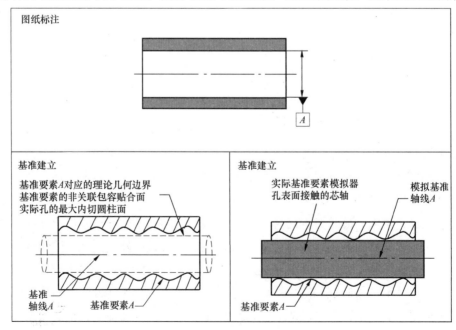

图 5-11 孔基准的建立标注示例

它是由实际的基准要素对应的理论几何边界建立的，实际基准要素对应的理论几何边界就是孔的内表面非关联实际包容配合面，即孔的最大内切圆柱面，最大内切圆柱面的轴线就是基准轴线 A。三坐标测量机（CMM）可以通过在基准要素即实际零件表面上取点，拟合最大内切圆柱面，最大内切圆柱面的中心轴线，即基准轴线 A。实际检测过程中也可以用一个芯轴（检测工装）与实际孔表面接触，这个芯轴就是基准要素模拟器，芯轴的轴线就是模拟基准轴线 A。

5.4.5 第二基准和第三基准的标注与建立

第二基准和第三基准对应的理论几何边界有两个特点：第一个就是自己形状是理想的；第二个就是与前面上一级的基准保持理想的方向，或者方向和位置。第一基准、第二基准的建立标注示例如图 5-12 所示。图中，基准 A 是一个平面，基准 B 是一条轴线，基准 A 和基准 B 理想状态是垂直的。图纸基准应用 A 是第一基准，B 是第二基准。

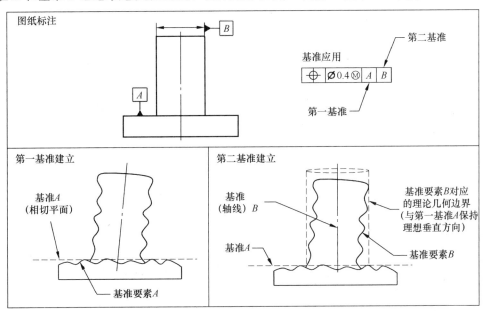

图 5-12 第一基准、第二基准的建立标注示例

第一基准 A 的建立：基准 A 是基准要素 A 即实际表面的实体材料外的相切平面。

第二基准 B 的建立：基准要素 B 对应的理论边界是基准要素 B（实际轴）的关联实际包容配合面，即最小外接圆柱面。包容配合面首先是形状理想的圆柱面，同时还要考虑与第一基准 A 的理想方向关系（与第一基准关联），因为图纸理想状态是垂直的，所以第二基准要素 B 对应的理论几何边界要和第一基准 A 垂直。基准要素 B 对应的理论几何边界的轴线就是基准 B，最后建立的第一基准 A 和第二基准 B 也是相互垂直的，和理想状态一样。

第一基准、第二基准和第三基准的建立标注示例（一）如图 5-13 所示。图中，基准 A 是一个平面，基准 B 是其中的一个孔，基准 C 是另一个孔，理想状态是基准 B 和基准 C 都和基准 A 垂直，且基准 C 和基准 B 的距离是 30。图纸基准应用 A 是第一基准，B 是第二基准，C 是第三基准。

第一基准 A 的建立：基准 A 是基准要素 A 即实际表面的实体材料外的相切平面。

第二基准 B 的建立：基准要素 B 对应的理论几何边界是基准要素 B（实际孔）的关联实际包容配合面，即最大内切圆柱面。首先形状是理想的圆柱面，同时还要考虑与第一基准 A 的理想方向关系（与第一基准关联），因为图纸理想状态是垂直的，所以第二基准要素 B 对应的理论几何边界要和第一基准 A 垂直，基准要素 B 对应的理论几何边界的轴线就是基准 B，基准 B 和基准 A 垂直。

第三基准 C 的建立：基准要素 C 对应的理论几何边界是基准要素 C（实际孔）的关联实际包容配合面，即最大内切圆柱面。首先形状是理想的圆柱面，同时还要受到第一基准 A 和第二基准 B 的约束，与它们保持理想的方向和位置关系（与第一基准和第二基准关联）。基准要素 C 对应的理论几何边界有三个特征：形状理想、与基准 A 方向理想（即垂直）、与基准 B 位置理想（即理想距离是 30）。基准要素 C 对应的理论几何边界的轴线就是基准 C。基准 C 与基准 A 垂直，且和基准 B 的距离是 30。

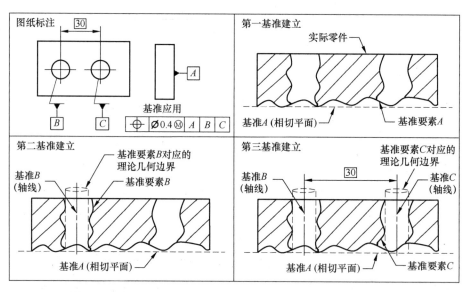

图 5-13　第一基准、第二基准和第三基准的建立标注示例（一）

第一基准、第二基准和第三基准的建立标注示例（二）如图 5-14 所示。图中，基准 A 是一个平面，基准 B 是其中的一个孔，基准 C 是一个槽口，理想状态是基准 B 和基准 C 都与基准 A 垂直，且基准 C 的中心面和基准 B 的轴线在同一平面内，理想距离是 0。图纸基准应用 A 是第一基准，B 是第二基准，C 是第三基准。

第一基准 A 的建立：基准 A 是基准要素 A 即实际表面的实体材料外的相切平面。

第二基准 B 的建立：基准要素 B 对应的理论几何边界是基准要素 B（实际孔）的关联实际包容配合面，即最大内切圆柱面。首先形状是理想的圆柱面，同时还要考虑与第一基准 A 的理想方向关系（与第一基准关联），因为图纸理想状态是垂直的，所以第二基准要素 B 对应的理论几何边界要和第一基准 A 垂直，基准要素 B 对应的理论几何边界的轴线就是基准 B，基准 B 和基准 A 垂直。

第三基准 C 的建立：基准要素 C 对应的理论几何边界是基准要素 C（实际槽口）的关联实际包容配合面，即最大内切包容面。首先形状是理想的包容面，同时还要受到第一基准 A 和第二基准 B 的约束，与它们保持理想的方向和位置关系（与第一基准 A 和第二基准 B 关联）。基准要素 C 对应的理论几何边界有三个特征：形状理想、与基准 A 方向理想（即垂直）、中心平面与基准 B 的轴线重合（即理想距离是 0）。基准要素 C 对应的理论几何边界的中心平面就是基准 C。

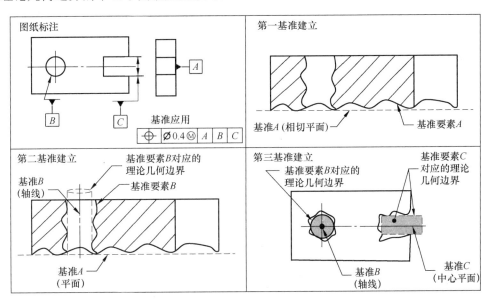

图 5-14　第一基准、第二基准和第三基准的建立标注示例（二）

5.5　公共基准的理解与应用

5.5.1　共面基准

共面基准标注示例如图 5-15 所示。图中，图纸标注基准 A 是一个平面，基准 B 是另一个平面，理想状态是两个平面共面，图纸中的基准引用的是 A-B 公共基准，A-B 表示基准是由基准要素 A 和基准要素 B 共同建立的一个公共基准平面。图纸解释如图 5-15 所示，实际零件是不理想的,通过在实际零件表面(即基准要素)提取点,提取两个实际表面分别是基准要素 A 和基准要素 B,然后通过基准要素分别拟合自己对应的理论几何边界,即实际表面的实体材料外的相切平面,两个基准要素对应的理论几何边界要在同一个平面上,最后由基准要素 A 和基准要素 B 对应的理论几何边界共同建立一个公共的基准大平面。

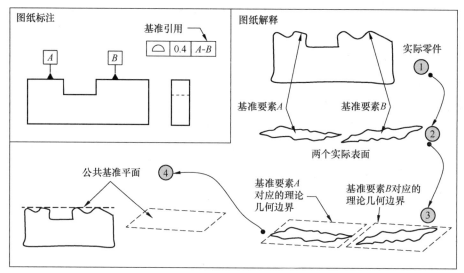

图 5-15　共面基准标注示例

5.5.2　平行面基准

平行面基准标注示例如图 5-16 所示。图中,图纸标注基准 A 是一个平面,基准 B 是另一个平面,理想状态是两个平面相互平行,之间的距离为 30,图纸中的基准引用的

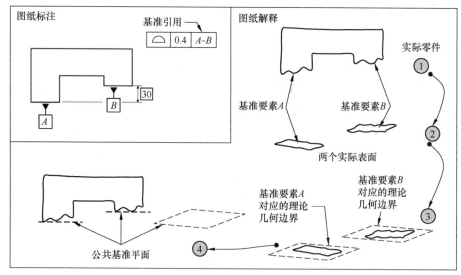

图 5-16　平行面基准标注示例

是 A-B 公共基准，A-B 表示基准是由基准要素 A 和基准要素 B 共同建立的一个公共基准平面。图纸解释如图 5-16 所示，实际零件是不理想的，通过在实际零件表面提取点，提取两个实际表面分别是基准要素 A 和基准要素 B，然后通过基准要素分别拟合自己对应的理论几何边界，即实际表面的实体材料外的相切平面，两个对应的理论几何边界要相互平行，且距离为图纸的理想距离 30，最后由基准要素 A 和基准要素 B 对应的理论几何边界共同建立一个公共的基准大平面。

5.5.3 共轴基准

共轴基准标注示例如图 5-17 所示。图中，图纸标注基准 A 是一个轴，基准 B 是另一个轴，理想状态是两个轴的轴线重合，图纸中的基准引用的是 A-B 公共基准，A-B 表示基准是由基准要素 A 和基准要素 B 共同建立的一个公共基准轴线。图纸解释如图 5-17 所示，实际零件是不理想的，通过在实际零件圆柱表面提取点，提取两个实际圆柱表面分别是基准要素 A 和基准要素 B，然后通过基准要素 A 和基准要素 B 分别拟合与之对应的理论几何边界，即实际轴的关联实际包容配合面（实际轴的最小外接圆柱面），两个对应的理论几何边界要保持理想的位置和方向关系，即轴线重合（共轴），最后由两个对应的理论几何边界共同建立一个公共的基准轴线。

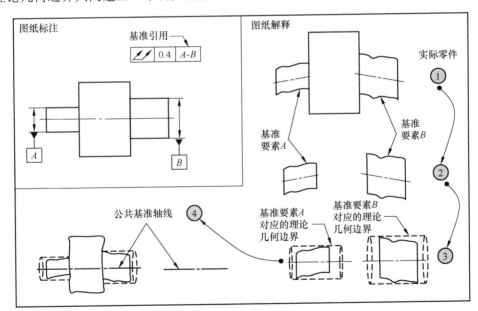

图 5-17 共轴基准标注示例

5.5.4 孔组基准

孔组基准标注示例（一）如图 5-18 所示。图中，图纸标注基准 A 是一个孔组（两个孔），理想状态时两个孔之间的距离为30，图纸中的基准引用表示基准 A 是公共基准，由两个圆柱孔基准要素共同建立的一个公共基准平面和基准轴线。图纸解释如图 5-18 所示，通过在实际零件孔表面提取点，提取两个实际圆柱面为基准要素，然后通过基准要素拟合对应的理论几何边界，即关联实际包容配合面（实际孔的最大内切圆柱面），两个对应的理论几何边界的轴线要相互平行，且轴线之间的距离为理想距离30，两个对应的理论几何边界的轴线建立的公共基准是一个基准平面和一个公共基准轴线，基准平面要通过两个轴线，公共基准轴线是两个轴线的中心轴线。

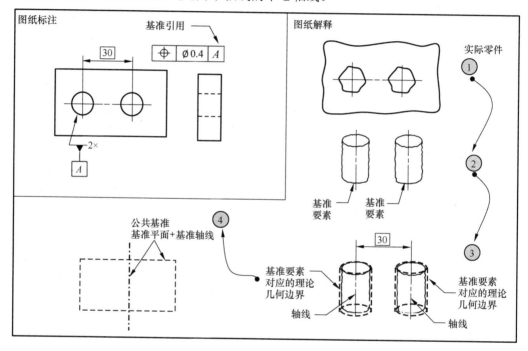

图 5-18 孔组基准标注示例（一）

孔组基准标注示例（二）如图 5-19 所示。图中，图纸标注基准 A 是 5 个孔，5 个孔在圆周方向均匀分布，理想状态是 5 个孔的中心在同一个圆上，圆的理论直径是 50。图纸中的基准引用表示 A 是公共基准，基准 A 是由 5 个圆柱基准要素共同建立的一个公共基准平面和基准轴线。图纸解释如图 5-19 所示，通过在实际零件孔表面提取点，提取 5 个实际圆柱面为基准要素 A，然后通过 5 个基准要素分别拟合与之对应的理论几何边界，即关联包容配合面（实际孔的最大内切圆柱面），5 个对应的理论几何边界的轴线要相互平行，且均布在一个直径为 50 的圆周上。建立的公共基准是一个基准平面和一个基准轴线，基准轴线是由 5 个基准要素对应的理论几何边界建立的公共中心轴线，由公共中心轴线和其中任意一个孔的基准要素对应的理论几何边界轴线建立的平面为公共基准平面。

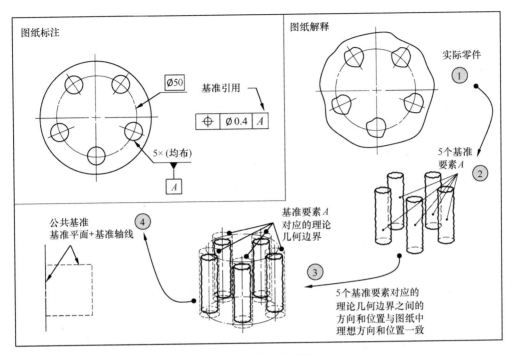

图 5-19 孔组基准标注示例（二）

5.6 零件自由度及其约束

5.6.1 自由度

一个自由状态下的零件，在空间坐标系中有六个自由度，沿着三个坐标轴平移和绕着三个坐标轴转动。我们把三个平移自由度命名为 X、Y 和 Z，把三个转动自由度命名为 u、v 和 w。零件的六个自由度标注示例如图 5-20 所示。

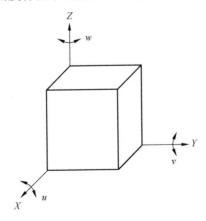

图 5-20 零件的六个自由度标注示例

5.6.2 第一基准要素与自由度约束

可以使用公差框格中的基准要素建立的基准来约束零件的自由度，基准要素约束自由度的情况取决于基准要素在公差控制框中标注的顺序（如是第一基准、第二基准，还是第三基准），以及基准要素自身的形状（如是平面基准要素，还是孔、轴基准要素）等。

常见的第一基准要素，且采用与实体边界无关（RMB）的标注，其约束的自由度的情况如下所述（下面列举的都是单一的基准要素）。

（1）一个平面基准要素，建立一个基准要素对应的理论几何边界，对应的理论几何边界建立一个基准平面，约束三个自由度（一个平移和两个转动），见图 5-21 中的例（a）。

（2）一个宽度基准要素（两个相对立且平行的平面），建立一个基准要素对应的理论几何边界，对应的理论几何边界建立一个基准中心平面，约束三个自由度（一个平移和两个转动），见图 5-21 中的例（b）。

（3）一个球基准要素，建立一个基准要素对应的理论几何边界，对应的理论几何边界建立一个基准中心点，约束三个平移的自由度，见图 5-21 中的例（c）。

（4）一个圆柱基准要素，建立一个基准要素对应的理论几何边界，对应的理论几何边界建立一个基准轴线，约束四个自由度（两个平移和两个转动），见图 5-21 中的例（d）。

（5）一个圆锥基准要素，建立一个基准要素对应的理论几何边界，对应的理论几何边界建立一个基准轴线和基准点，约束五个自由度（三个平移和两个转动），见图 5-21 中的例（e）。

（6）一个线性拉伸的基准要素，建立一个基准要素对应的理论几何边界，对应的理论几何边界建立一个基准平面和基准轴线，约束五个自由度（两个平移和三个转动），见图 5-21 中的例（f）。

（7）一个复杂的基准要素，建立一个基准要素对应的理论几何边界，对应的理论几何边界建立一个基准平面、基准轴线和基准点，约束六个自由度（三个平移和三个转动），见图 5-21 中的例（g）。

第一基准要素与自由度约束标注示例如图 5-21 所示，图中为常见的第一基准要素与自由度约束的关系。

要素类型	图纸标注	基准要素	基准和对应的理论几何边界	基准和自由度约束
平面例（a）	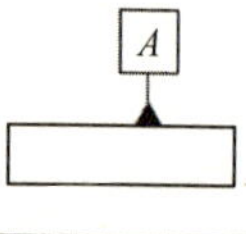 $\boxed{A}$	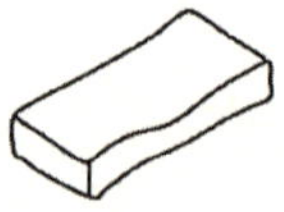	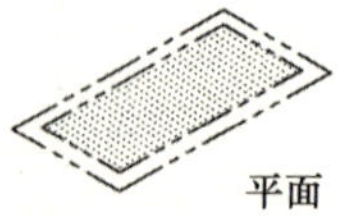 平面	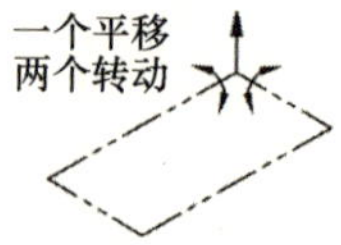 一个平移两个转动

图 5-21 第一基准要素与自由度约束标注示例

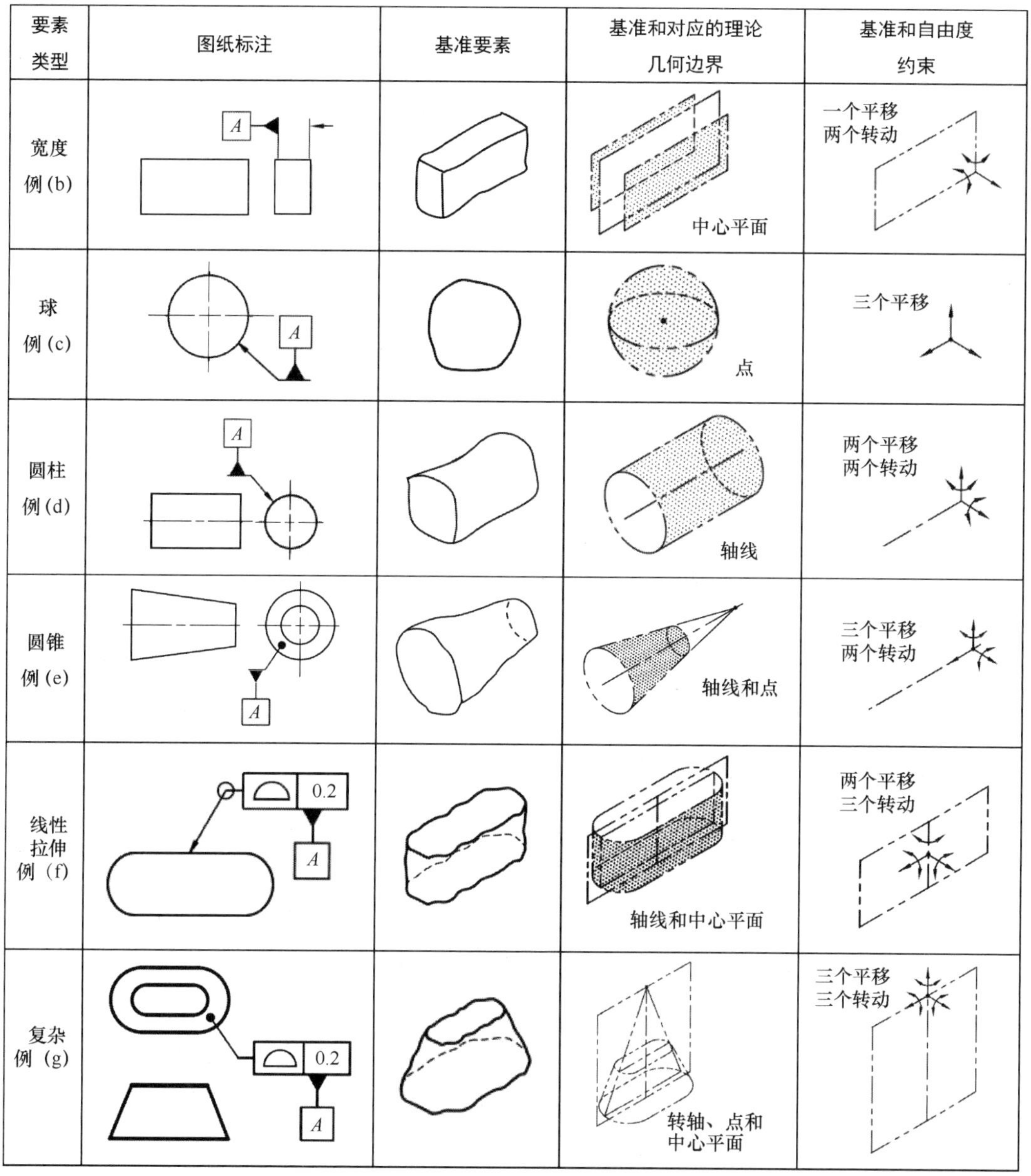
要素类型
图纸标注
基准要素
基准和对应的理论几何边界
基准和自由度约束
宽度例 (b)
A
中心平面
一个平移
两个转动
球例 (c)
A
点
三个平移
圆柱例 (d)
A
轴线
两个平移
两个转动
圆锥例 (e)
A
轴线和点
三个平移
两个转动
线性拉伸例（f）
0.2
A
轴线和中心平面
两个平移
三个转动
复杂例（g）
0.2
A
转轴、点和中心平面
三个平移
三个转动

图 5-21　第一基准要素与自由度约束标注示例（续）

5.7　基准参照系的建立

基准参照系即坐标系是由公差框格中的基准建立的三个相交且相互垂直的基准平面，建立基准参照系的目的是约束零件的自由度，为零件的尺寸与公差检测提供参考的方向和起始位置，从而保证产品在检测过程中的重复性。通过基准参照系去约束零件标注的几何公差的公差带,出于功能的需求,有些几何公差带须约束六个自由度,那么基准参照系就需要三个相互垂直的基准平面;有些几何公差带只要约束部分自由度,那么基准参照系就只需要一个或两个基准平面。基准参照系标注示例如图 5-22 所示。

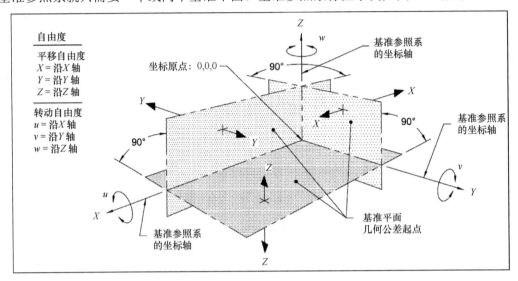

图 5-22 基准参照系标注示例

5.7.1 三平面基准建立基准参照系

基准参照系是由图纸上标注的公差框格中的基准建立的,公差框格中的基准是有先后顺序的,所以在建立基准参照系时,也要考虑基准的顺序。三平面基准建立基准参照系标注示例如图 5-23 所示。图中,基准 A、B、C 是三个平面,理想状态下三个基准平面是相互垂直的,公差框格中基准引用的顺序:A 是第一基准,B 是第二基准,C 是第三基准。

A 是第一基准,基准平面 A 是基准要素 A 实体材料外的相切平面。基准平面 A 可以约束零件的三个自由度,即沿着 Z 轴方向的平移自由度和绕着 X 轴及 Y 轴的转动自由度,基准参照系的 Z 轴垂直于基准平面 A。

B 是第二基准,基准平面 B 是基准要素 B 实体材料外的相切平面,且和第一基准平面 A 垂直,基准平面 B 约束两个自由度,即沿着 Y 轴方向的平移和绕着 Z 轴的转动自由度。基准平面 B 和基准平面 A 的相交线就是基准参照系的 X 轴。

C 是第三基准,基准平面 C 是基准要素 C 实体材料外的相切平面,且和第一基准平面 A、第二基准平面 B 垂直,基准平面 C 约束一个自由度,即沿着 X 轴方向的平移自由度。基准平面 C 和基准平面 A 的相交线就是基准参照系的 Y 轴。

三个相互垂直的基准平面正好建立了图纸中标注的位置度的基准参照系,即坐标系,三个相互垂直的基准平面的相交点就是坐标系的原点。

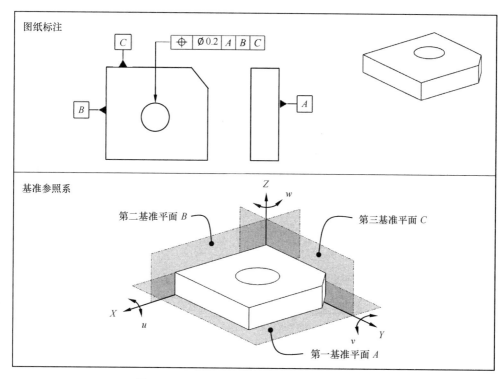

图 5-23 三平面基准建立基准参照系标注示例

5.7.2 一面两孔基准建立基准参照系

一面两孔基准建立基准参照系标注示例如图 5-24 所示。图中,基准 A 是一个平面,基准 B、基准 C 是圆柱孔,理想状态下,基准 B 和基准 C 与基准 A 垂直,且基准 B 和基准 C 之间的理论距离为 30,公差框格中基准引用的顺序:A 是第一基准,B 是第二基准,C 是第三基准。

A 是第一基准,基准 A 是基准要素 A 实体材料外的相切平面,基准平面 A 可以约束零件的三个自由度,即沿着 Z 轴方向的平移自由度和绕着 X 轴及 Y 轴的转动自由度。基准参照系的 Z 轴垂直于基准平面 A,基准平面 A 为基准参照系的第一基准平面。

B 是第二基准,基准 B 是基准要素 B 对应的理论几何边界(关联实际包容配合圆柱面)的轴线,基准轴线 B 要和基准平面 A 垂直,基准轴线 B 约束两个自由度,即 Y 轴方向和 X 轴方向的平移自由度。基准轴线 B 和基准平面 A 的交点就是基准参照系的原点。

C 是第三基准,基准 C 是基准要素 C 对应的理论几何边界(关联实际包容配合圆柱面)的轴线,基准轴线 C 垂直基准平面 A,它与基准轴线 B 的理论距离是 30。基准轴线 C 约束一个自由度,即绕 Z 轴方向的转动自由度。基准轴线 B 和基准轴线 C 可以构造一个基准平面,即基准参照系的第二基准平面。

因为基准参照系中的三个基准平面是相互垂直的,所以第三基准平面要通过基准轴

线 B，同时与其他两个基准平面垂直，其基准参照系标注示例如图 5-24 所示，三个相互垂直的基准平面正好建立了测量图纸中的位置度的基准参照系，即坐标系。

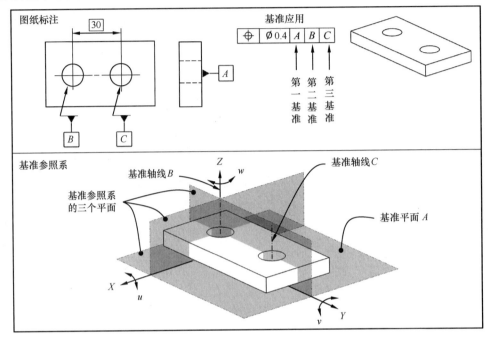

图 5-24　一面两孔基准建立基准参照系标注示例

5.7.3　一面、一孔和一槽基准建立基准参照系

一面、一孔和一槽基准建立基准参照系标注示例如图 5-25 所示。图中，基准 A 是一个平面，基准 B 是一个圆柱孔，基准 C 是一个槽口，理想状态下，基准 B 和基准 C 与基准 A 垂直，基准 C 的中心平面与基准 B 的轴线在同一平面内，公差框格中基准引用的顺序：A 是第一基准，B 是第二基准，C 是第三基准。

A 是第一基准，基准 A 是基准要素 A 实体材料外的相切平面，基准平面 A 可以约束零件的三个自由度，即沿着 Z 轴方向的平移自由度，以及绕着 X 轴和 Y 轴的转动自由度。基准参照系的 Z 轴垂直于基准平面 A。基准平面 A 为基准参照系的第一基准平面。

B 是第二基准，基准 B 是基准要素 B 对应的理论几何边界（关联实际包容配合圆柱面）的轴线，基准轴线 B 要和基准平面 A 垂直，基准轴线 B 约束两个自由度，即 Y 轴方向和 X 轴方向的平移自由度。基准轴线 B 和基准平面 A 的交点就是基准参照系的原点。

C 是第三基准，基准 C 是基准要素 C 对应的理论几何边界（关联实际包容配合面）的中心平面，基准中心平面 C 约束一个自由度，即绕着 Z 轴方向的转动自由度，基准中心平面 C 同时要过基准轴线 B，从而确定基准参照系中的第二基准平面。

因为基准参照系中的三个基准平面是相互垂直的，所以第三基准平面要通过基准轴

线 B，同时垂直另外两个基准平面，其基准参照系标注示例如图 5-25 所示，三个相互垂直的基准平面正好建立了测量图纸中的位置度的基准参照系，即坐标系。

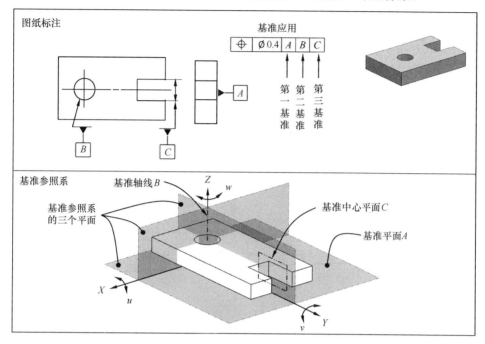

图 5-25　一面、一孔和一槽基准建立基准参照系标注示例

5.7.4　一面、多孔基准建立基准参照系

一面、多孔基准建立基准参照系标注示例如图 5-26 所示。图中，基准 A 是一个平面，基准 B 是四个圆柱孔。理想状态下，基准 B 的四个圆柱孔与基准 A 垂直，且圆周均匀分布。公差框格中基准引用的顺序：A 是第一基准，B 是第二基准。

A 是第一基准，基准 A 是基准要素 A 实体材料外的相切平面，基准平面 A 可以约束零件的三个自由度，沿着 Z 轴方向的平移自由度和绕着 X 轴及 Y 轴的转动自由度。基准参照系的 Z 轴垂直于基准平面 A，基准平面 A 为基准参照系的第一基准平面。

B 是第二基准（一个基准轴线和一个基准平面），基准 B 是基准要素 B 对应的理论几何边界（四个关联实际包容配合圆柱面，圆柱面轴线要相互平行，且均布在一个直径为 D 的圆周上），基准轴线 B 是由四个关联实际包容配合圆柱面建立的公共中心轴线，由公共中心轴线和其中任意一个孔的关联实际包容配合圆柱面的轴线建立的平面为公共基准平面。基准轴线 B 与基准平面 A 的相交点为基准参照系的原点，公共基准平面为基准参照系的第二基准平面。基准 B 约束三个自由度，沿着 Y 轴和 X 轴方向的平移自由度，以及绕着 Z 轴的转动自由度。

因为基准参照系的三个基准平面是相互垂直的，所以第三基准平面要通过基准轴线

B，同时垂直另外两个基准平面，其基准参照系标注示例如图 5-26 所示，三个相互垂直的基准平面正好建立了测量图纸中的位置度的基准参照系，即坐标系。

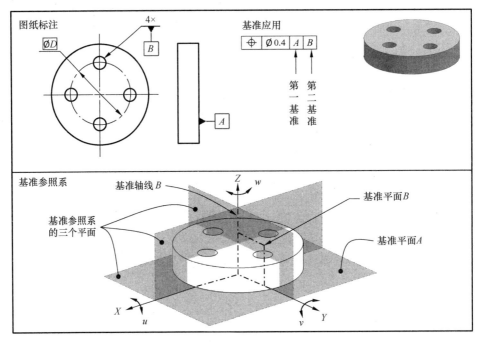

图 5-26　一面、多孔基准建立基准参照系标注示例

5.7.5　斜面基准建立基准参照系

虽然基准参照系中的三个基准平面相互垂直，但并不代表公差框格中三个基准一定要垂直。斜面基准建立基准参照系标注示例如图 5-27 所示。图中，三个基准平面 A、B、C，理想状态下，基准 C 和基准 B 不垂直，有一个理论的角度 60°。

A 是第一基准，基准 A 是基准要素 A 的实体材料外相切平面，基准平面 A 可以约束零件的三个自由度，沿着 Z 轴方向的平移自由度，以及绕着 X 轴和 Y 轴的转动自由度。基准参照系的 Z 轴垂直于基准平面 A，基准平面 A 为基准参照系的第一基准平面。

B 是第二基准，基准 B 是基准要素 B 实体材料外的相切平面，且与基准平面 A 垂直，基准平面 B 约束两个自由度，Y 轴方向的平移自由度和绕着 Z 轴的转动自由度。基准平面 B 和基准平面 A 的相交线就是基准参照系的 X 轴。

C 是第三基准，基准 C 是基准要素 C 实体材料外的相切平面，且和基准平面 A 垂直，与基准平面 B 的角度为理论角度 60°。但基准参照系中三个基准平面是相互垂直的，可以把基准平面 C 绕着 Z 轴旋转理论角度 30°后三个基准平面就相互垂直了。

三个相互垂直的基准平面正好建立了测量图纸中的位置度的基准参照系，即坐标系，其基准参照系标注示例如图 5-27 所示，三个相互垂直的基准平面的相交点就是坐标系的原点。

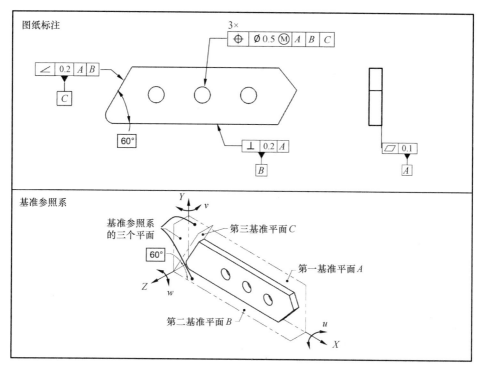

图 5-27 斜面基准建立基准参照系标注示例

5.8 基准要素采用最大实体要求

当公差框格中的基准采用最大实体要求即在基准后面加了Ⓜ修饰符号，由基准要素的最大实体尺寸和相对应的几何公差共同形成一个固定尺寸的边界，即最大实体边界（Maximum Material Boundary，MMB）。最大实体边界是基准要素对应的理论几何边界，当基准要素的实际包容配合边界偏离最大实体边界时，基准要素对应的理论几何边界和基准要素就会存在间隙，基准要素就可以相对基准要素对应的理论几何边界进行偏移和调整，这种偏移和调整对产品的测量有一定的影响。最大实体边界也为检具设计、工装定位提供了计算依据。

1. 第一基准要素最大实体边界的尺寸计算

第一基准要素最大实体边界标注示例（一）如图 5-28 所示，基准 A 是一个轴，其最大实体尺寸是 20.2，公差框格中基准 A 后面加了Ⓜ修饰符号，表示基准要素对应的理论几何边界的尺寸是固定的，这个固定的边界就是最大实体边界。由于基准要素 A 自己没有标注形状公差，所以由包容原则可知，基准要素 A 的最大实体边界，即基准要素 A 对应的理论几何边界尺寸等于基准要素 A 的最大实体包容边界，其尺寸为 20.2。

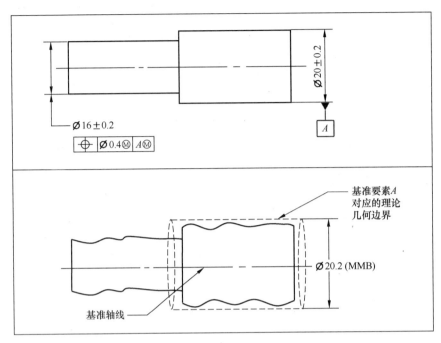

图 5-28 第一基准要素最大实体边界标注示例（一）

第一基准要素最大实体边界标注示例（二）如图 5-29 所示，基准 A 是一个轴，其最大实体尺寸是 20.2，同时标注了一个直线度公差并采用最大实体要求Ⓜ。基准要素 A 的最大实体边界，即基准要素 A 对应的理论几何边界的尺寸等于基准要素 A 的最大实体尺寸加上相应的形状公差，即 MMB=20.2+0.4。

第一基准要素最大实体边界的尺寸计算如下。

第一基准要素没有标注形状公差，其最大实体边界等于最大实体包容边界。

第一基准要素标注了形状公差，对于外部尺寸要素（如轴），其最大实体边界等于最大实体尺寸加上相应的形状公差；对于内部尺寸要素（如孔），其最大实体边界等于最大实体尺寸减去相应的形状公差。

2. 第二基准要素最大实体边界的尺寸计算

第二基准要素最大实体边界标注示例（一）如图 5-30 所示，第一基准 A 是平面，第二基准 B 是直径为 16 的孔，孔相对基准 A 有一个垂直度公差要求，然后用基准 A 和基准 B 管控其他四个孔的位置，基准 B 后面采用最大实体修饰符号Ⓜ。基准要素 B 的最大实体边界，即基准要素 B 对应的理论几何边界的尺寸等于基准要素 B 的最大实体尺寸减去相应的垂直度公差值，即 MMB=15.8-0.1。做检具时，基准 B 孔的定位销的尺寸等于基准要素 B 的最大实体边界。

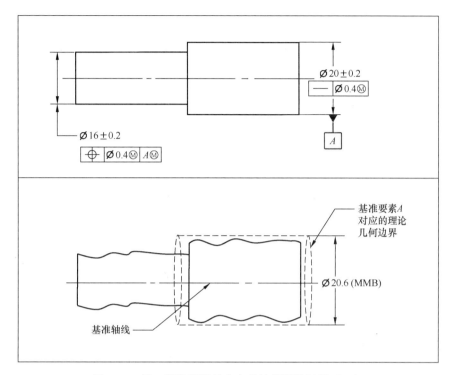

图 5-29　第一基准要素最大实体边界标注示例（二）

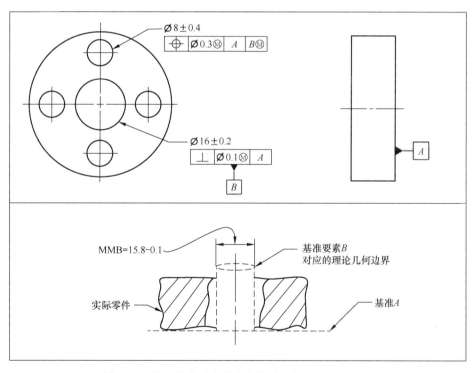

图 5-30　第二基准要素最大实体边界标注示例（一）

第二基准要素最大实体边界标注示例（二）如图 5-31 所示，第一基准 A 是平面，第二基准 B 是直径为 20 的轴，轴对基准 A 有一个垂直度公差要求，然后用基准 A 和基准 B 管控其他孔的位置，基准 B 后面采用最大实体修饰符号Ⓜ。基准要素 B 的最大实体边界，即基准要素 B 对应的理论几何边界的尺寸等于基准要素 B 的最大实体尺寸加上相应的垂直度公差值。做检具时，基准 B 轴的定位孔的尺寸等于基准要素 B 的最大实体边界。

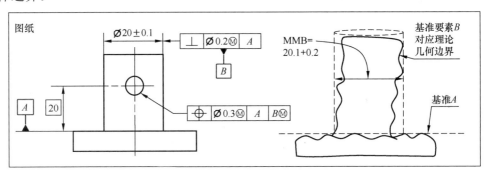

图 5-31　第二基准要素最大实体边界标注示例（二）

第二基准要素最大实体边界的尺寸计算如下。

对于外部尺寸要素（如轴），其最大实体边界等于最大实体尺寸加上相应的几何公差。

对于内部尺寸要素（如孔），其最大实体边界等于最大实体尺寸减去相应的几何公差。

3. 第三基准要素最大实体边界的尺寸计算

第三基准要素最大实体边界标注示例如图 5-32 所示，第一基准 A 是平面，第二基准 B 是直径为 8 的孔，孔对基准平面 A 有一个垂直度公差，第三基准 C 也是直径为 8 的孔，对基准 A 和基准 B 有一个位置度公差，然后用基准 A、B、C 管控其他四个孔的位置，基准 B 和基准 C 后采用最大实体修饰符号Ⓜ。第二基准要素 B 的最大实体边界，即基准要素 B 对应的理论几何边界的尺寸等于基准要素 B 的最大实体尺寸减去相应的垂直度公差。第三基准要素 C 的最大实体边界，即基准要素 C 对应的理论几何边界的尺寸等于基准要素 C 的最大实体尺寸减去相应的位置度公差。

第三基准要素最大实体边界的尺寸计算如下。

对于外部尺寸要素（如轴），其最大实体边界等于最大实体尺寸加上相应的几何公差。

对于内部尺寸要素（如孔），其最大实体边界等于最大实体尺寸减去相应的几何公差。

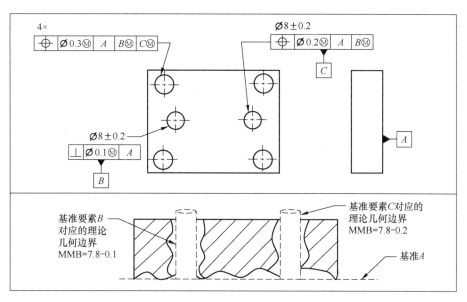

图 5-32　第三基准要素最大实体边界标注示例

5.9　基准要素采用最小实体要求

当公差框格中的基准采用最小实体要求，即在基准后面加了Ⓛ修饰符号时，由基准要素的最小实体尺寸和相对应的几何公差共同形成一个固定尺寸的边界，即最小实体边界（Least Material Boundary，LMB）。最小实体边界是基准要素对应的理论几何边界，当基准要素实际最小实体包容面偏离最小实体边界时，基准要素对应的理论几何边界（最小实体边界）和基准要素就会存在间隙，基准要素就可以相对基准要素对应的理论几何边界进行偏移和调整，这种偏移和调整对产品的检测有影响。

1. 第一基准要素最小实体边界的尺寸计算

第一基准要素最小实体边界标注示例（一）如图 5-33 所示，基准 A 是一个轴，其最小实体尺寸是 19.8，公差框格中基准 A 后面加了Ⓛ修饰符号，表示基准要素对应的理论几何边界的尺寸是固定的，即基准要素有一个固定的最小实体边界。由于基准要素没有标注形状公差，所以基准要素的最小实体边界等于基准要素的最小实体尺寸，其尺寸为 19.8。

第一基准要素最小实体边界标注示例（二）如图 5-34 所示，基准 A 是一个轴，其最小实体尺寸是 19.8，同时标注了一个直线度公差并采用最小实体要求Ⓛ，基准要素的最小实体边界等于基准要素的最小实体尺寸减去相应的形状公差，即 LMB=19.8-0.4。

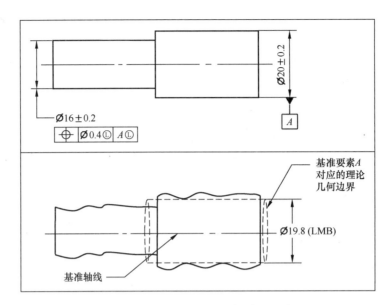

图 5-33　第一基准要素最小实体边界标注示例（一）

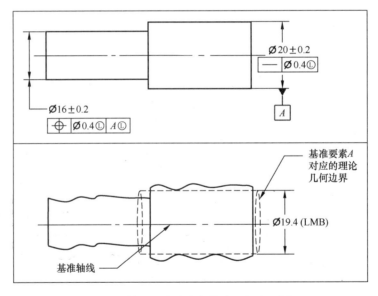

图 5-34　第一基准要素最小实体边界标注示例（二）

第一基准要素最小实体边界的尺寸计算如下。

第一基准要素没有标注几何公差，其最小实体边界等于最小实体尺寸。

第一基准要素标注了形状公差，对于外部尺寸要素（如轴），其最小实体边界等于最小实体尺寸减去相应的形状公差；对于内部尺寸要素（如孔），其最小实体边界等于最小实体尺寸加上相应的形状公差。

2. 第二基准要素最小实体边界的尺寸计算

第二基准要素最小实体边界标注示例（一）如图 5-35 所示，第一基准 A 是平面，第二基准 B 是直径为 16 的孔，孔相对基准 A 有一个垂直度公差要求，然后用基准 A 和基准 B 管控其他四个孔的位置，基准 B 后面采用最小实体修饰符号Ⓛ。基准要素 B 的最小实体边界，即基准要素 B 对应的理论几何边界的尺寸等于基准要素 B 的最小实体尺寸加上相应的垂直度公差。

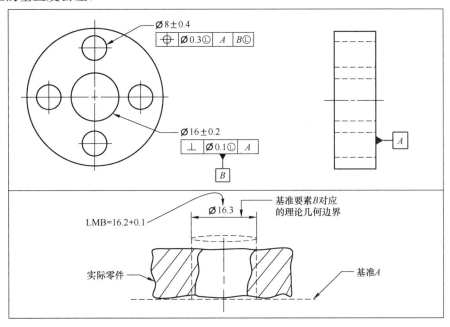

图 5-35　第二基准要素最小实体边界标注示例（一）

第二基准要素最小实体边界标注示例（二）如图 5-36 所示，第一基准 A 是平面，第二基准 B 是直径为 20 的轴，轴对基准 A 有一个垂直度公差要求，然后用基准 A 和基准 B 管控其他孔的位置，基准 B 后面采用最小实体修饰符号Ⓛ。基准要素 B 的最小实体边界，即基准要素 B 对应的理论几何边界的尺寸等于基准要素 B 的最小实体尺寸减去相应的垂直度公差。

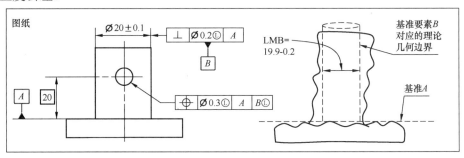

图 5-36　第二基准要素最小实体边界标注示例（二）

第二基准要素最小实体边界的尺寸计算如下。

对于外部尺寸要素（如轴），其最小实体边界等于最小实体尺寸减去相应的几何公差。

对于内部尺寸要素（如孔），其最小实体边界等于最小实体尺寸加上相应的几何公差。

3. 第三基准要素最小实体边界的尺寸计算

第三基准要素最小实体边界标注示例如图 5-37 所示，第一基准 A 是平面，第二基准 B 是直径为 8 的孔，孔对基准 A 有一个垂直度公差要求，第三基准 C 也是直径为 8 的孔，对基准 A 和基准 B 有一个位置度公差要求，然后用基准 A、B、C 管控其他四个孔的位置，基准 B 和基准 C 后面采用最小实体修饰符号Ⓛ。第二基准要素 B 的最小实体边界，即基准要素 B 对应的理论几何边界的尺寸等于基准要素 B 的最小实体尺寸加上相应的垂直度公差，第三基准要素 C 的最小实体边界，即基准要素 C 对应的理论几何边界的尺寸等于基准要素 C 的最小实体尺寸加上相应的位置度公差。

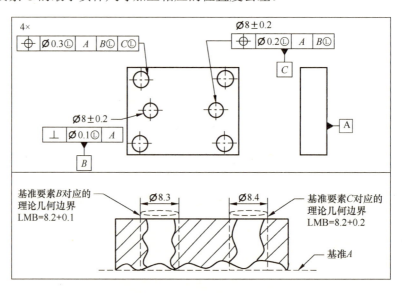

图 5-37 第三基准要素最小实体边界标注示例

第三基准要素最小实体边界的尺寸计算如下。

对于外部尺寸要素（如轴），其最小实体边界等于最小实体尺寸减去相应的几何公差。

对于内部尺寸要素（如孔），其最小实体边界等于最小实体尺寸加上相应的几何公差。

5.10 基准要素采用与要素尺寸无关原则

如果公差框格中的基准后面不加最大实体修饰符号Ⓜ和最小实体修饰符号Ⓛ，则表示基准要素采用与实体边界无关原则。基准要素对应的理论几何边界的尺寸不是固定值，它随着基准要素的实际包容配合面尺寸变化而变化，对应的理论几何边界始终与基准要素外表面接触。这种尺寸变化的边界就称为与实体边界无关（Regardless of Material Boundary，RMB）。因为基准对应的理论几何边界始终是和实际基准要素表面贴合的，所以实际基准要素和基准要素对应的理论几何边界不存在间隙，也就不存在基准要素的偏移和调整。

基准要素与实体边界无关标注示例如图 5-38 所示，基准要素 B 对应的理论几何边界的尺寸是变化的，其大小等于基准要素实际关联包容配合面尺寸，基准要素对应的理论几何边界始终与基准要素外表面贴合。

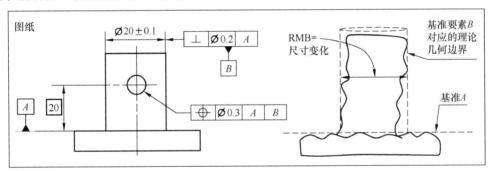

图 5-38　基准要素与实体边界无关标注示例

5.11 基准要素偏移（Datum Feature Shift）

尺寸要素当作基准要素，并且采用最大实体要求，即在基准后面加了修饰符号Ⓜ，或者采用最小实体要求，即在基准后面加了修饰符号Ⓛ，那么基准要素对应的理论几何边界的尺寸就是一个固定尺寸，其尺寸大小等于基准要素的最大实体边界（MMB）或最小实体边界（LMB）。如果基准要素的实际包容配合面（关联或非关联）尺寸偏离最大实体边界，或者实际最小实体包容面（关联或非关联）的尺寸偏离最小实体边界，实际基准要素和基准要素对应的理论几何边界就有间隙了，那么实际基准要素就可以相对基准要素对应的理论几何边界移动了（平移和转动），这种移动称为基准要素偏移（Datum Feature Shift）。只有基准要素采用修饰符号Ⓜ或Ⓛ，并且基准要素的实际包容配合面（关联或非关联）尺寸偏离最大实体边界或实际最小实体包容面（关联或非关联）的尺寸偏离最小实体边界时，才会产生这种偏移。偏移量等于实际包容配合面（关联或非关联）尺寸与最大实体边界尺寸的差值，或者实际最小实体包容面（关联或非关联）的尺寸与最小实体边界尺寸的差值。

1. 第一基准要素偏移量的计算

基准要素偏移计算标注示例（一）如图 5-39 所示，基准要素对应的理论几何边界即最大实体边界等于 20.6。当基准要素的非关联实际包容配合面尺寸（尺寸大小和直线度公差综合形成的一个包容配合面，即最小外接圆柱面）等于最大实体边界时，基准要素和基准要素对应的理论几何边界没有间隙，所以基准要素不能偏移。当基准要素的非关联实际包容配合面小于最大实体边界时，基准要素和基准要素对应的理论几何边界就有间隙了，基准要素即可相对基准要素对应的理论几何边界偏移，其偏移量等于基准要素对应的理论边界大小和非关联实际包容配合面大小的差值。比如，当基准要素的非关联实际包容配合面尺寸等于 20.6 时，没有偏移。当基准要素的非关联实际包容配合面尺寸等于 20.0 时，与基准要素对应的理论边界（最大实体边界 20.6）比较，差值是 0.6，基准要素的偏移量就等于 0.6。

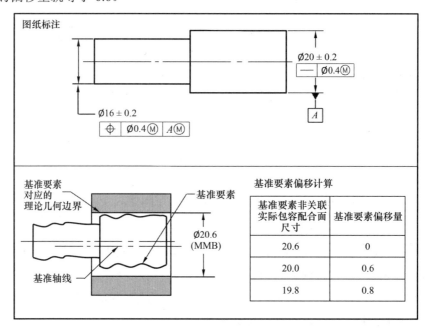

图 5-39 基准要素偏移计算标注示例（一）

基准要素偏移计算标注示例（二）如图 5-40 所示，基准要素对应的理论几何边界即最小实体边界等于 19.4。当基准要素的非关联实际最小实体包容面尺寸（尺寸大小和直线度公差综合形成的一个包容面，即最大内切圆柱面）等于最小实体边界时，基准要素和基准要素对应的理论几何边界没有间隙,所以基准要素不能偏移。当基准要素的非关联实际最小实体包容面大于最小实体边界时,基准要素和基准要素对应的理论几何边界就有间隙了,基准要素可以相对基准要素对应的理论几何边界偏移,其偏移量等于基准要素对应的理论边界大小和非关联实际最小实体包容面大小的差值。比如,当基准要素的非关联实际最小实体包容面尺寸等于 19.4 时,没有偏移。当基准要素的非关联实际最小实体包容面尺寸等于 20.0 时,与基准要素对应的理论边界(最小实体边界 19.4)比较,差值是 0.6,基准要素的偏移量就等于 0.6。

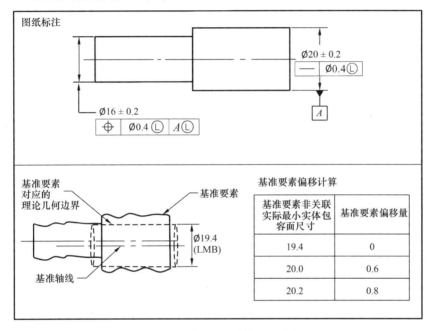

图 5-40 基准要素偏移计算标注示例(二)

2. 第二基准、三基准要素偏移量的计算

基准要素偏移计算标注示例(三)如图 5-41 所示,基准要素 B 对应的理论几何边界即最大实体边界等于 15.7。当基准要素 B 的关联实际包容配合面尺寸(尺寸大小和垂直度公差综合形成的一个垂直于基准 A 的最大内切圆柱包容配合面)等于最大实体边界时,基准要素和基准要素对应的理论几何边界没有间隙,所以基准要素不能偏移。当基准要素的关联实际包容配合面尺寸大于最大实体边界时,基准要素和基准要素对应的理论几何边界就有间隙了,基准要素即可相对基准要素对应的理论几何边界偏移,其偏移量等于基准要素对应的理论边界大小和关联实际包容配合面尺寸的差值。比如,当基准要素的关联实际包容配合面尺寸等于 15.7 时,没有偏移。当基准要素的关联实际包容配合面尺寸等于 16.2 时,与基准要素对应的理论边界(最大实体边界 15.7)比较,差值是 0.5,基准要素的偏移量就等于 0.5。

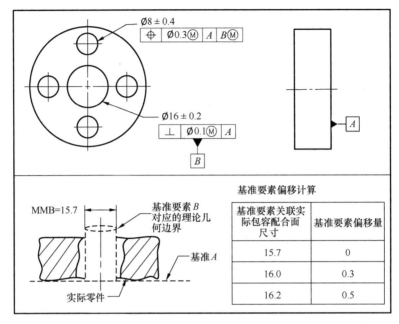

图 5-41 基准要素偏移计算标注示例（三）

基准要素偏移计算标注示例（四）如图 5-42 所示，基准要素对应的理论几何边界即最小实体边界等于 16.3。当基准要素的关联实际最小实体包容面尺寸（尺寸大小和垂直度公差综合形成的一个垂直于基准 A 的最小外接圆柱包容面）等于最小实体边界时，基准要素和基准要素对应的理论几何边界没有间隙，所以基准要素不能偏移。当基准要素的关联实际最小实体包容面小于最小实体边界时，基准要素和基准要素对应的理论几何边界就有间隙了，基准要素可以相对基准要素对应的理论几何边界偏移，其偏移量等于基准要素对应的理论边界大小和关联实际最小实体包容面大小的差值。比如，当基准要素的关联实际最小实体包容面尺寸等于 16.3 时，没有偏移。当基准要素的关联实际最小实体包容面尺寸等于 15.8 时，与基准要素对应的理论边界（最小实体边界 16.3）比较，差值是 0.5，基准要素的偏移量就等于 0.5。

3. 基准要素偏移与公差补偿的关系

基准要素偏移（基准后面加Ⓜ或Ⓛ）与公差补偿（公差值后面加Ⓜ或Ⓛ）不同，因为基准要素偏移并不是在所有情况下对公差框格中的公差值都有补偿的，要取决于实际的图纸标注。一般情况下，如果被管控的要素只有一个，则基准要素偏移对公差值有一定的补偿；如果被测要素是成组要素，如一组孔，则基准要素偏移只对这组要素的整体补偿，而不能对每个要素单独补偿。

1）单一要素

基准要素偏移与公差补偿标注示例（一）如图 5-43 所示，基准要素和被管控要素理想状态同轴,而且被管控要素只有一个,被管控要素的位置度公差是 0.4,采用最大实体要求(公差值后面加了修饰符号Ⓜ)。当轴的直径尺寸是 15.8 时,位置度公差最大补偿值是 0.4,补偿值加上基本位置度公差,即被管控轴允许的位置度公差是 0.8。当被管控轴的轴线相对基准轴线偏移超过 0.8 的位置度公差带时,只要基准要素的非关联实际包容配合面尺寸小于其最大实体边界,基准要素就可以在基准要素对应的理论几何边界,即最大实体边界中移动偏移。通过这种偏移,可以把被管控轴的轴线调回公差带里,即基准要素偏移对公差有一定的补偿,理论上最大补偿值等于最大偏移量 0.8。因此,被管控轴最大允许的位置度公差值是自己的基本位置度公差 0.4,加上自己的公差补偿值 0.4,加上基准要素偏移补偿值 0.8,即总体位置度公差允许值是 1.6。

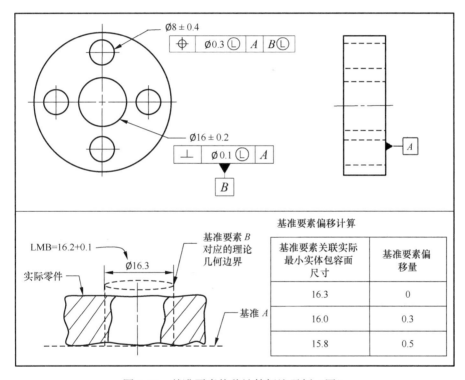

图 5-42 基准要素偏移计算标注示例(四)

2)成组要素

对于成组要素,基准要素偏移与公差补偿的关系就不一样了。基准要素偏移与公差补偿标注示例(二)如图 5-44 所示,基准 A 是平面、基准 B 和基准 C 分别是一个孔,被管控的是四个孔的成组要素,四个孔的位置度公差是 0.3,采用最大实体要求(公差值后面加了修饰符号Ⓜ),位置度公差最大补偿值是 0.8,补偿值加上基本位置度公差,四个孔允许的最大位置度公差是 1.1。当各个孔的轴线超出自己的 1.1 的位置度公差带,而且每个孔相对自己的理论位置超差的方向不相同时,即使基准要素的关联实际包容配合面尺寸大于其最大实体边界,即基准要素和基准要素对应的理论几何边界有间隙,通过基准要素偏移(如左右、上下平移或转动),也不能同时把四个孔的轴线都调回自己相应的公差带里。所以对于上述孔组来说,理论计算时,不能把基准要素的最大偏移量直接对每个孔单独进行公差补偿(如果直接单独对每个孔补偿,则会因为补偿而把公差放大,虽然计算合格通过,但是实际测量和装配都会出问题)。

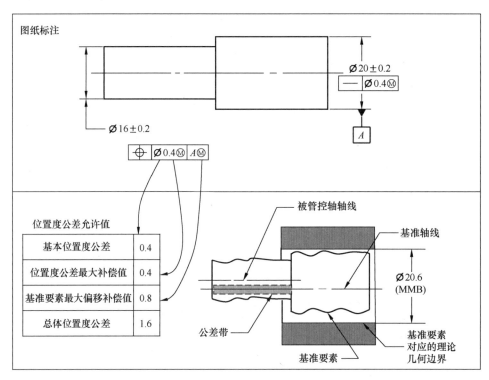

图 5-43 基准要素偏移与公差补偿标注示例(一)

关于基准要素偏移对成组要素中的每个要素的补偿有多少,需要考虑偏移的方式(如平移和转动),还要考虑每个要素相对自己理论位置偏离的方向。总之,这是个很复杂的数学问题,不能通过一个简单的公式手动就能算出来的,可以借助相关的软件进行计算,其原理具体参照 8.2.3 节。

如果把图 5-44 中的四个孔当作一个整体(类似单一要素),相对理论位置朝着同一方向偏移超出公差带。此时可以通过基准要素偏移(如左右、上下平移或转动),能同时把四个孔的轴线都调回自己相应的公差带里。所以对于孔组,基准要素偏移可以对成组要素整体补偿。手动计算时,理论上其最大补偿值等于基准 B 和基准 C 中的最小偏移量(调整是由最小偏移量决定的)。

注意,此处的手动计算只考虑基准要素偏移中平移的影响,如果还要考虑三维空间旋转的影响,则建议通过相关软件进行处理。

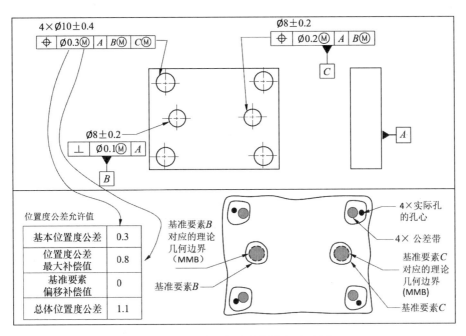

图 5-44 基准要素偏移与公差补偿标注示例（二）

5.12 同时要求（Simultaneous Requirement）

同时要求指的是将两个或两个以上的几何公差作为单一成组要求来处理，当图纸上由理论尺寸确定位置度或轮廓度公差，且有相同的基准参照顺序以及相同基准修饰符号时，要按照同时要求执行。在一个同时要求中相关几何公差的公差带之间不允许平移或转动，这样就把几个公差带构成了单一的成组。

如果不需要同时要求，那么可以在每个公差框格下面标注 SEP REQT（分开要求），表示每个公差框格之间的几何公差相对基准分别满足要求，每个公差框格之间的公差带不需要保持固定的理论位置和方向关系。

同时要求不适用于复合公差框格的下行，如果希望对两个或两个以上的复合公差框格的下行使用同时要求，那么可以把 SIM REQT（同时要求）标注在相应的公差框格的下行旁边。

同时要求图纸标注示例（一）如图 5-45 所示，左右两个孔都相对基准 A 标注了一个位置度公差，位置度公差参照基准都是 A，孔相对基准 A 的理论位置为 30，其公差带如图 5-45 中的右图所示。按照同时要求规定，直径分别为 0.4 和 0.6 的两个位置度公差带不但要和基准 A 固定为理论位置 30，而且相互之间的距离也要固定为理论位置 60，两个位置度公差带之间不允许移动和旋转，绑定当作一个整体，可以绕着基准 A 轴线一起转动，即两个孔要同时要求管控。所以图 5-45 所示的位置度公差不仅管控了每个孔相对基准 A 的位置，同时也管控了两个孔之间的相互位置。

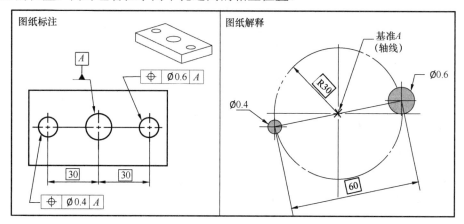

图 5-45　同时要求图纸标注示例（一）

同时要求图纸标注示例（二）如图 5-46 所示，左右两个孔相对基准 A 的理论位置为 30，作为一个成组要素相对基准 A 的位置度公差是 0.4。上面的孔 3 相对基准的理论位置为 45，位置度公差是 0.6。两个位置度公差参照基准都是 A，其公差带如图 5-44 中的右图所示。按照同时要求规定，直径分别为 0.4 的两个位置度公差带和 0.6 的一个位置度公差带不但要和基准 A 固定为图纸中理论位置，而且相互之间的位置也要固定为图纸中的理论位置，三个位置度公差带之间不允许移动和旋转，绑定当作一个整体，可以绕着基准 A 轴线一起转动，即三个孔要同时要求管控。所以图 5-46 所示的位置度公差不仅管控了每个孔相对基准 A 的位置，同时也管控了三个孔之间的相互位置。

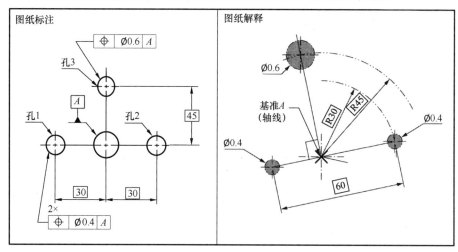

图 5-46　同时要求图纸标注示例（二）

分开要求标注示例（一）如图 5-47 所示，当不需要同时要求时，可以在公差框格下面标注 SEP REQT（分开要求），其公差带如图 5-47 中的右图所示。每个孔的位置度公

差带相对基准 A 固定为理论位置 30，两个孔的位置度公差带之间的距离不需要保持理想距离 60，两个位置度公差带之间的距离不是固定的，可以分别绕着基准 A 轴线转动，两个孔单独分开要求管控，而不是同时整体要求管控。所以图 5-47 所示的位置度公差管控了每个孔相对基准的位置关系，不管控两个孔之间的相互位置关系。

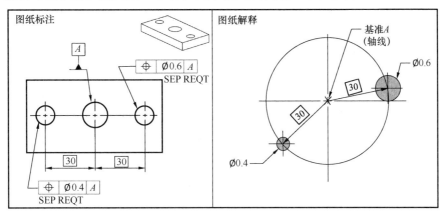

图 5-47 分开要求标注示例（一）

分开要求标注示例（二）如图 5-48 所示，当不需要同时要求时，可以在公差框格下面标注 SEP REQT（分开要求），其公差带如图 5-48 中的右图所示。孔 1 和孔 2 作为一个成组要素，直径为 0.4 的两个位置度公差带相对基准 A 轴线固定为图纸中的理论位置，相互之间的位置也固定为图纸中的理论位置（成组要素内部的方向和位置的约束）。直径为 0.6 的位置度公差带相对基准 A 轴线固定为图纸中的理论位置。但是直径为 0.4 和直径为 0.6 的位置度公差带之间的位置不固定（因为分开要求）。即两个直径为 0.4 的位置度公差带绑定作为一个整体绕着基准 A 轴线转动，直径为 0.6 的位置度公差带也可以绕着基准 A 轴线转动，但它们是分别绕着基准 A 轴线转动的，而不是同时转动。

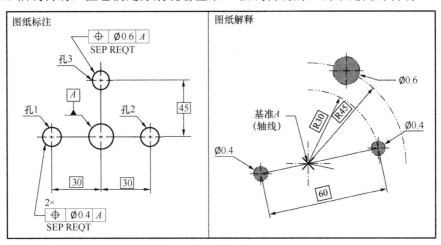

图 5-48 分开要求标注示例（二）

综上所述，图 5-48 中的位置度公差 0.4 管控了孔 1 和孔 2 相对基准 A 的位置，以及孔 1 和孔 2 之间的相互位置。位置度公差 0.6 管控孔 3 相对基准 A 的位置。但是孔 3 和孔 1、孔 2 之间的相互位置不管控。

5.13　基准目标

基准目标用一套符号来标注基准要素的尺寸、形状、位置等，用来建立基准平面、基准直线和基准点。一些要素本身的形状误差不好管控，无法将整个表面有效地用来建立基准。例如，铸造、锻造出来的表面、焊接面、截面很薄的表面，可以采用基准目标用局部小区域来建立基准。

5.13.1　基准目标符号

基准目标在图纸中是用基准目标符号来表示的。基准目标符号是一个圆，分割成上下两部分，下半部分标注基准要素字母和基准目标数字，上半部分标注基准目标尺寸，基准目标符号标注示例如图 5-49 所示。对于基准目标线和基准目标点，因为没有尺寸大小，所以可以省略目标尺寸。

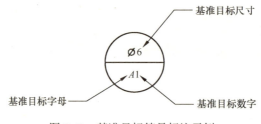

图 5-49　基准目标符号标注示例

5.13.2　基准目标区域

基准目标区域标注示例如图 5-50 所示，基准目标区域的表达方式是在相应的视图中用点画线标出相应区域的轮廓，并在轮廓里画出剖面线。基准目标区域可以是规则的区域，如圆形区域或方形区域，也可以是非规则的区域。如果是规则的区域，则可以用基准目标尺寸表示基准目标区域的理论大小，并且用理论尺寸标注出基准目标区域相互之间的位置，或者相对上一级基准的位置。

由基准目标区域建立基准，基准目标区域建立基准标注示例如图 5-51 所示，三个基准目标区域 $A1$、$A2$、$A3$，每个目标区域是直径大小为 10 的圆，目标区域相互之间的理论距离见图纸标注。三个基准目标区域取点共同建立一个大基准平面 A，检具定位时，常用三个直径为 10 的圆柱模拟三个基准目标区域，三个圆柱之间的相互距离与图纸标注的理论距离一致,三个圆柱与实际零件表面接触定位。

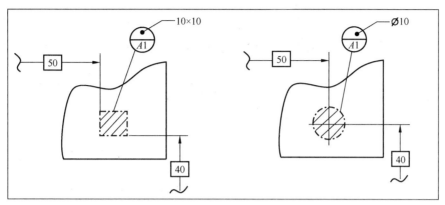

图 5-50 基准目标区域标注示例

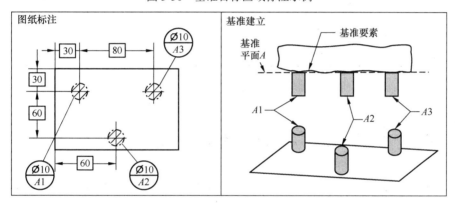

图 5-51 基准目标区域建立基准标注示例

5.13.3 基准目标线

基准目标线一般用两个视图表达,正视图中用点表达位置,俯视图中用点画线,基准目标线标注示例如图 5-52 所示。如果必须控制基准目标线的长度,则可以把它的长度及位置尺寸标注出来。检具定位时,用一个定位圆柱与实际零件接触定位。

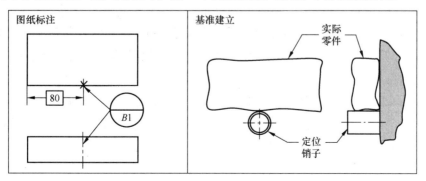

图 5-52 基准目标线标注示例

5.13.4 基准目标点

基准目标点可以使用目标点符号来表示,并且在表面的正视图中标注目标点的位置,基准目标点标注示例如图5-53所示。检具定位时,用三个球形头与实际零件表面接触,三个点建立一个基准平面。

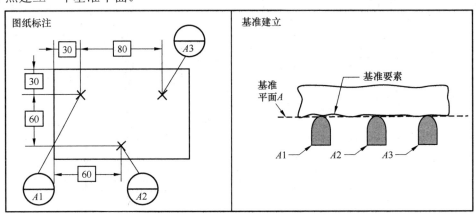

图5-53 基准目标点标注示例

5.14 基准标注的顺序和修饰符号的影响

图纸标注时要明确指定基准的顺序和材料修饰符号,不同的基准顺序和材料修饰符号表达了不同的装配定位功能要求,同时也会影响产品测量结果。

基准的标注顺序和材料修饰符号的影响(一)如图5-54所示,图中基准A是直径为16的轴线,基准B是垂直于基准A的平面,相对基准A标注了垂直度公差0.2。

图5-54(b)中基准A是第一基准,且采用RMB原则,基准B是第二基准。基准要素A的非关联实际包容配合面(最小外接圆柱面)的轴线是基准轴线A,基准B是基准要素B实体材料外相切且垂直于基准轴线A的平面。当基准要素A的尺寸从最大实体向最小实体变化时,基准要素A和基准要素A的非关联实际包容配合面之间始终不存在间隙。如果基准要素B与基准轴线A存在垂直度误差,则基准要素B与基准平面B就不能很好贴合,如图5-54(b)所示。此图的标注的目的是表达优先考虑基准轴线A定位,且非间隙定位。

图5-54(d)中基准A是第一基准,且采用MMB原则,基准B是第二基准。基准要素A的最大实体边界(最小外接圆柱面)的轴线是基准轴线A,基准B是基准要素B实体材料外相切且垂直于基准轴线A的平面。因为基准轴线A采用的是最大实体边界标准,基准要素对应的理论边界即最大实体边界是一个固定尺寸的圆柱面,其尺寸等于基准要素A的最大实体尺寸,当基准要素A的尺寸等于最大实体尺寸时,基准要素A和基

准要素 A 的对应的理论几何边界不存在间隙。如果基准要素 B 与基准轴线 A 存在垂直度误差，则基准要素 B 与基准平面 B 就不能很好贴合，如图 5-54（d）所示。当基准要素 A 的尺寸等于最小实体尺寸时，基准要素 A 和基准要素 A 对应的理论几何边界就存在间隙。基准要素 A 可以在其对应的理论几何边界里调整（移动和旋转），通过这种调整就可以保证基准要素 B 与基准平面 B 比较好的贴合，如图 5-54（c）所示。此图的标注的目的是表达优先考虑基准轴线 A 定位，而且是间隙定位，装配定位可以调整。

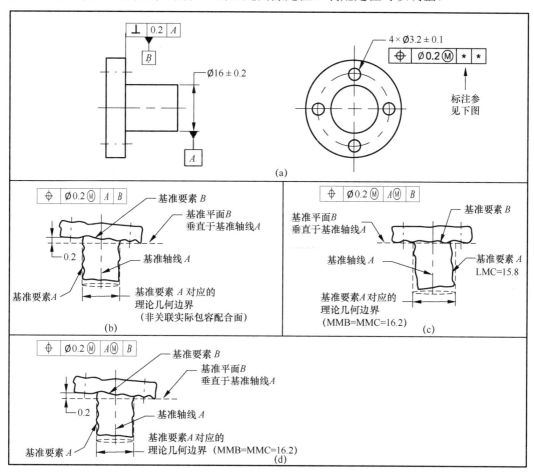

图 5-54　基准的标注顺序和材料修饰符号的影响（一）

基准的标注顺序和材料修饰符号的影响（二）如图 5-55 所示，图中基准 B 是平面，标注了平面度公差 0.2。基准 A 是直径为 16 的轴线，相对基准 B 标注了垂直度公差 0.2。

图 5-55（b）中基准 B 是第一基准，基准 B 是基准要素 B 实体材料外相切平面。基准 A 是第二基准，且采用 RMB 原则。基准要素 A 的关联实际包容配合面（最小外接圆柱面，且和基准平面 B 垂直）的轴线是基准轴线 A，基准轴线 A 与基准平面 B 垂直。基准要素 A 和基准要素 A 的关联实际包容配合面之间始终不存在间隙。此图的标注的目的

是表达优先考虑基准平面 B 定位和贴合，基准轴线 A 定位是非间隙定位。

图 5-55（c）中基准 B 是第一基准，基准 B 是基准要素 B 实体材料外相切平面。基准 A 是第二基准，且采用 MMB 原则。基准要素 A 的最大实体边界（尺寸等于基准要素 A 最大实体尺寸加上与基准平面 B 垂直度公差的圆柱面，且垂直于基准平面 B），其轴线是基准轴线 A。基准要素 A 可以在其最大实体边界内调整（平移和转动）。此图的标注的目的是表达优先考虑基准平面 B 定位和贴合，基准轴线 A 定位是间隙定位。

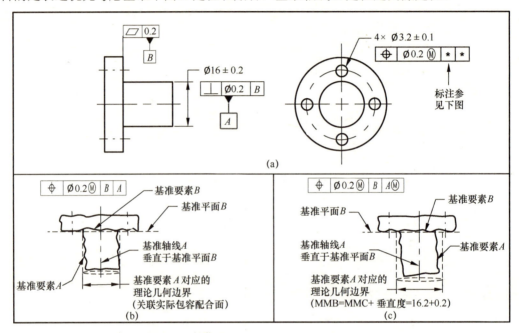

图 5-55 基准的标注顺序和材料修饰符号的影响（二）

5.15 基准选择与标注

图纸中基准的选择与标注基于产品的装配定位功能要求，即基准应该标注在产品的装配定位面，根据装配的要求，指定基准的标注顺序和材料修饰符号，根据标注的基准顺序，对基准依次进行公差的管控。如果图纸中由于实际装配需要存在多个基准参照系，则基准参照系之间的关系应该在图纸中明确表达。

基准的选择与标注装配功能分析如图 5-56 所示。产品的装配顺序：连接器与壳体装配，壳体用平面 A 和孔 A 定位，连接器用平面 B 和轴 B 定位，平面 A 和平面 B 保证贴合，孔 A 和轴 B 之间是间隙定位，M6 螺栓用来锁紧壳体和连接器；连接器和壳体装配好后，压盖和连接器再装配，压盖用平面 D 和轴 D 定位，连接器用平面 C 和孔 C 定位压盖；平面 D 和平面 C 保证贴合，轴 D 和孔 C 之间是间隙定位。

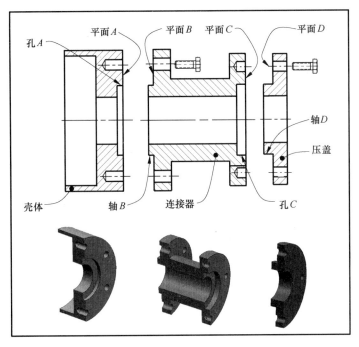

图 5-56 基准的选择与标注装配功能分析

壳体基准的标注如图 5-57 所示。因为平面是优先考虑的主定位,所以图纸标注为第一基准 A,并用平面度公差 0.1 管控形状误差。直径为 15.8 的孔标注为第二基准 B,且标注垂直度公差管控相对基准平面 A 的方向误差。图中均布的六个螺纹孔的位置度公差通过基准平面 A 和基准平面 B 管控,基准 B 是间隙定位,所以基准轴线 B 后面加修饰符号 Ⓜ。六个螺纹孔相对基准轴线 B 是圆周均布的,螺纹孔相对基准轴线 B 整体圆周转动不影响装配功能,图纸中基准平面 A 和基准轴线 B 建立的基准参照系没有约束绕基准轴线 B 圆周转动的自由度,这不影响其功能。

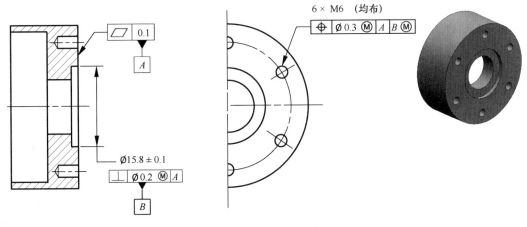

图 5-57 壳体基准的标注

连接器基准的标注如图 5-58 所示。连接器与壳体装配时靠左边的平面和小圆柱定位，因为平面是优先考虑的主定位，所以图纸标注为第一基准 A，并用平面度公差 0.1 管控形状误差。直径为 15.2 的轴标注为第二基准 B，且标注垂直度公差管控相对基准平面 A 的方向误差。图中均布的六个光孔的位置度公差通过基准平面 A 和基准轴线 B 管控，基准轴线 B 是间隙定位，所以基准轴线 B 后面加修饰符号Ⓜ。六个光孔相对基准轴线 B 是圆周均布的，孔相对基准轴线 B 整体圆周转动不影响装配功能，图纸中基准平面 A 和基准轴线 B 建立第一基准参照系没有约束绕基准轴线 B 圆周转动的自由度，这不影响其功能。

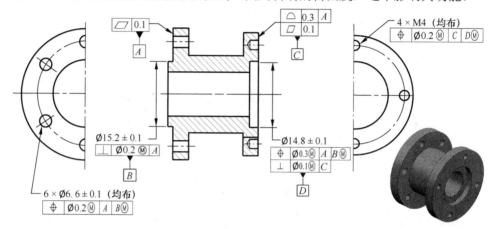

图 5-58 连接器基准的标注

另外，连接器与压盖装配，靠右边的平面和孔定位。图纸中平面标注为基准 C，孔标注为基准 D。基准 C 和基准 D 建立了图纸的第二基准参照系。基准 C 相对基准平面 A 标注轮廓度公差管控，基准 D 相对基准平面 A 和基准轴线 B 标注位置度公差管控，从而管控了第二基准参照系和第一基准参照系的相互关系。另外，用平面度公差 0.1 管控基准 C 的形状误差。用垂直度公差 0.1 管控基准 D 相对基准 C 的方向误差。

连接器与压盖装配是靠基准 C 和基准 D 定位后，再用螺栓锁紧的。所以图纸中的四个螺纹孔的位置度是靠基准 C 和基准 D 管控的，这样标注更合理。基准 D 是间隙定位，所以基准 D 后面加修饰符号Ⓜ，四个螺纹孔相对基准 D 是圆周均布的，孔相对基准 D 整体圆周转动不影响装配功能，图纸中基准 C 和基准 D 建立第二基准参照系没有约束绕轴线圆周转动的自由度，这不影响其功能。

压盖基准的标注如图 5-59 所示，压盖与连接器装配时靠左边的平面和小圆柱定位，因为平面是优先考虑的主定位，所以图纸标注为第一基准 A，并用平面度公差 0.1 管控形状误差。直径为 14.4 的轴标注为第二基准 B，且标注垂直度公差管控相对第一基准平面 A 的方向误差。图中均布的四个螺纹孔的位置度公差是通过基准平面 A 和基准轴线 B 管控，基准轴线 B 是间隙定位，所以基准 B 后面加修饰符号Ⓜ。四个螺纹孔相对基准轴线 B 是圆周均布的，孔相对基准轴线 B 整体圆周转动不影响装配功能，图纸中基准平面 A 和基准轴线 B 建立基准参照系没有约束绕轴线圆周转动的自由度，这不影响其功能。

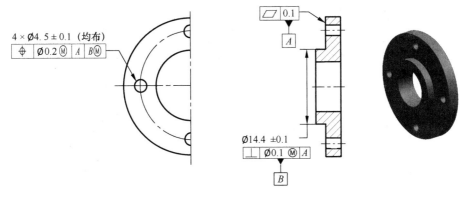

图 5-59 压盖基准的标注

本 章 习 题

一、判断题

1. 字母符号 I、O、Q 不能当作基准符号标注在图纸上。（ ）
2. 基准要素是理论的点、线、面。（ ）
3. 基准是由基准要素的理论几何边界拟合出来的点、线、面。（ ）
4. 平面作为第一基准，采用 RMB 原则，可以约束 2 个自由度。（ ）
5. 圆轴作为第一基准，采用 RMB 原则，可以约束 3 个自由度。（ ）
6. 圆轴作为第一基准，采用 RMB 原则，基准是轴的关联实际包容配合面的轴线。（ ）
7. 圆轴作为第二基准，采用 RMB 原则，基准是轴的非关联实际包容配合面的轴线。（ ）
8. 当尺寸要素作为基准且采用 MMB 原则时，基准要素对应的理论几何边界尺寸固定。（ ）
9. 当尺寸要素作为基准且采用 RMB 原则时，基准要素对应的理论几何边界尺寸是变化的（可调节）。（ ）
10. 尺寸要素圆轴作为第一基准无形状公差管控且基准后面加修饰符号Ⓜ，其 MMB 等于最大实体包容边界。（ ）
11. 尺寸要素作为基准要素，只有采用 MMB 原则，才可以产生基准要素偏移。（ ）
12. 两个共轴的尺寸要素作为第一基准要素，不能采用 MMB 原则。（ ）

二、选择题

1. 基准参照系的三个基准平面（   ）。
A．相互垂直　　　　B．不垂直　　　　C．任意角度　　　　D．平行

2. 公差控制框中的三个基准平面（　　）。
   A. 必须相互垂直　　　　　　　　B. 可以不垂直
   C. 必须相互平行　　　　　　　　D. 必须有一定的角度
3. 如果多个要素或多组要素使用的基准一样且修饰符号也一样，那么它们检测时按照（　　）。
   A. 同时要求　　B. 分开要求　　C. 独立要求　　D. 包容原则
4. 当决定用平面的一部分区域作为基准时，应该（　　）。
   A. 直接把平面标注为基准　　　　B. 标注为基准目标面
   C. 标注为基准目标点　　　　　　D. 标注为基准参照系
5. 基准目标的位置或大小一般用（　　）来表达。
   A. 参照尺寸　　B. 最大尺寸　　C. 理论尺寸　　D. 最小尺寸
6. 建立第一基准平面，至少需要（　　）。
   A. 三个点　　B. 两个点　　C. 一个点　　D. 四个点
7. 建立第二基准平面，至少需要（　　）。
   A. 三个点　　B. 两个点　　C. 一个点　　D. 四个点
8. 如图 5-60 所示，平面作为第一基准，且采用 RMB 原则，可以约束零件（　　）个自由度。

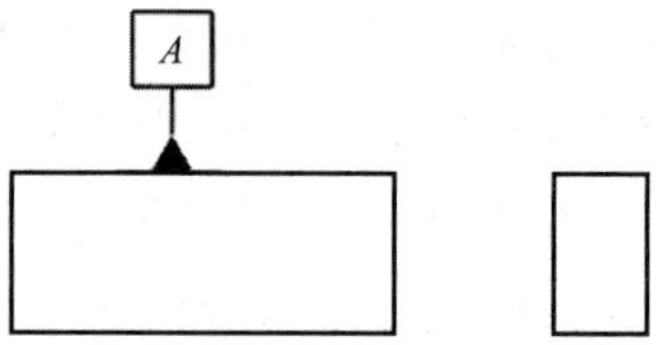

图 5-60　平面基准约束自由度的理解

   A. 1　　B. 2　　C. 3　　D. 4
9. 如图 5-61 所示，圆柱作为第一基准，且采用 RMB 原则，可以约束零件（　　）个自由度。

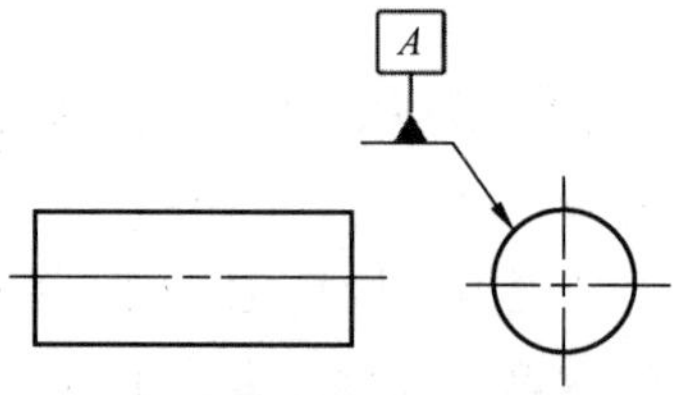

图 5-61　圆柱基准约束自由度的理解

   A. 1　　B. 2　　C. 3　　D. 4
10. 图 5-62 中的基准孔 B，可以约束零件（　　）个自由度。
    A. 1　　B. 2　　C. 3　　D. 4

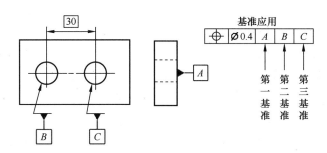

图 5-62 孔基准约束自由度的理解

11. 图 5-62 中的基准孔 C, 可以约束零件（   ）个自由度。

A. 1 B. 2 C. 3 D. 4

12. 如图 5-63 所示, 基准平面 A 是（   ）标记。

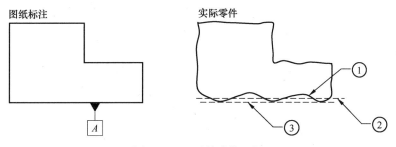

图 5-63 平面基准的理解

A. ① B. ② C. ③ D. 以上答案都不对

13. 如图 5-63 所示, 标记①是（   ）。

A. 基准平面 B. 基准要素对应的理论几何边界

C. 模拟基准 D. 基准要素

14. 计算图 5-64 中基准要素 A 的最大实体边界（MMB）是（   ）。

A. 16.8 B. 16.6 C. 16.5 D. 17.1

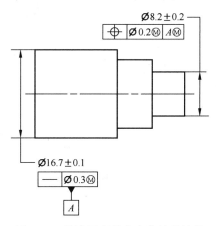

图 5-64 基准要素最大实体边界计算

15. 在图 5-64 中，基准要素 A 的最大偏移量是（　　）。
A．0.3　　　　　B．0.4　　　　　C．0.5　　　　　D．0.6

16. 在图 5-65 中，基准要素 B 的最大实体边界（MMB）是（　　）。
A．49.9　　　　B．49.8　　　　C．49.7　　　　D．50.3

17. 在图 5-65 中，基准要素 B 的最大垂直度公差允许值是（　　）。
A．0.1　　　　　B．0.2　　　　　C．0.3　　　　　D．0.4

18. 在图 5-65 中，基准要素 C 的最大实体边界（MMB）是（　　）。
A．21.9　　　　B．21.8　　　　C．21.7　　　　D．22.3

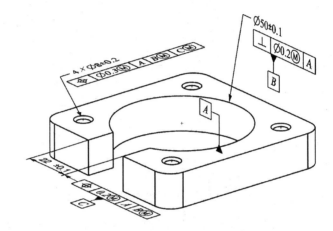

图 5-65　基准要素最大实体边界计算

三、应用题

基准综合应用示例如图 5-66 所示。

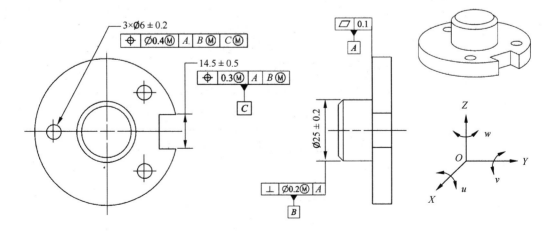

图 5-66　基准综合应用示例

1. 图 5-66 中基准 A 约束几个自由度？几个平移自由度？几个转动自由度？

2. 图 5-66 中基准 B 约束几个自由度？几个平移自由度？几个转动自由度？

3. 图 5-66 中基准 C 约束几个自由度？几个平移自由度？几个转动自由度？

4. 图 5-66 中基准 B 对应轴的垂直度公差最大允许值是多少？实效边界是多少？

5. 图 5-66 中基准 C 对应槽的位置度公差最大允许值是多少？实效边界是多少？

6. 图 5-66 中直径为 6 的孔的位置度公差最大允许值是多少？其基准 B 和基准 C 的 MMB 是多少？基准要素 B 和基准要素 C 的最大偏移量是多少？

第 6 章 形状公差的理解与应用

形状公差有 4 种类型（见表 6-1）：平面度、直线度、圆度和圆柱度。形状公差应用于单一表面要素或尺寸要素，所以形状公差是不需要基准的。在标注形状公差前，应该考虑其他已有的公差对形状公差的管控，如尺寸公差（包容原则）、方向公差、跳动度公差和轮廓度公差。

表 6-1 形状公差的类型

公差类型	公差名称	符号	基准
形状公差	平面度	▱	无基准
	直线度	—	
	圆度	○	
	圆柱度	⌭	

6.1 平面度公差

平面度公差规定了平面的波动范围，即被管控表面或中心面所有点都在公差带范围内，从而规定了实际的加工误差。平面度公差是四大形状公差之一，具有如下几个特征。

（1）平面度公差后面不能带基准。
（2）平面度公差只管控单个表面或中心面的形状。
（3）平面度公差管控表面时要遵循包容原则，即标注的平面度公差值小于尺寸公差值，管控中心面时，可以不遵循包容原则。
（4）平面度公差带是两个相互平行的平面，两个平面之间的距离等于公差值。

6.1.1 平面度公差的应用

1. 平面度公差管控表面

平面度公差管控表面时，表面必须是平面，不能是曲面。它可以用指引线直接指在表面，指引线的终端用箭头结束。平面度公差管控表面标注示例如图6-1所示。

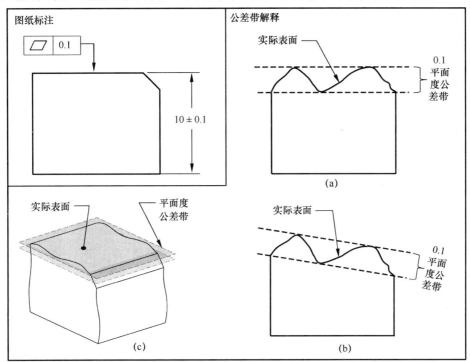

图6-1 平面度公差管控表面标注示例

实际表面的所有点都必须在 0.1 的公差带里，即表面的最高点和最低点之差不能超过0.1。平面度公差实际就是管控表面的凹凸变形的误差。

平面度公差带具有以下四个特征。

（1）大小：0.1（公差带宽度）。

（2）形状：两个相互平行的平面。

（3）方向：无方向要求，公差带可以转动，即平面度公差不管控方向。

（4）位置：无位置要求，公差带可以上下移动，即平面度公差不管控位置。

因为平面度是无基准的，所以其公差带的方向和位置不受其他基准的约束，只要被管控的实际表面所有的点都在公差带内就可以了。

2．平面度公差管控中心面

当平面度公差管控中心面时，其图纸标注通常有两种：第一种是平面度公差框格的指引线箭头和尺寸要素的尺寸线箭头对齐；第二种是平面度公差框格放在尺寸要素的尺寸公差下面。这两种标注表达效果一样。平面度公差管控中心面标注示例如图6-2所示。

平面度公差管控中心面时表达的功能是，被测零件的上下两个表面的中心面要在0.4 的公差带内。平面度公差管控中心面功能表达标注示例如图6-3 所示，此时平面度公差带同样具有以下四个特征。

(1) 大小：0.4（公差带宽度）。

(2) 形状：两个相互平行的平面。

(3) 方向：无方向要求，公差带可以转动，即平面度公差不管控方向。

(4) 位置：无位置要求，公差带可以上下移动，即平面度公差不管控位置。

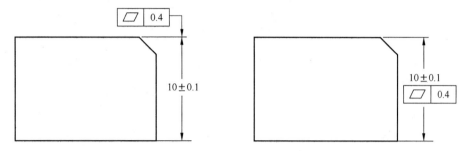

图 6-2　平面度公差管控中心面标注示例

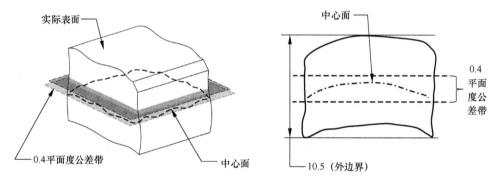

图 6-3　平面度公差管控中心面功能表达标注示例

平面度公差管控中心面时包容原则失效，图纸标注可以不遵循包容原则，即图纸标注的平面度公差值可以大于尺寸公差值，即使尺寸要素在最大实体时，也允许有形状误差，不需要形状完美的要求。

6.1.2　平面度公差最大实体应用

当平面度公差管控尺寸要素的中心面时，可以采用最大实体要求，即可以在平面度公差后面加上修饰符号Ⓜ。平面度公差最大实体的应用标注示例如图 6-4 所示，当平面度公差采用最大实体要求后，零件所允许的平面度公差不是一个固定值，它是随着零件实际尺寸的变化而改变的。当零件实际局部尺寸等于最大实体尺寸时，允许的平面度公差等于图纸标注的公差值；当零件的实际局部尺寸偏离最大实体尺寸时，局部的平面度公差就可以得到补偿，补偿值等于实际局部尺寸与图纸标注的最大实体尺寸的差值。平面度公差与实际零件尺寸的关系如图 6-4 所示。

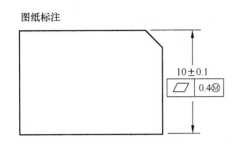

图 6-4 平面度公差最大实体的应用标注示例

6.1.3 单位面积平面度公差的应用

如果要把一个平面的整体平面度和每个单位面积的平面度分开控制，即整体平面度公差可以大一点，局部平面度公差小一点，则可以采用单位面积平面度公差标注。单位面积平面度公差标注示例（一）如图 6-5 所示。

图 6-5 单位面积平面度公差标注示例（一）

单位面积平面度公差标注示例（二）如图 6-6 所示，图中的平面度标注表示整体平面度公差不超过 0.4，每个单位方形面积的平面度公差不超过 0.05，20 数字前面的符号表示单位面积的形状，□20 表示边长为 20 的正方形，φ20 表示直径为 20 的圆形。其功能是保证了平面的形状误差平缓变化，防止实际表面凹凸突变。

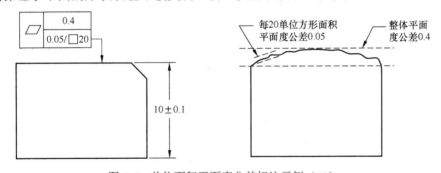

图 6-6 单位面积平面度公差标注示例（二）

6.1.4 平面度公差常用的修饰符号

平面度公差常用的修饰符号见表 6-2，每个修饰符号表达不同的功能要求，如最大实体主要应用在装配的地方，在平面度公差后面加Ⓜ，不但可以保证装配，还可以放大平面度公差，Ⓕ表示平面度公差在自由状态下检测，一般用于柔性容易变形的零件。

表 6-2　平面度公差常用的修饰符号

修饰符号	应　用	表达功能
Ⓜ	尺寸要素	公差补偿，保证装配
Ⓛ	尺寸要素	公差补偿，保证强度
Ⓕ	表面或尺寸要素	自由状态检测
⟨ST⟩	表面或尺寸要素	统计公差，需要 SPC 管控

6.1.5　平面度公差的检测

平面度公差应用在表面时，用两个距离最短且相互平行的平面把实际表面所有点都包含在里面，这两个相互平行平面之间的距离就是实际平面度误差。这种检测方法称为最小区域法。平面度公差检测的最小区域法标注示例（一）如图 6-7 所示。

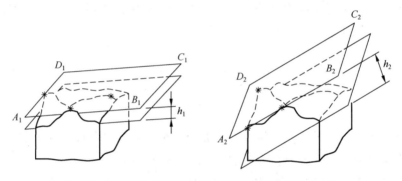

图 6-7　平面度公差检测的最小区域法标注示例（一）

在图 6-7 中，两组相互平行的平面都把实际表面所有点包含在里面，但距离 h_1 是最短的，所以 h_1 才是实际平面误差。

平面度公差检测的最小区域法标注示例（二）如图 6-8 所示，测量平面度公差一般参照以下步骤执行。取点方案参照本书附录 A，拟合操作算法参照本书附录 B。

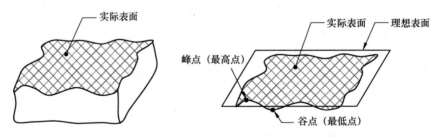

图 6-8　平面度公差检测的最小区域法标注示例（二）

（1）提取：在实际表面上取点获取实际要素，即实际表面。

（2）拟合：采用最小区域法（切比雪夫法）对提取的实际要素进行拟合，获取拟合理想平面。

（3）评估：平面度实测误差值为实际表面上的最高点、最低点到拟合理想平面间的距离之和。

（4）判定：将得到的实测误差值与图样上给出的公差值进行比较，判定被测件的平面度是否合格。

采用最小区域法可以在相关的数字化检测设备中实现，如三坐标测量机（CMM）。

实际工作中也可以用检具检测，在检测平台上安装一个百分表，指针调零，然后把被测表面在平台上移动，百分表的表头就在实际表面取点，表的指针摆动幅值也就是最大值减去最小值即实测平面度误差。平面度公差检测的百分表法标注示例如图6-9所示。

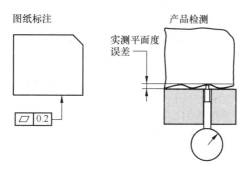

图6-9 平面度公差检测的百分表法标注示例

平面度公差应用在尺寸要素，管控中心面的误差且公差采用最大实体要求。除采用CMM测量外，还有一种常用的方法就是做功能检具去检测。因为采用最大实体要求后，零件有一个固定的实效边界 VC=10.1+0.4，只要实际零件截面尺寸不超过图纸标注的允许值且实际表面不超过实效边界 VC=10.5，平面度公差就不会超过图纸允许值。功能检具法只能评判合格或不合格，不能测量出具体的实际值。平面度公差检测的功能检具法标注示例如图6-10所示。

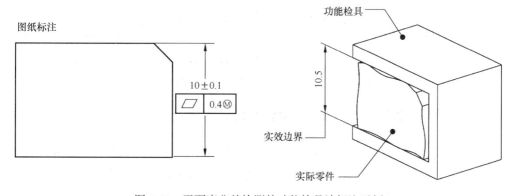

图6-10 平面度公差检测的功能检具法标注示例

6.1.6 平面度公差与包容原则的关系

当平面度公差应用在表面，管控表面的形状误差时，要遵循包容原则，即图纸标注的平面度公差要小于相应的尺寸公差值。按照包容原则的规定，实际表面不能超过最大实体包容边界，当尺寸等于最大实体尺寸时，形状要完美即平面度公差允许值等于 0。当尺寸偏离最大实体尺寸时，允许相应的形状变形即平面度公差，但最大平面度公差允许值不能超过图纸标注的公差值 0.1（加严管控），如图 6-11（a）所示。

当平面度公差应用在尺寸要素管控中心面形状误差时，可以不遵循包容原则要求，即图纸标注的平面度公差可以大于尺寸公差，零件允许的形状变形始终由图纸标注的平面度公差值管控，如图 6-11（b）所示。

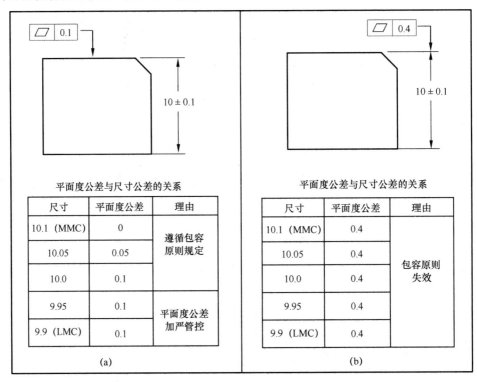

图 6-11 平面度公差与包容原则的关系标注示例

6.1.7 平面度公差标注规范性检查流程

平面度公差标注规范性检查流程图示例如图 6-12 所示，详细解释了平面度公差图纸标注规范性检查流程，这有助于工程师快速检查平面度公差常见的大部分图纸标注问题。流程图中的每个步骤需要检查的内容如下。

① 平面度公差是否带基准？带基准的平面度公差是不符合标准规定的。

② 平面度公差是否标注在平表面或宽度尺寸要素（标注在宽度尺寸要素，管控中

心面的形状误差）？

③ 平面度公差值前面是否加了修饰符号 φ？公差值后面是否加了常见的修饰符号 ⓉⓊⓅ？

④ 平面度公差值前面是否加了修饰符号 φ？公差值后面是否加了常见的修饰符号 ⓉⓊⓅⓂⓁ？

⑤ 平面度公差标注在平表面，其公差值是否小于标注在同一平表面的方向公差（平行度、垂直度、倾斜度）、轮廓度公差或端面全跳动公差的值？是否遵循包容原则的规定？

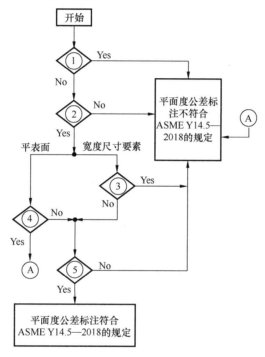

图 6-12 平面度公差标注规范性检查流程图示例

6.2 直线度公差

直线度公差规定了直线的波动范围，即被管控表面线素或中心线所有点都在公差带范围内，从而规定了实际的加工误差。直线度公差是四大形状公差之一，它具有以下几个特征。

（1）直线度公差后面不能带基准。

（2）直线度公差只管控表面线素或中心线的形状误差。

（3）直线度公差管控表面线素时要遵循包容原则规定，即标注的直线度公差值小于尺寸公差值，管控中心线时，可以不遵循包容原则。

（4）直线度公差管控中心线时，公差值前面可以加直径符号 φ。

（5）直线度公差带既可以是两条相互平行的直线，也可以是一个圆柱。

6.2.1 直线度公差的应用

1. 直线度公差管控平面线素

直线度公差可以管控平面一个方向线素的形状，也可以管控两个方向线素的形状。在二维图纸标注中，通过视图的方向来确定管控的线素。如图 6-13 中左视图的直线度公差 0.05 管控宽度方向线素的形状，而右视图的直线度公差 0.1 管控深度方向线素的形状。在三维模型标注中，通过辅助几何来表达被管控的线素。公差框格的指引线直接指在辅助几何上，指引线终端用箭头结束。直线度公差管控平面线素标注示例如图 6-13 所示。

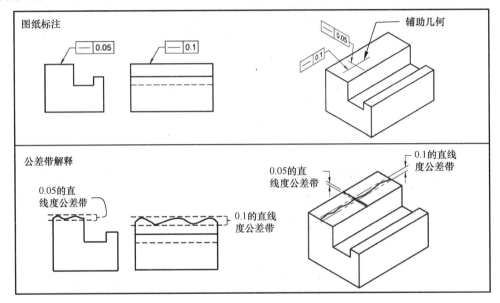

图 6-13 直线度公差管控平面线素标注示例

2. 直线度公差管控圆柱表面线素

直线度公差管控圆柱表面线素时，可以用指引线直接指在表面或者表面的延长线上，指引线终端用箭头结束。直线度公差管控圆柱表面线素标注示例如图 6-14 所示。

沿着轴线方向，实际圆柱表面的任意一条线素（通过圆柱轴线的任一平面与圆柱表面相交的线）所有点都必须在 0.1 的公差带里，即实际线素的最高点和最低点之差不能超过 0.1。

直线度公差带具有以下四个特征。

（1）大小：0.1（公差带宽度）。

（2）形状：两条相互平行的直线，两条线构成的平面通过圆柱轴线。

（3）方向：无方向要求，公差带可以转动，即直线度公差不管控方向。

(4)位置:无位置要求,公差带可以移动,即直线度公差不管控位置。

因为直线度公差是无基准的,所以其公差带的方向和位置不受其他基准的约束,只要被管控实际线素在公差带内就可以了。

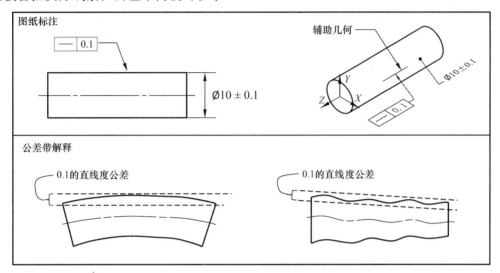

图 6-14 直线度公差管控圆柱表面线素标注示例

3. 直线度公差管控圆柱中心线

当直线度公差管控圆柱中心线时,其图纸标注通常有两种:第一种是直线度公差框格的指引线箭头和尺寸要素的尺寸线箭头对齐;第二种是直线度公差框格放在尺寸要素的尺寸公差下面。这两种标注表达效果一样。直线度公差管控圆柱中心线标注示例如图 6-15 所示。

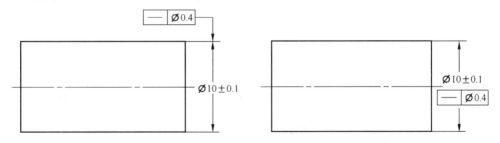

图 6-15 直线度公差管控圆柱中心线标注示例

当直线度公差管控圆柱中心线时,要在公差前面加直径符号 ϕ,确定公差带是圆柱形状;当直线度公差管控表面线素时,公差前面不能加直径符号 ϕ。

直线度公差管控圆柱中心线时表达的功能是,被测圆柱的中心线要在 0.4 的圆柱公差带内。直线度公差管控圆柱中心线解释示例如图 6-16 所示。此时直线度公差带同样具有以下四个特征。

（1）大小：0.4（公差带大小）。
（2）形状：圆柱。
（3）方向：无方向要求，公差带可以转动，即直线度公差不管控方向。
（4）位置：无位置要求，公差带可以移动，即直线度公差不管控位置。

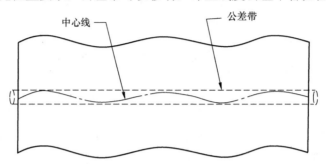

图 6-16　直线度公差管控圆柱中心线解释示例

当直线度公差管控圆柱中心线时，可以不遵循包容原则，即图纸标注的直线度公差可以大于相应的尺寸公差值。

6.2.2　直线度公差最大实体应用

直线度公差管控尺寸要素的中心线时，可以采用最大实体要求，即可以在直线度公差后面加上修饰符号Ⓜ，直线度公差最大实体的应用标注示例如图 6-17 所示，直线度公差管控表面线素不能采用最大实体要求。当直线度公差采用最大实体要求时，零件所允许的直线度公差不是一个固定值，它是随着零件实际局部尺寸的变化而改变的。当零件实际局部尺寸等于最大实体尺寸时，允许的直线度公差等于图纸标注的值；当零件实际局部尺寸偏离最大实体尺寸时，局部的直线度公差可以得到补偿，补偿值等于实际局部尺寸与图纸标注的最大实体尺寸的差值。

图纸标注

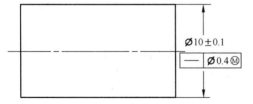

直线度公差

尺寸	基本公差	公差补偿	总体公差
10.1（MMC）	0.4	0	0.4
10.0	0.4	0.1	0.5
9.9（LMC）	0.4	0.2	0.6

图 6-17　直线度公差最大实体的应用标注示例

6.2.3　单位长度的直线度公差的应用

如果要把一个轴或孔的整体长度和每个单位长度的直线度公差分开控制，即整体直线度公差可以大一点，局部直线度公差小一点，则可以采用单位长度的直线度公差标注方法，单位长度的直线度公差标注示例如图 6-18 所示。

在图 6-18 中，直线度公差标注表示整体长度的直线度公差不超过 0.4，每 30 单位长度的直线度公差不超过 0.1，其功能是保证圆柱的形状误差平缓变化，防止实际形状突变。

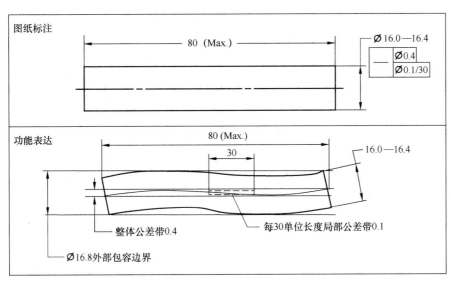

图 6-18 单位长度的直线度公差标注示例

6.2.4 直线度公差常用的修饰符号

直线度公差常用的修饰符号见表 6-3，每个修饰符号表达不同的功能要求，如最大实体主要应用在装配的地方，在直线度公差后面加Ⓜ后，不但可以保证装配，还可以放大直线度公差。直线度公差后面加Ⓛ表示保证强度，同时放大直线度公差。

表 6-3 直线度公差常用的修饰符号

修饰符号	应 用	表 达 功 能
Ⓜ	尺寸要素	公差补偿，保证装配
Ⓛ	尺寸要素	公差补偿，保证强度
Ⓕ	表面或尺寸要素	自由状态检测
ⓈⓉ	表面或尺寸要素	统计公差，需要 SPC 管控
ϕ	圆柱的尺寸要素	公差带是圆柱形状

6.2.5 直线度公差的检测

1. 表面直线度公差检测

直线度公差应用在表面线素时，用两个距离最短且相互平行的直线把实际线所有点都包含在里面，这两个相互平行直线之间的距离就是实际直线度误差。这种检测方法称为最小区域法，直线度公差检测的最小区域法标注示例如图 6-19 所示。

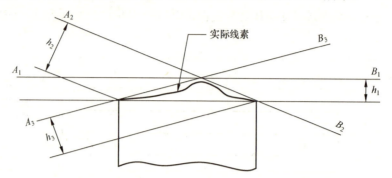

图 6-19　直线度公差检测的最小区域法标注示例

在图 6-19 中，三组相互平行的直线把实际线所有点都包含在里面，但 h_1 距离是最短的，所以 h_1 才是实际的直线度误差。测量表面线素的直线度误差一般参照以下步骤执行。

（1）提取：在实际要素上取点获取实际要素，即实际线素。

（2）拟合：采用最小区域法（切比雪夫法）对提取的实际线素进行拟合，获得拟合的理想直线。

（3）评估：直线度实测误差值为实际线素上的最高点、最低点到拟合理想直线间的距离值之和。

按上述方法测量若干条线素，取其中最大的实测误差值作为该被测件的直线度误差。

（4）判定：将得到的实测误差值与图样上给出的公差值进行比较，判定被测件的直线度是否合格。

采用最小区域法可以在相关的数字化检测设备中实现，如三坐标测量机。

在实际工作中也可以用百分表或塞尺法检测。用百分表检测时，把百分表沿着直线方向划过去，指针的摆动幅值（实际线素的最高点和最低点之差）就是实测直线度误差。用塞尺法检测，把实际零件放在测量平台或刀口尺上，用塞尺去塞，塞尺的厚度就是实际直线度误差。

2．中心线直线度公差检测

直线度公差管控圆柱中心线标注示例如图 6-15 所示，直线度公差前有直径符号 ϕ，表示公差带是圆柱形状，测量中心线的直线度误差一般参照以下步骤执行。中心线直线度公差检测流程标注示例如图 6-20 所示。

（1）提取：采用等间距布点策略沿被测圆柱横截面圆周进行取点测量，在圆柱轴线方向等间距测量多个横截面，得到多个提取的横截面圆。

（2）拟合：对各提取横截面圆采用相对应的算法（内要素如孔，采用最大内切法；外要素如轴，采用最小外接法），得到各提取横截面圆的圆心。实际零件的各横截面圆心不在一条直线上,将各横截面圆心组合,得到被测要素即圆柱的中心线。由各个横截面圆的圆心按照最小区域法(切比雪夫法)拟合,得到理想的直线。

(3)评估:直线度实测误差值为提取导出要素上的点(各提取横截面的圆心)到拟合得到的理想直线的最大距离值的 2 倍。

(4)判定:将得到的实测误差值与图样上给出的公差值进行比较,判定被测件的直线度是否合格。

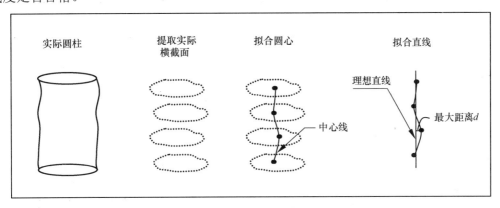

图 6-20　中心线直线度公差检测流程标注示例

直线度公差应用在尺寸要素、管控中心线的形状误差且公差采用最大实体要求,除采用三坐标测量机按照最小区域法测量外,还有一种常用的方法就是做功能检具去检测。因为采用最大实体要求后,零件有一个固定的实效边界 VC=10.1+0.4,只要零件实际截面尺寸不超过图纸标注的尺寸公差且实际表面不超过实效边界 VC=10.5,直线度误差就不会超过图纸标注的允许值。直线度公差的功能检具法检测标注示例如图 6-21 所示,功能检具就是一个孔的直径为 10.5 的套筒,只要实际圆柱表面能够顺利通过套筒就表示直线度不超差,注意在测量直线度之前,首先要保证圆柱的直径尺寸大小不超差。

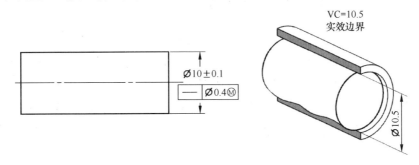

图 6-21　直线度公差的功能检具法检测标注示例

6.2.6　直线度公差与包容原则的关系

当直线度公差应用在表面,管控表面的形状误差时,要遵循包容原则。即图纸标注的直线度公差要小于相应的尺寸公差。按照包容原则的规定，实际表面不能超过最大实体包容边界，当尺寸等于最大实体尺寸时，形状要完美即直线度公差允许值等于 0。当尺寸偏离最大实体尺寸时，允许相应的形状变形即直线度公差，但最大直线度公差允许值不能超过图纸标注的公差值 0.1（加严管控），如图 6-22（a）所示。

当直线度公差应用在尺寸要素管控中心线形状误差时，可以不遵循包容原则要求，即图纸标注的直线度公差可以大于尺寸公差，零件允许的形状变形始终由图纸标注的直线度公差值管控，如图 6-22（b）所示。

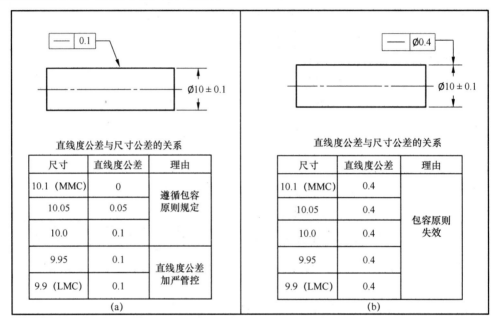

图 6-22 直线度公差与包容原则的关系标注示例

6.2.7 直线度公差标注规范性检查流程

图 6-23 所示的直线度公差标注规范性检查流程图示例详细解释了直线度公差图纸标注规范性检查流程，这有助于工程师快速检查直线度公差常见的大部分图纸标注问题。流程图中的每个步骤需要检查的内容如下。

① 直线度公差是否带基准？带基准的直线度公差是不符合标准规定的。

② 直线度公差是否标注在表面线素或圆柱尺寸要素（标注在圆柱尺寸要素，管控中心线的形状误差）？

③ 直线度公差值后面是否加了常见的修饰符号 ⓣⓤⓟ？

④ 直线度公差值前面是否加了修饰符号 ϕ？公差值后面是否加了常见的修饰符号 ⓣⓤⓟⓜⓛ？

⑤ 直线度公差标注在表面线素，其公差值是否小于标注在同一表面的平面度公差（如

果表面是平面)、圆柱度公差(如果表面是圆柱面)、轮廓度公差(线轮廓、面轮廓)、方向公差(平行度、垂直度、倾斜度)或端面全跳动公差的值?是否遵循包容原则的规定?

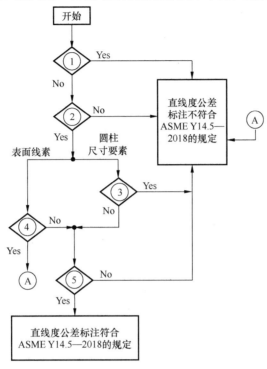

图 6-23 直线度公差标注规范性检查流程图示例

6.3 圆度公差

圆度公差规定了圆要素的波动范围,即被管控圆要素径向所有点都在公差带范围内,从而规定了实际的加工误差。圆度公差带标注示例如图 6-24 所示。圆度公差是四大形状公差之一,它具有如下几个特征。

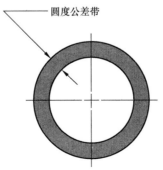

图 6-24 圆度公差带标注示例

（1）圆度公差后面不能带基准。
（2）圆度公差只能管控单个截面的圆要素形状误差。
（3）圆度公差只能管控表面线素，要遵循包容原则。
（4）圆度公差值前面不可以加直径符号 φ。
（5）圆度公差带是两个同心的圆，半径差等于圆度公差值。

6.3.1 圆度公差的应用

圆度公差只能管控表面径向圆线素，图纸标注时，公差框格的指引线箭头直接指向表面即可，圆度公差标注示例如图 6-25 所示。

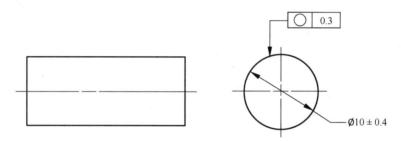

图 6-25 圆度公差标注示例

圆度公差带具有以下四个特征。
（1）大小：0.3（公差带宽度）。
（2）形状：两个同心的圆，半径差是 0.3。
（3）方向：无方向要求，即圆度公差不管方向。
（4）位置：无位置要求，即圆度公差不管位置。

在图 6-25 所示的圆度公差中，表示圆柱任意一个横截面上线素的所有点都要在圆度 0.3 的公差带里。圆度公差解释示例如图 6-26 所示，实际横截面可以做成如下任意一种，第一种是三棱形，第二种是椭圆形，第三种是任意形状。

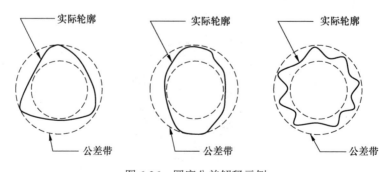

图 6-26 圆度公差解释示例

因为圆度是无基准的,所以其公差带的方向和位置不受其他基准的约束,只要被管控实际线素在公差带内就可以了。

6.3.2 圆度公差与包容原则的关系

圆度公差管控表面线素要遵循包容原则,即图纸标注的圆度公差要小于尺寸公差。即使图纸不标注圆度公差,但因为包容原则中尺寸公差要管控形状,所以实际圆度误差不会超过尺寸公差,如果零件图纸标注圆度公差加严形状的管控,则标注的圆度公差要小于尺寸公差,图纸标注如图 6-25 所示。按照包容原则的规定,实际表面不能超过最大实体包容边界,当尺寸等于最大实体尺寸时,形状要完美即圆度误差等于 0。当尺寸偏离最大实体尺寸时,允许相应的形状变形即圆度误差,但实际最大圆度误差值不能超过图纸标注的公差值0.3。

6.3.3 圆度公差常用的修饰符号

圆度公差常用的修饰符号有两个(见表 6-4):一个是自由状态符号Ⓕ,表示零件要在自由状态下检测,一般用在柔性易变形的零件上;另一个是统计公差符号⟨ST⟩,表示圆度公差要做统计分析,过程能力管控。圆度公差管控的是表面线素的形状误差,不能用最大实体修饰符号Ⓜ和最小实体修饰符号Ⓛ。

表 6-4 圆度公差常用的修饰符号

修饰符号	应 用	表 达 功 能
Ⓕ	表面或尺寸要素	自由状态检测
⟨ST⟩	表面或尺寸要素	统计公差,需要 SPC 管控

6.3.4 圆度公差的检测

在垂直于圆柱轴线的横截面取一周圈点,然后用两个同心圆把实际所有点包含在里面,两个同心圆的半径差就是实际圆度误差,采用最小区域法拟合圆心,圆度公差评价的方法示例如图 6-27 所示。取点方案参照本书附录 A,拟合算法参照本书附录 B。

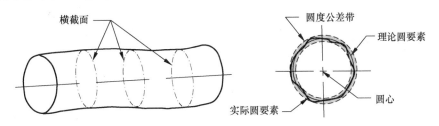

图 6-27 圆度公差评价的方法示例

测量圆度公差一般参照以下步骤执行。

（1）提取：在被测圆柱零件横截面上采用周向等间距提取方案进行取点测量，得到提取实际横截面圆。

（2）拟合：采用最小区域法（切比雪夫法）对提取横截面圆进行拟合，获得提取横截面圆的理论圆，得到圆心。

（3）评估：被测横截面的圆度误差值为提取横截面实际圆上的点到理论圆心之间的最大、最小距离值之差。

重复上述操作，沿轴线方向测量多个横截面，得到各个截面的实测圆度误差值，取其中的最大误差值为实测圆度误差值。

（4）判定：将得到的实测圆度误差值与图样上给出的圆度公差值进行比较，判定被测件的圆度是否合格。

测量圆度公差除三坐标测量机外，还可以用圆度仪设备检测，圆度仪检测示例如图 6-28 所示，把被测零件放在设备的旋转主轴上，每旋转一周，测量探针就在圆周表面取一次点，然后按照相关的算法计算圆度误差。

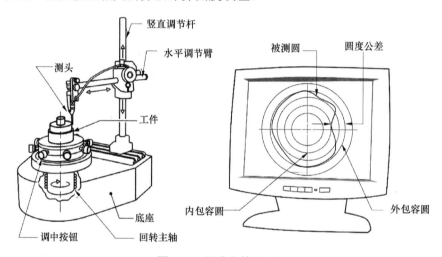

图 6-28　圆度仪检测示例

6.3.5　圆度公差标注规范性检查流程

图 6-29 所示的圆度公差标注规范性检查流程图示例详细解释了圆度公差图纸标注规范性检查流程，这有助于工程师快速检查圆度公差常见的大部分图纸标注问题。流程图中的每个步骤需要检查的内容如下。

① 圆度公差是否带基准？带基准的圆度公差是不符合标准规定的。

② 圆度公差是否标注在球面或绕着中心轴线旋转的表面（横截面理论要素是圆）？

③ 圆度公差值前面是否加了修饰符号 φ？公差值后面是否加了常见的修饰符号 ⓉⓊⓅⓂⓁ？

第6章 形状公差的理解与应用

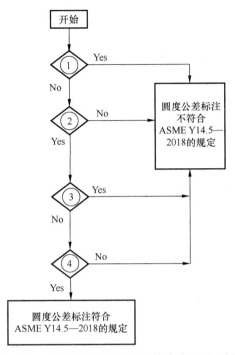

图 6-29 圆度公差标注规范性检查流程图示例

④ 圆度公差值是否小于标注在同一要素的圆柱度公差、轮廓度公差（线轮廓、面轮廓）、全跳动度或圆跳动公差的值？是否遵循包容原则的规定？

6.4 圆柱度公差

圆柱度公差规定了圆柱表面要素的波动范围，即被管控圆柱表面所有点都在公差带内，从而规定了实际的加工误差。圆柱度公差带解释示例如图 6-30 所示。圆柱度公差是四大形状公差之一，它具有以下几个特征。

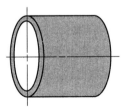

图 6-30 圆柱度公差带解释示例

（1）圆柱度公差后面不能带基准。
（2）圆柱度公差管控的是整个圆柱表面形状误差。
（3）圆柱度公差只管控表面，要遵循包容原则。

（4）圆柱度公差值前面不可以加直径符号 ϕ。

（5）圆柱度公差带是两个同轴的圆柱表面，半径差等于圆柱度公差值。

6.4.1 圆柱度公差的应用

圆柱度公差管控整个圆柱表面，图纸标注时，公差框格的指引线箭头直接指向表面即可，圆柱度公差标注示例如图 6-31 所示。

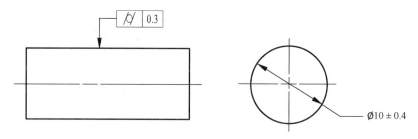

图 6-31 圆柱度公差标注示例

圆柱度公差带具有以下四个特征。

（1）大小：0.3（公差带宽度）。

（2）形状：两个同轴的圆柱表面，半径差是 0.3。

（3）方向：无方向要求，即圆柱度公差不管方向。

（4）位置：无位置要求，即圆柱度公差不管位置。

在图 6-31 所示的圆柱度公差中，表示圆柱表面所有点都要在圆柱度 0.3 的公差带内，圆柱度公差解释示例如图 6-32 所示。下面三种实际表面的误差都会引起圆柱度误差：表面直线度误差、任意一个横截面的圆度误差和表面的锥度误差，即圆柱度公差要管控表面直线度，任意一个横截面的圆度和锥度误差。

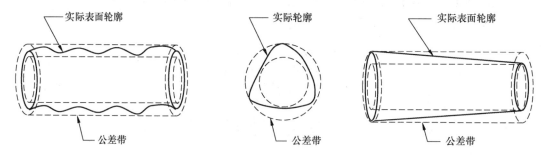

图 6-32 圆柱度公差解释示例

因为圆柱度是无基准的，所以其公差带的方向和位置不受其他基准的约束，只要被管控实际表面所有点在公差带内就可以了。

6.4.2 圆柱度公差与包容原则的关系

圆柱度公差管控表面要素要遵循包容原则，即图纸标注的圆柱度公差要小于尺寸公差。即使图纸不标注圆柱度公差，但因为包容原则中尺寸公差要管控形状，所以实测圆柱度误差不会超过尺寸公差，如果零件图纸标注圆柱度公差加严形状的管控，则圆柱度公差要小于尺寸公差，图纸标注如图 6-31 所示。按照包容原则的规定，实际表面不能超过最大实体包容边界，当尺寸等于最大实体尺寸时，形状要完美即圆柱度误差等于 0。当尺寸偏离最大实体尺寸时，允许相应的形状变形即圆柱度误差，但实际最大圆柱度误差值不能超过图纸标注的公差值 0.3。

6.4.3 圆柱度公差常用的修饰符号

圆柱度公差常用的修饰符号有两个（见表 6-5）：一个是自由状态符号Ⓕ，表示零件要在自由状态下检测，一般用在柔性零件上；另一个是统计公差符号⟨ST⟩，表示圆柱度公差要做统计分析，过程能力管控。圆柱度管控的是表面的形状误差，不能用最大实体修饰符号Ⓜ和最小实体修饰符号Ⓛ。

表 6-5 圆柱度公差常用的修饰符号

修饰符号	应 用	表 达 功 能
Ⓕ	表面或尺寸要素	自由状态检测
⟨ST⟩	表面或尺寸要素	统计公差，需要 SPC 管控

6.4.4 圆柱度公差的检测

测量圆柱度公差一般参照以下步骤执行。取点方案参照本书附录 A，拟合算法参照本书附录 B。

（1）提取：在被测圆柱横截面上参照相关的取点方案进行取点测量，获得提取实际圆柱面。

（2）拟合：采用最小区域法（切比雪夫法）对实际圆柱面进行拟合，得到理想圆柱面，从而获取圆柱面的拟合导出要素，即圆柱的轴线。

（3）评估：实测圆柱度误差值为提取实际圆柱面上各点到拟合导出要素（轴线）的最大、最小距离值之差。

（4）判定：将得到的实测圆柱度误差值与图样上给定的公差值进行比较，判定被测件的圆柱度是否合格。

测量圆柱度公差除三坐标测量机外，还可以用圆柱度仪设备检测，圆柱度仪检测示例如图 6-33 所示。被测零件放在回转主轴的平台上，测量探针在圆柱表面上取点后，在测量计算软件中按照上述介绍的相关算法计算实测圆柱度误差。

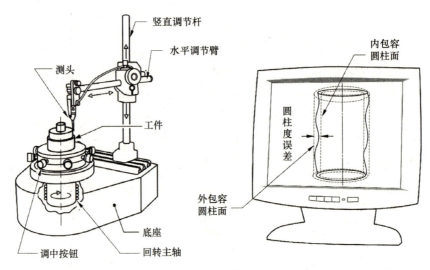

图 6-33 圆柱度仪检测示例

6.4.5 圆柱度公差标注规范性检查流程

图 6-34 所示的圆柱度公差标注规范性检查流程图示例详细解释了圆柱度公差图纸标注规范性检查流程，这有助于工程师快速检查圆柱度公差常见的大部分图纸标注问题。流程图中的每个步骤需要检查的内容如下。

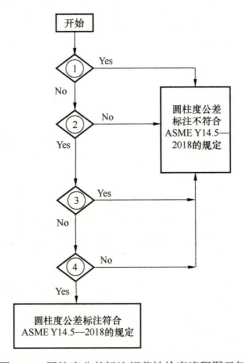

图 6-34 圆柱度公差标注规范性检查流程图示例

① 圆柱度公差是否带基准？带基准的圆柱度公差是不符合标准规定的。
② 圆柱度公差是否标注在圆柱表面？
③ 圆柱度公差值前面是否加了修饰符号 ϕ？公差值后面是否加了常见的修饰符号 Ⓣ Ⓤ Ⓟ Ⓜ Ⓛ？
④ 圆柱度公差值是否小于标注在同一圆柱表面的面轮廓度公差或全跳动公差的值？是否遵循包容原则的规定？

本 章 习 题

一、判断题

1. 平面度公差图纸标注要带基准。（ ）
2. 平面度公差图纸标注必须遵循包容原则的规定。（ ）
3. 平面度公差不能采用最大实体要求。（ ）
4. 平面度公差标注在尺寸要素，管控的对象是实际非关联包容配合面的中心平面的形状误差。（ ）
5. 直线度公差管控表面线素的形状时，公差值前面可以加 ϕ。（ ）
6. 直线度公差管控中心线的形状时，可以采用最大实体要求。（ ）
7. 直线度公差管控表面线素的形状时，可以采用最大实体要求。（ ）
8. 直线度公差管控中心线的形状时，可以不遵循包容原则的规定。（ ）
9. 圆柱度公差的公差带是一个圆柱。（ ）
10. 圆柱度公差既可以管圆柱表面的形状，也可以管控中心线的形状误差。（ ）
11. 圆柱度公差可以管控圆度和表面直线度误差。（ ）
12. 圆柱度公差可以管控同心度误差。（ ）

二、选择题

1. （ ）形状公差只能管控表面要素的形状误差。
A．直线度　　　　　　　　　　B．平面度
C．圆度　　　　　　　　　　　D．圆度和圆柱度

2. （ ）形状公差可以采用最大实体要求。
A．圆度　　　　　　　　　　　B．圆柱度
C．直线度　　　　　　　　　　D．直线度和平面度

3. （ ）形状公差标注时，可以在公差前面加上直径符号 ϕ。
A．平面度　　　B．圆度　　　C．圆柱度　　　D．直线度

4. 形状公差之间的关系,下面描述正确的是(　　)。
   A. 直线度管控平面度　　　　　　　　B. 直线度管控圆度
   C. 圆度管控圆柱度　　　　　　　　　D. 圆柱度管控圆度和表面直线度
5. 形状公差评价默认的方法是(　　)。
   A. 最小区域法　　　　　　　　　　　B. 最小二乘法
   C. 最大内切法　　　　　　　　　　　D. 最小外接法
6. 在图 6-35 中,板厚度在(　　)时,平面度公差允许值最大。
   A. 最大 12.1　　　　　　　　　　　　B. 最小 11.9
   C. 理论尺寸 12　　　　　　　　　　　D. 以上答案都不对

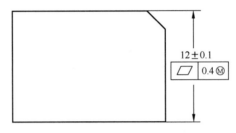

图 6-35　平面度公差采用最大实体要求标注示例

7. 在图 6-35 中,平面度公差管控的是(　　)。
   A. 上表面　　　B. 下表面　　　C. 中心面　　　D. 左边的表面
8. 在图 6-35 中,平面度公差最大允许值是(　　)。
   A. 0.4　　　　B. 0.5　　　　C. 0.6　　　　D. 0.3
9. 在图 6-35 中,零件的实效边界是(　　)。
   A. 12.0　　　　B. 12.1　　　　C. 11.5　　　　D. 12.5
10. 在图 6-36 中,描述正确的是(　　)。
    A. 直线度公差管控的是表面线素的形状
    B. 直线度公差与尺寸公差冲突
    C. 直线度公差是不能采用最大实体要求的
    D. 直线度公差管控的是轴的中心线的误差

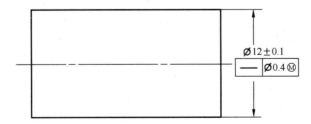

图 6-36　直线度公差采用最大实体要求标注示例

11．如果要做功能检具检测图 6-36 所示的直线度公差，功能检具的直径尺寸是（　）。

A．12.1　　　　B．12.5　　　　C．11.9　　　　D．11.5

12．对于图 6-37 所示的标注，描述正确的是（　）。

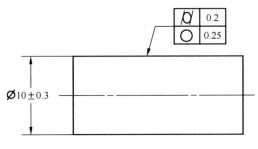

图 6-37　圆柱度、圆度标注示例

A．圆度公差和尺寸公差冲突　　　　B．圆柱度公差和尺寸公差冲突

C．圆度公差应该小于圆柱度公差　　D．图纸标注没有错误

13．下面关于直线度公差和包容原则的关系，描述正确的是（　）。

A．直线度公差必须遵循包容原则

B．直线度公差在管控中心线时，可以不遵循包容原则

C．直线度公差和包容原则没关系

D．以上答案都不对

三、应用题

直线度公差图纸标注应用示例如图 6-38 所示。

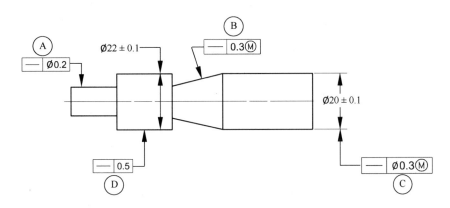

图 6-38　直线度公差图纸标注应用示例

1．图 6-38 中的哪些直线度公差应用在尺寸要素？

2. 图 6-38 中的哪些直线度公差应用在表面线元素？

3. 图 6-38 中标记为Ⓒ的直线度公差最大补偿是多少？是否遵守包容原则？

4. 图 6-38 中标记为Ⓐ、Ⓑ、Ⓓ的直线度公差是否符合标准规范？为什么？

5. 图 6-39 中标记为Ⓐ的圆柱度公差是否符合规范？为什么？

6. 图 6-39 中标记为Ⓑ的圆柱度公差是否合理？应该改成什么形状公差？

7. 图 6-39 中标记为Ⓒ的圆柱度公差的公差带形状是什么？圆柱的圆度误差最大允许值是多少？

8. 图 6-39 中标记为Ⓓ的圆柱度公差是否符合规范？为什么？

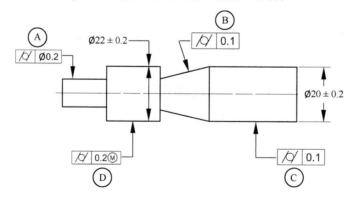

图 6-39 圆柱度公差图纸标注应用示例

第7章

方向公差的理解与应用

方向公差有3种类型（见表7-1）：平行度、垂直度、倾斜度。根据这三种类型，方向公差可以对应分为平行度公差、垂直度公差、倾斜度公差。方向公差应用于关联的表面要素或尺寸要素，所以方向公差是需要基准的。在标注方向公差前，必须考虑其他已有公差对方向公差的控制，如图纸标注的位置度、端面全跳动度和轮廓度等公差对方向公差已有的控制。

表 7-1 方向公差类型

公差类型	公差名称	符　号	基　准
方向公差	平行度	//	有基准
	垂直度	⊥	
	倾斜度	∠	

7.1 平行度公差

平行度公差可以用来管控表面、轴线、中心平面相对基准的平行度波动范围。平行度公差只能管控方向，不能管控位置，平行度公差是三大方向公差之一，它具有如下几个特征。

（1）公差后面必须带基准。

（2）可以管控表面，也可以管控尺寸要素。

（3）可以管控方向和形状（当应用在表面时）。

（4）公差带可以是两个相互平行的平面（当平行度公差管控整个表面时），或者两条相互平行的直线（当平行度公差管控表面的任意线素时），或者一个圆柱（当平行度公差管控轴线且公差值前面有 φ 时）。

7.1.1 平行度公差的应用

1. 平行度公差应用在表面

平行度公差管控表面时，表面必须是平面，不能是曲面。标注时可以用指引线直接指在表面，指引线终端用箭头结束，或者标注在轮廓线的延长线上。平行度公差管控表面标注示例如图 7-1 所示，图中两种标注表达效果一样。

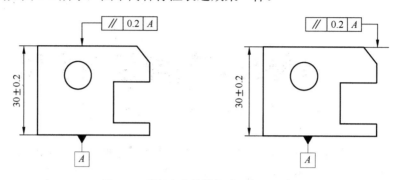

图 7-1　平行度公差管控表面标注示例

实际表面的所有点都必须在 0.2 的公差带内，公差带与基准平行。即实际表面相对基准的最高点和最低点之差不能超过 0.2，平行度公差带具有以下几个特征。

（1）大小：0.2（公差带宽度）。

（2）形状：两个相互平行的平面。

（3）方向：必须和基准平行，如果有多个基准，则必须和第一基准平行。

（4）位置：与基准无位置要求，公差带相对基准可以移动，即平行度公差不管控相对基准的位置。

平行度公差管控表面解释示例如图 7-2 所示，因为平行度公差带把实际表面所有的点都包含在里面，所以实际表面的凹凸变形即平面度误差是不会超过平行度公差带的。

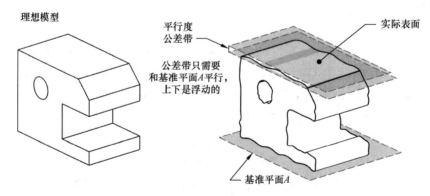

图 7-2　平行度公差管控表面解释示例

2. 平行度公差管控尺寸要素（FOS）

平行度公差可以管控孔、轴的轴线，以及槽的中心平面的方向误差，其图纸标注常规有两种方式：第一种是平行度公差框格的指引线箭头和尺寸要素的尺寸线箭头对齐；第二种是平行度公差框格放置尺寸要素的尺寸公差下面。这两种标注表达效果一样，平行度公差管控轴线标注示例如图 7-3 所示。当平行度公差应用在孔或轴上管控其轴线的方向时,其公差值前面一般加上直径符号 φ,表示公差带是圆柱形状,被测孔的轴线必须在公差带里,公差带与基准平行。

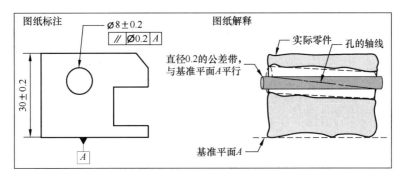

图 7-3 平行度公差管控轴线标注示例

7.1.2 平行度公差最大实体的应用

平行度公差管控尺寸要素的轴线或中心平面时,可以采用最大实体要求,即在公差后面加上修饰符号Ⓜ,平行度公差采用最大实体要求标注示例如图 7-4 所示,平行度公差管控表面不能采用最大实体要求。当采用最大实体要求后,零件所允许的平行度公差不是一个固定值,它是随着尺寸要素的实际尺寸变化而改变的。当零件实际尺寸等于最大实体尺寸时,允许的平行度公差等于图纸标注的值;当零件实际尺寸偏离最大实体尺寸时,其平行度公差就要得到补偿,补偿值等于实际尺寸与图纸标注的最大实体尺寸的差值。(本段中的实际尺寸指的是被管控尺寸要素的非关联实际包容配合面尺寸。)

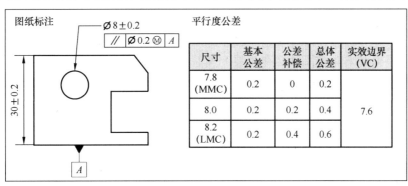

图 7-4 平行度公差采用最大实体要求标注示例

平行度公差应用最大实体要求时,可以用表面和轴线两种解释。基于孔的表面解释是,孔的实际尺寸不超过所标注的尺寸极限,同时孔的实际表面的任意一个元素都不允许进入一个理论边界里,即孔的实效状态边界。其形状是一个理想的圆柱,直径为 7.6,圆柱边界与基准平面 A 保持平行,如图 7-5 (a) 所示。

基于孔的轴线解释是，孔的实际尺寸不超过所标注的尺寸极限，孔的轴线都必须在相对应的圆柱公差带里，公差带与基准平面 A 保持平行。公差带的大小取决于孔的非关联实际包容配合面的尺寸，如图 7-5（b）所示。

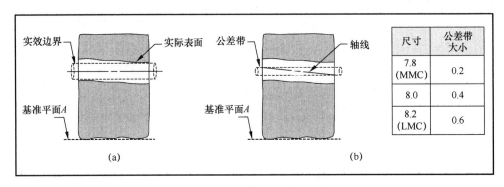

图 7-5　平行度公差最大实体的解释示例

当孔的平行度公差采用最大实体要求时，其主要目的是保证装配功能。当轴线解释和表面解释不一致时，表面解释具有更高的优先级。如果孔的轴线超出了相应的公差带，则按照轴线解释孔不合格。但是只要孔的实际表面没有进入实效边界，这个孔还是可以用来装配的，按照表面解释孔是合格的。出现此类情况，表面解释具有优先级，产品应该判定合格。轴线解释对应的检测方法常用三坐标测量法，表面解释对应的检测方法常用功能检具法。

7.1.3　平行度公差相切平面的应用

当平行度公差想要管控实际表面的相切平面的方向时，可以在公差后面加上修饰符号 Ⓣ。平行度公差相切平面的解释示例如图 7-6 所示。该公差后面加上 Ⓣ 后，公差带要管控的对象是通过实际表面最高点与整个表面相切的平面，而不是管控整个表面的所有点。所以平行度加上 Ⓣ 后，平行度公差不再管控表面的平面度误差。如图 7-6 所示，实际表面的相切平面在平行度公差带里，产品是符合图纸设计标注要求的，但实际表面的最低点已经超出公差带，此种情况下平行度公差是不能管控平面度误差的。

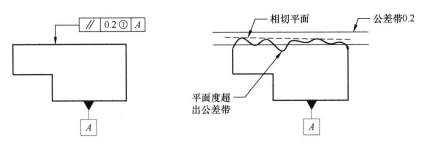

图 7-6　平行度公差相切平面的解释示例

7.1.4 平行度公差常用的修饰符号

平行度公差常用的修饰符号见表 7-2，每个修饰符号表达不同的功能要求，如最大实体主要应用在装配的地方，在平行度公差后面加Ⓜ后，不但可以保证装配，还可以放大平行度公差。平行度公差后面加Ⓛ表示保证强度，同时放大平行度公差。

表 7-2 平行度公差常用的修饰符号

修饰符号	应 用	表 达 功 能
Ⓜ	尺寸要素	最大实体，公差补偿，保证装配
Ⓛ	尺寸要素	最小实体，公差补偿，保证强度
Ⓕ	表面或尺寸要素	自由状态检测，用在柔性易变形零件
ⓈⓉ	表面或尺寸要素	统计公差，公差放宽，需要 SPC 管控
φ	圆柱的尺寸要素	公差带是圆柱形状
Ⓣ	表面	相切平面，保证配合面的方向
Ⓟ	尺寸要素	延伸公差带，防止装配干涉

7.1.5 平行度公差的检测

1. 表面平行度公差检测

平行度公差默认采用定向最小区域法评定，定向最小区域是指公差带包容被测实际要素时，具有最小宽度（表面平行度）或最小直径（孔、轴的轴线平行度）的包容区域，包容区域和基准保持平行。定向最小区域形状分别与各自的公差带形状一致，但宽度（或直径）的大小由被测实际要素本身决定。

表面平行度公差检测一般按照如下步骤进行，图纸标注如图 7-1 所示，取点方案参照本书附录 A，拟合算法参照本书附录 B。

1）基准的建立

（1）提取：按照一定的取点方案对基准要素 A 取点，获取基准要素 A。

（2）拟合：采用约束的最小二乘法（约束的 L2）对提取表面在实体外拟合一个理想相切平面，即基准平面 A。

2）被测要素的测量

（1）提取：按照一定的取点方案在被测要素表面取点，获取实际被测表面。

（2）拟合：在满足与基准平面 A 平行的约束下，采用最小区域法（切比雪夫法）对提取表面进行拟合，获得与基准平面 A 平行的理想平面。

（3）评估：包容实际表面且与理想平面平行的两平面之间的距离就是实测平行度误差值，即实际表面最高点（峰点）和最低点（谷点）与理想平面的距离之和。

（4）判定：将得到的实测误差值与图样上给出的公差值进行比较，判定被测要素对基准的平行度是否合格。

2. 表面相切平面平行度公差检测

平行度公差应用在表面，并且公差后面加了修饰符号Ⓣ，表示平行度公差管控的是被测表面的相切平面，而不是表面的所有点。图纸标注如图 7-6 所示，取点方案参照本书附录 A，拟合算法参照本书附录 B。

1）基准的建立

（1）提取：按照一定的取点方案对基准要素 A 取点，获取基准要素 A。

（2）拟合：采用约束的最小二乘法（约束的 L2）对提取表面在实体外拟合一个理想相切平面，即基准平面 A。

2）被测要素的测量

（1）提取：按照一定的取点方案在被测要素表面取点，获取实际被测表面。

（2）拟合：采用外（贴）切法对被测表面拟合相切平面。

（3）评估：包容相切平面且与基准平面 A 平行的两平面之间的距离就是平行度误差值。

（4）判定：将得到的实测误差值与图样上给出的公差值进行比较，判定被测要素对基准的平行度是否合格。

平行度公差管控表面时（公差后面不加相切平面符号），被管控的实际表面所有的点都应该在平行度公差带内，相对基准平面 A 的最高点和最低点之差不能超过公差带宽度值，公差带要平行基准平面 A。检测平行度公差，除常用的数字化设备三坐标测量机按照定向最小区域法原理检测外，还可以采用常规的打表法检测。检测时把实际零件的基准平面 A 与检测平台贴合，找出检测基准平面 A，检测平台表面就是检测基准平面 A，然后用高度尺在实际被控表面取点，相对检测平台即检测基准平面 A 的最高点和最低点之差就是实测平行度误差值。打表法检测平行度公差示例如图 7-7 所示。

3. 中心轴线平行度公差检测

平行度公差应用在尺寸要素如孔和轴，平行度公差管控的是中心轴线。图纸标注如图 7-3 所示，取点方案参照本书附录 A，拟合算法参照本书附录 B。

1）基准的建立

（1）提取：按照一定的取点方案对基准要素 A 取点，获取基准要素 A。

（2）拟合：采用约束的最小二乘法（约束的 L2）对提取表面在实体外拟合一个理想相切平面，即基准平面 A。

2）被测要素的测量

（1）提取：按照一定的取点方案在被测要素实际孔表面取点，获取实际被测要素。

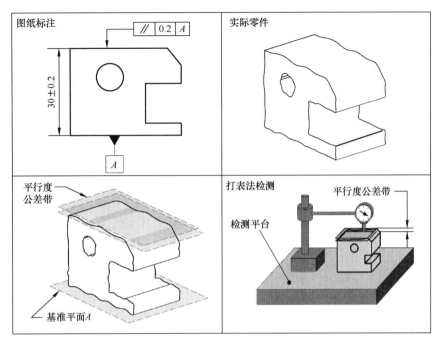

图 7-7 打表法检测平行度公差示例

（2）拟合：采用最大内切法（如果是轴，则采用最小外接法）拟合非关联实际包容配合圆柱面，从而获得孔的轴线。

（3）评估：包容轴线且与基准平面 A 平行的最小圆柱的直径就是平行度实测误差值。

（4）判定：将得到的实测误差值与图样上给出的公差值进行比较，判定被测要素对基准的平行度是否合格。

4．平行度公差最大实体要求的两种检测方法

平行度公差应用在尺寸要素，管控中心轴线或中心平面的方向误差，并且采用最大实体要求，如图 7-4 所示，可以采用基于轴线和表面两种方法检测。

基于轴线的检测要通过数字化测量设备（如三坐标测量机）实现，其测量过程和步骤如下。

1）基准的建立

（1）提取：按照一定的取点方案对基准要素 A 取点，获取基准要素 A。

（2）拟合：采用约束的最小二乘法（约束的 L2）对提取表面在实体外拟合一个理想相切平面，即基准平面 A。

2）被测要素的测量

（1）提取：按照一定的取点方案在被测要素实际孔表面取点，获取实际被测要素。

（2）拟合：采用最大内切法（如果是轴，则采用最小外接法）拟合非关联实际包容配合圆柱面，从而获得孔的轴线。

（3）评估：包容轴线且与基准平面 A 平行的最小圆柱的直径就是实测平行度误差值。

（4）计算：通过前面拟合出的圆柱的尺寸，与最大实体尺寸比较计算差值。差值就是平行度公差补偿值，然后加上图纸标注的平行度公差值，获得平行度公差总体允许值。

（5）判定：将得到的实测误差值与计算出的总体公差允许值进行比较，判定被测要素对基准的平行度是否合格。

基于表面的检测可以通过功能检具实现，其测量过程和步骤如下，检具法检测平行度公差示例如图 7-8 所示。

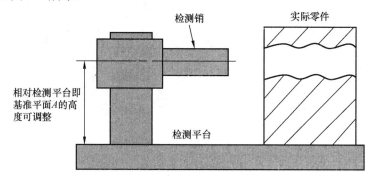

图 7-8　检具法检测平行度公差示例

（1）测大小：通过通止规测量孔的尺寸大小，确保尺寸不超差。

（2）计算：计算孔的实效边界尺寸，其值等于孔的最大实体尺寸即孔的最小直径，减去对应的平行度公差值，根据图纸标注计算出 VC=7.8−0.2。如果它是外尺寸要素如轴，其实效边界尺寸等于轴的最大实体尺寸加上对应的平行度公差值。

（3）设计：设计检测销的尺寸，其值等于实效边界的尺寸。检测销要与检具平台即基准平面 A 平行，与基准平面 A 不用保证位置要求，即相对基准平面 A 在高度方向是可以移动的。

（4）判定：只要检测销能够通过这个孔，就表示孔平行度是合格的。

7.1.6　平行度公差标注规范性检查流程

图 7-9 所示的平行度公差标注规范性检查流程图示例详细解释了平行度公差图纸标注规范性检查流程，这有助于工程师快速检查平行度公差常见的大部分图纸标注问题。流程图中的每个步骤需要检查的内容如下。

① 平行度公差是否带基准？不带基准的平行度公差是不符合标准规定的。

② 被管控的要素与基准是否平行？

③ 被管控要素是平面，还是尺寸要素（如孔或轴）？

④ 平行度公差值后面是否加了常见的修饰符号Ⓣ Ⓤ？

⑤ 平行度公差值前面是否加了修饰符号 Φ，公差值后面是否加了常见的修饰符号 Ⓜ Ⓛ Ⓟ Ⓤ？

⑥ 如果平行度公差管控平面，则其公差值是否小于标注在同一平面且带同基准的轮廓度公差或端面全跳动公差？如果平行度公差管控尺寸要素（如孔或轴），则其公差值是否小于标注在同一尺寸要素且带同基准的位置度公差？

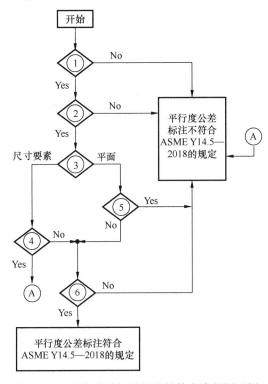

图 7-9 平行度公差标注规范性检查流程图示例

7.2 垂直度公差

垂直度公差可以用来管控表面、轴线、中心平面相对基准的垂直度波动范围。垂直度公差只能管控方向，不能管控位置，垂直度公差是三大方向公差之一，它具有如下几个特征。

（1）公差后面必须带基准。

（2）可以管控表面，也可以管控尺寸要素。

（3）可以管控方向和形状（当应用在表面时）。

（4）公差带可以是两个相互平行的平面（当垂直度公差管控整个表面时），或者两条相互平行的直线（当垂直度公差管控表面任意线素时），或者一个圆柱（当垂直度公差管控轴线且公差值前面有 Φ 时）。

7.2.1 垂直度公差的应用

1. 垂直度公差应用在表面

垂直度公差管控表面时，表面必须是平面，不能是曲面。标注时可以用指引线直接指在表面，指引线终端用箭头结束，或者标注在轮廓线的延长线上。垂直度公差管控表面标注示例如图7-10所示，图中两种标注表达效果一样。

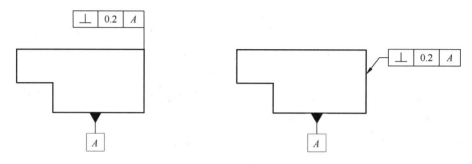

图7-10　垂直度公差管控表面标注示例

实际表面的所有点都必须在0.2的公差带内，垂直度公差带具有以下几个特征。

（1）大小：0.2（公差带宽度）。

（2）形状：两个相互平行的平面。

（3）方向：必须和基准垂直，如果有多个基准，则必须和第一基准垂直。

（4）位置：与基准无位置要求，公差带相对基准可以移动，即垂直度公差不管控相对基准的位置。

因为垂直度公差带把实际表面所有的点都包含在里面了，所以所有实际表面的凹凸变形即平面度误差是不会超过垂直度公差带的。垂直度公差管控表面解释示例如图7-11所示，公差带与基准平面垂直，实际被管控表面所有的点都包含在公差带里。

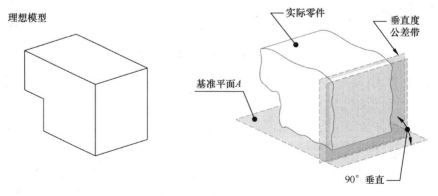

图7-11　垂直度公差管控表面解释示例

2. 垂直度公差管控尺寸要素（FOS）

垂直度公差可以管控孔、轴的轴线，槽的中心平面的方向误差，其图纸标注通常有两种：第一种是垂直度公差框格的指引线箭头和尺寸要素的尺寸线箭头对齐；第二种是垂直度公差框格放在尺寸要素的尺寸公差下面。这两种标注表达效果一样。垂直度公差管控轴线标注示例如图 7-12 所示。当垂直度公差应用在孔或轴上，管控轴线的方向时，其公差值前面一般加上直径符号 ϕ，表示公差带是圆柱形状，被测孔的轴线必须在公差带里。

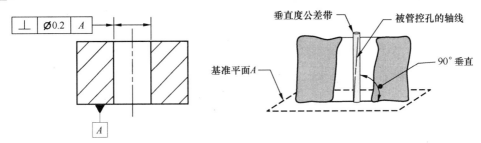

图 7-12 垂直度公差管控轴线标注示例

7.2.2 垂直度公差最大实体的应用

垂直度公差管控尺寸要素的轴线或中心平面时，可以采用最大实体要求，即在公差后面加上修饰符号Ⓜ，垂直度公差采用最大实体要求标注示例如图 7-13 所示，垂直度公差管控表面时不能采用最大实体要求。当采用最大实体要求时，零件所允许的垂直度公差不是一个固定值，它是随着零件实际尺寸的变化而改变的。当零件实际尺寸等于最大实体尺寸时，允许的垂直度公差等于图纸标注的值；当零件实际尺寸偏离最大实体尺寸时，其垂直度公差就要得到补偿，补偿值等于实际尺寸与图纸标注的最大实体尺寸的差值。（本段中的实际尺寸指的是被管控尺寸要素的非关联实际包容配合面尺寸。）

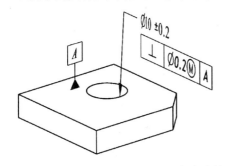

垂直度公差

尺寸	基本公差	公差补偿	总体公差	实效边界（VC）
9.8 (MMC)	0.2	0	0.2	9.6
10.0	0.2	0.2	0.4	
10.2 (LMC)	0.2	0.4	0.6	

图 7-13 垂直度公差采用最大实体要求标注示例

垂直度公差应用最大实体要求时，可以用表面和轴线两种解释。基于孔的表面解释是，孔的实际尺寸不超过所标注的尺寸极限，同时孔的实际表面的任意一个元素都不允许进入一个理论边界，即孔的实效状态边界。其形状是一个理想的圆柱，直径为 9.6，圆柱边界与基准平面 A 保持垂直。垂直度公差最大实体的解释示例如图 7-14 所示。

基于孔的轴线解释是，孔的实际尺寸不超过所标注的尺寸极限，孔的轴线都必须在相对应的圆柱公差带里，公差带与基准平面 A 保持垂直。公差带的大小取决于孔的非关联实际包容配合面的尺寸，如图 7-14 中表格所示。

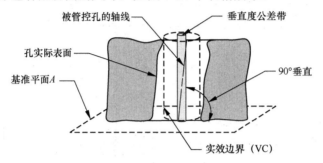

尺寸	公差带大小
9.8 (MMC)	0.2
10.0	0.4
10.2 (LMC)	0.6

图 7-14 垂直度公差最大实体的解释示例

当孔的垂直度公差采用最大实体要求时，其主要目的是保证装配功能。当轴线解释和表面解释不一致时，表面解释具有更高的优先级。如果孔的轴线超出了相应的公差带，则按照轴线解释孔不合格。但是只要孔的实际表面没有进入实效边界，这个孔还是可以用来装配的，按照表面解释孔是合格的。出现此类情况，表面解释具有优先级，产品应该判定合格。轴线解释对应的检测方法常用三坐标测量法，表面解释对应的检测方法常用功能检具法。

7.2.3 垂直度公差相切平面的应用

当垂直度公差想要管控实际表面的相切平面的方向时，可以在公差后面加上修饰符号Ⓣ。垂直度公差相切平面应用标注示例如图 7-15 所示。该公差后面加上Ⓣ后，公差带管控的对象是通过实际表面最高点与整个表面相切的平面，而不是管控整个表面的所有点，所以加上Ⓣ后，垂直度公差不再管控表面的平面度误差。

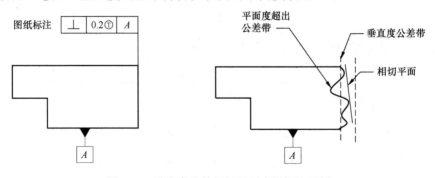

图 7-15 垂直度公差相切平面应用标注示例

7.2.4 垂直度公差常用的修饰符号

垂直度公差常用的修饰符号见表 7-3，每个修饰符号表达不同的功能要求，如最大实体主要应用在装配的地方，在垂直度公差后面加Ⓜ后，不但可以保证装配，还可以放大垂直度公差，垂直度公差后面加Ⓛ表示保证强度，同时放大垂直度公差。

表 7-3 垂直度公差常用的修饰符号

修饰符号	应 用	表 达 功 能
Ⓜ	尺寸要素	最大实体，公差补偿，保证装配
Ⓛ	尺寸要素	最小实体，公差补偿，保证强度
Ⓕ	表面或尺寸要素	自由状态检测
⟨ST⟩	表面或尺寸要素	统计公差，公差放宽，需要 SPC 管控
ϕ	圆柱的尺寸要素	公差带是圆柱形状
Ⓣ	表面	相切平面，保证配合面的方向
Ⓟ	尺寸要素	延伸公差带，保证螺纹孔装配，一般用在螺纹孔

7.2.5 垂直度公差的检测

1. 表面垂直度公差检测

垂直度公差默认采用定向最小区域法评定，定向最小区域是指公差带包容被测实际被测要素时，具有最小宽度（表面垂直度）或最小直径（孔、轴的轴线垂直度）的包容区域，包容区域与基准保持垂直。定向最小区域形状分别与各自的公差带形状一致，但宽度（或直径）的大小由被测实际要素本身决定。

表面垂直度公差检测一般按照如下步骤进行，图纸标注如图 7-10 所示，取点方案参照本书附录 A，拟合算法参照本书附录 B。

1）基准的建立

（1）提取：按照一定的取点方案对基准要素 A 取点，获取基准要素 A。

（2）拟合：采用约束的最小二乘法（约束的 L2）对提取表面在实体外拟合一个理想相切平面，即基准平面 A。

2）被测要素的测量

（1）提取：按照一定的取点方案在被测表面取点，获取实际被测表面。

（2）拟合：在满足与基准平面 A 垂直的约束下，采用最小区域法（切比雪夫法）对提取表面进行拟合，获得与基准平面 A 垂直的理想平面。

（3）评估：包容实际表面且与理想平面平行的两平面之间的距离就是垂直度误差值，即实际表面最高点（峰点）和最低点（谷点）与理想平面的距离之和。

（4）判定：将得到的实测误差值与图样上给出的公差值进行比较，判定被测要素对基准的垂直度是否合格。

2. 表面相切平面垂直度公差检测

垂直度公差应用在表面,并且公差后面加了修饰符号Ⓣ,表示垂直度公差管控的是被测表面的相切平面,而不是表面的所有点,图纸标注如图 7-15 所示。

1)基准的建立

(1)提取:按照一定的取点方案对基准要素 A 取点,获取基准要素 A。

(2)拟合:采用约束的最小二乘法(约束的 L2)对提取表面在实体外拟合一个理想相切平面,即基准平面 A。

2)被测要素的测量

(1)提取:按照一定的取点方案在被测要素表面取点,获取实际被测表面。

(2)拟合:采用外(贴)切法对被测表面拟合相切平面。

(3)评估:包容相切平面且与基准平面 A 垂直的两平面之间的距离就是垂直度误差值。

(4)判定:将得到的实测误差值与图样上给出的公差值进行比较,判定被测要素对基准的垂直度是否合格。

垂直度公差管控表面时(公差后面不加相切平面符号),被管控的实际表面所有的点都应该在垂直度公差带内,公差带要垂直基准平面 A。检测垂直度公差,除常用的数字化设备三坐标测量机按照定向最小区域法原理检测外,还可以采用常规的打表法检测。检测时把实际零件的基准平面 A 与检测工装面贴合,找出检测基准平面 A,工装平面与检测平台的角度为图纸的理论角度 90°,同时调整靠近基准的被测表面两点 A、B 处,使之与检测平台等高,然后用高度尺在实际表面取点,最高点和最低点之差就是实际垂直度公差。打表法检测垂直度公差示例如图 7-16 所示。

3. 中心轴线垂直度公差检测

垂直度公差应用在尺寸要素如孔和轴,垂直度公差管控的是中心轴线。图纸标注如图 7-12 所示,取点方案参照本书附录 A,拟合算法参照本书附录 B。

1)基准的建立

(1)提取:按照一定的取点方案对基准要素 A 取点,获取基准要素 A。

(2)拟合:采用约束的最小二乘法(约束的 L2)对提取表面在实体外拟合一个理想相切平面,即基准平面 A。

2)被测要素的测量

(1)提取:按照一定的取点方案在被测要素实际孔表面取点,获取实际被测要素。

(2)拟合:采用最大内切法(如果是轴,则采用最小外接法)拟合非关联实际包容配合圆柱面，从而获得孔的轴线。

（3）评估：包容轴线且与基准平面 A 垂直的最小圆柱的直径就是实测垂直度误差值。

（4）判定：将得到的实测误差值与图样上给出的公差值进行比较，判定被测要素对基准的垂直度是否合格。

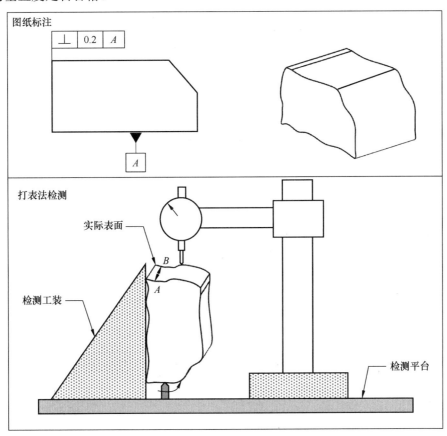

图 7-16　打表法检测垂直度公差示例

4．垂直度公差最大实体要求的两种检测方法

垂直度公差应用在尺寸要素，管控中心轴线或中心平面的方向误差，并且采用最大实体要求，图纸标注如图 7-13 所示，可以采用基于轴线和表面两种方法检测。

基于轴线的检测要通过数字化测量设备（如三坐标测量机）实现，其测量过程和步骤如下。

1）**基准的建立**

（1）提取：按照一定的取点方案对基准要素 A 取点，获取基准要素 A。

（2）拟合：采用约束的最小二乘法（约束的 L2）对提取表面在实体外拟合一个理想相切平面，即基准平面 A。

2）被测要素的测量

（1）提取：按照一定的取点方案在被测要素实际孔表面取点，获取实际被测要素。

（2）拟合：采用最大内切法（如果是轴，则采用最小外接法）拟合非关联实际包容配合圆柱面，从而获得孔的轴线。

（3）评估：包容轴线且与基准平面 A 垂直的最小圆柱的直径就是实测垂直度误差值。

（4）计算：通过前面拟合出的圆柱的尺寸，与最大实体尺寸比较计算差值。差值就是垂直度公差补偿值，然后加上图纸标注的垂直度公差值，获得垂直度公差总体允许值。

（5）判定：将得到的实测误差值与计算出的总体公差允许值进行比较，判定被测要素对基准的垂直度是否合格。

基于表面的检测可以通过功能检具实现，其测量过程和步骤如下，检具法检测垂直度公差示例如图 7-17 所示。

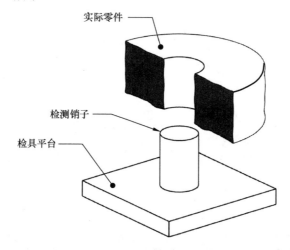

图 7-17　检具法检测垂直度公差示例

（1）测大小：通过通止规测量孔的尺寸大小，确保尺寸不超差。

（2）计算：计算孔的实效边界尺寸，其值等于孔的最大实体尺寸即孔的最小直径，减去对应的垂直度公差值，根据图纸标注计算出 VC=9.8-0.2。如果是外尺寸要素如轴，其实效边界尺寸等于轴的最大实体尺寸加上对应的垂直度公差值。

（3）设计：设计检测销的尺寸，其值等于实效边界的尺寸。检测销要与检具平台即基准平面 A 垂直。

（4）判定：只要检测销能够通过这个孔，且实际零件的基准表面和检具平台能够贴合，就表示孔垂直度是合格的。

7.2.6　垂直度公差标注规范性检查流程

图 7-18 所示的垂直度公差标注规范性检查流程图示例详细解释了垂直度公差图纸

标注规范性检查流程,这有助于工程师快速检查垂直度公差常见的大部分图纸标注问题。流程图中的每个步骤需要检查的内容如下。

① 垂直度公差是否带基准?不带基准的垂直度公差是不符合标准规定的。

② 被管控的要素与基准的理论角度是否是 90°?

③ 被管控要素是平面,还是尺寸要素(如孔或轴)?

④ 垂直度公差值后面是否加了常见的修饰符号 ⓉⓊ?

⑤ 垂直度公差值前面是否加了修饰符号 φ,公差值后面是否加了常见的修饰符号 ⓂⓁⓅⓊ?

⑥ 如果垂直度公差管控平面,则其公差值是否小于标注在同一平面且带同基准的轮廓度公差或端面全跳动公差?如果垂直度公差管控尺寸要素(如孔或轴),则其公差值是否小于标注在同一尺寸要素且带同基准的位置度公差?

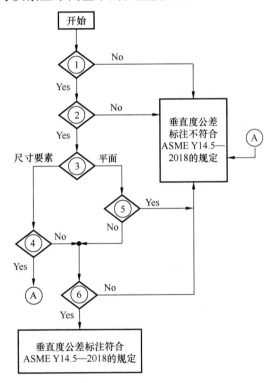

图 7-18 垂直度公差标注规范性检查流程图示例

7.3 倾斜度公差

倾斜度公差可以用来管控表面、轴线、中心平面相对基准的倾斜度波动范围。倾斜度公差只能管控方向,不能管控位置,倾斜度公差是三大方向公差之一,它具有如下几个特征。

（1）公差后面必须带基准。
（2）可以管控表面，也可以管控尺寸要素。
（3）可以管控方向和形状（当应用在表面时）。
（4）公差带可以是两个相互平行的平面（当倾斜度公差管控整个表面时），或者两条相互平行的直线（当倾斜度公差管控表面任意线素时），或者一个圆柱（当倾斜度公差管控轴线且公差值前面有φ时）。

7.3.1 倾斜度公差的应用

1. 倾斜度公差应用在表面

倾斜度公差管控表面时，表面必须是平面，不能是曲面。标注时可以用指引线直接指在表面，指引线终端用箭头结束，或者标注在轮廓线的延长线上。倾斜度公差管控表面标注示例如图 7-19 所示，图中两种标注表达效果一样。

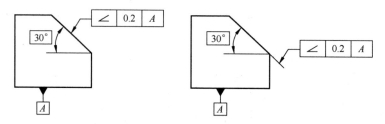

图 7-19 倾斜度公差管控表面标注示例

实际表面的所有点都必须在 0.2 的公差带里，倾斜度公差带具有以下几个特征。
（1）大小：0.2（公差带宽度）。
（2）形状：两个相互平行的平面。
（3）方向：必须和基准保持固定的理论角度，如果有多个基准，则必须和第一基准保持固定的理论角度。
（4）位置：与基准无位置要求，公差带相对基准可以移动，即倾斜度公差不管控相对基准的位置。

因为倾斜度公差带把实际表面所有的点都包含在里面，所有实际表面的凹凸变形即平面度误差是不会超过倾斜度公差带的。倾斜度公差管控表面解释示例如图 7-20 所示，公差带与基准平面 A 保持固定的理论角度，实际表面所有的点不能超出公差带。

2. 倾斜度公差管控尺寸要素（FOS）

倾斜度公差可以管控孔、轴的轴线，槽的中心平面的方向误差，其图纸标注通常有两种：第一种是倾斜度公差框格的指引线箭头和尺寸要素的尺寸线箭头对齐；第二种是倾斜度公差框格放在尺寸要素的尺寸公差下面。这两种标注表达效果一样。倾斜度公差管控轴线标注示例如图 7-21 所示，公差管控的指引线与尺寸线箭头对齐。当倾斜度公差应用在孔或轴上，管控轴线的方向时，其公差前面一般加上直径符号 ϕ，表示公差带是圆柱形状，被测孔的轴线必须在公差带内。

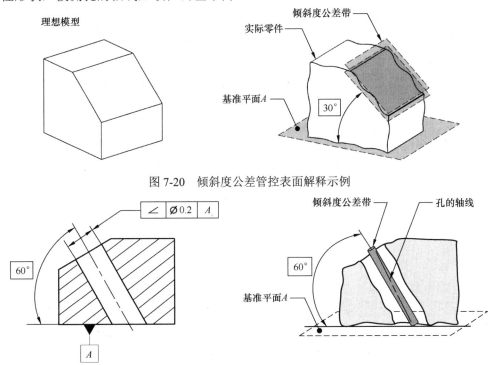

图 7-20 倾斜度公差管控表面解释示例

图 7-21 倾斜度公差管控轴线标注示例

7.3.2 倾斜度公差最大实体的应用

倾斜度公差管控尺寸要素的轴线或中心平面时，可以采用最大实体要求，即在公差后面加上修饰符号Ⓜ，倾斜度公差采用最大实体要求标注示例如图 7-22 所示，倾斜度公差管控表面时不能采用最大实体要求。当采用最大实体要求时，零件所允许的倾斜度公差不是一个固定值，它是随着零件实际尺寸的变化而改变的。当零件实际尺寸等于最大实体尺寸时，允许的倾斜度公差等于图纸标注的值；当零件实际尺寸偏离最大实体尺寸时，其倾斜度公差就要得到补偿，补偿值等于实际尺寸与图纸标注的最大实体尺寸的差值。（本段中的实际尺寸指的是被管控尺寸要素的非关联实际包容配合面尺寸。）

倾斜度公差应用最大实体要求时，可以用表面和轴线两种解释。基于孔的表面解释是，孔的实际尺寸不超过所标注的尺寸极限，同时孔的实际表面的任意一个元素都不允许进入一个理论边界（实效状态边界）里。基于孔的轴线解释是，孔的实际尺寸不超过所标注的尺寸极限，孔的轴线都必须在相对应的公差带里。当孔的倾斜度公差采用最大实体要求时，主要保证的是装配功能。所以当轴线解释和表面解释不一致时，表面解释具有更高的优先级别。

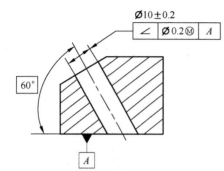

图 7-22 倾斜度公差采用最大实体要求标注示例

尺寸	基本公差	公差补偿	总体公差	实效边界(VC)
9.8 (MMC)	0.2	0	0.2	
10.0	0.2	0.2	0.4	9.6
10.2 (LMC)	0.2	0.4	0.6	

倾斜度公差

7.3.3 倾斜度公差相切平面的应用

当倾斜度公差想要管控实际表面的相切平面的方向时，可以在公差后面加上修饰符号Ⓣ。倾斜度公差相切平面标注应用示例如图 7-23 所示。该公差后面加上Ⓣ后，公差带要管控的对象是通过实际表面最高点与整个表面相切的平面，而不是管控整个表面的所有点，所以加上Ⓣ后，倾斜度公差不再管控表面的平面度误差。

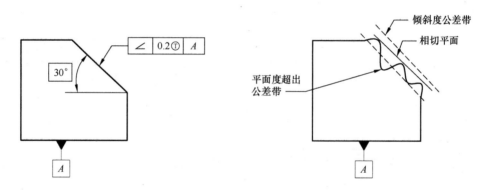

图 7-23 倾斜度公差相切平面应用标注示例

7.3.4 倾斜度公差常用的修饰符号

倾斜度公差常用的修饰符号见表 7-4，每个修饰符号表达不同的功能要求，如最大实体主要应用在装配的地方，在倾斜度公差后面加Ⓜ后，不但可以保证装配，还可以放大公差，公差后面加Ⓛ表示保证强度，同时放大倾斜度公差。

表 7-4 倾斜度公差常用的修饰符号

修饰符号	应 用	表 达 功 能
Ⓜ	尺寸要素	最大实体，公差补偿，保证装配
Ⓛ	尺寸要素	最小实体，公差补偿，保证强度
Ⓕ	表面或尺寸要素	自由状态检测

(续表)

修饰符号	应 用	表 达 功 能
⟨ST⟩	表面或尺寸要素	统计公差,公差放宽,需要SPC管控
Φ	圆柱的尺寸要素	公差带是圆柱形状
ⓣ	表面	相切平面,保证配合面的方向
ⓟ	尺寸要素	延伸公差带,保证装配

7.3.5 倾斜度公差的检测

1. 表面倾斜度公差检测

倾斜度公差默认采用定向最小区域法评定,定向最小区域是指公差带包容被测实际要素时,具有最小宽度(表面倾斜度)或最小直径(孔、轴的轴线倾斜度)的包容区域,包容区域与基准平面保持固定的理论角度。定向最小区域形状分别与各自的公差带形状一致,但宽度(或直径)的大小由被测实际要素本身决定。

表面倾斜度公差检测一般按照如下步骤进行,图纸标注如图7-19所示。

1)基准的建立

(1)提取:按照一定的取点方案对基准要素A取点,获取基准要素A。

(2)拟合:采用约束的最小二乘法(约束的L2)对提取表面在实体外拟合一个理想相切平面,即基准平面A。

2)被测要素的测量

(1)提取:按照一定的取点方案在被测表面取点,获取实际被测表面。

(2)拟合:在满足与基准平面A理论角度方向的约束下,采用最小区域法(切比雪夫法)对提取表面进行拟合,获得与基准平面A成理论角度方向的理想平面。

(3)评估:包容实际表面且与理想平面平行的两平面之间的距离就是实测倾斜度误差值,即实际表面最高点(峰点)和最低点(谷点)与理想平面的距离之和。

(4)判定:将得到的实测误差值与图样上给出的公差值进行比较,判定被测要素对基准的倾斜度是否合格。

2. 表面相切平面倾斜度公差检测

倾斜度公差应用在表面,并且公差后面加了修饰符号ⓣ,表示倾斜度公差管控的是被测表面的相切平面,而不是表面的所有点,图纸标注如图7-23所示。

1)基准的建立

(1)提取:按照一定的取点方案对基准要素A取点,获取基准要素A。

(2)拟合:采用约束的最小二乘法(约束的L2)对提取表面在实体外拟合一个理想相切平面,即基准平面A。

2）被测要素的测量

（1）提取：按照一定的取点方案在被测要素表面取点，获取实际被测表面。

（2）拟合：采用外（贴）切法对被测表面拟合相切平面。

（3）评估：包容相切平面且与基准平面 A 为理论角度的两平面之间的距离就是实测倾斜度误差值。

（4）判定：将得到的实测误差值与图样上给出的公差值进行比较，判定被测要素对基准的倾斜度是否合格。

倾斜度公差管控表面时（公差后面不加相切平面符号），被管控的实际表面所有的点都应该在倾斜度公差带内，公差带要与基准平面 A 保持理论角度。检测倾斜度公差，除常用的数字化设备三坐标测量机按照定向最小区域法原理检测外，还可以采用常规的打表法检测。检测时把实际零件的基准平面 A 与检测工装面贴合，找出检测基准平面 A，工装平面与检测平台的角度为图纸的理论角度 30°，然后用高度尺在实际表面取点，最高点和最低点之差就是实际倾斜度公差值。打表法检测倾斜度公差示例如图 7-24 所示。

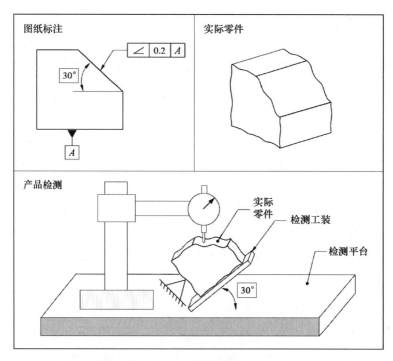

图 7-24　打表法检测倾斜度公差示例

3．中心轴线倾斜度公差检测

倾斜度公差应用在尺寸要素如孔和轴，倾斜度公差管控的是中心轴线。图纸标注如图 7-21 所示，取点方案参照本书附录 A，拟合算法参照本书附录 B。

1）基准的建立

（1）提取：按照一定的取点方案对基准要素 A 取点，获取基准要素 A。

（2）拟合：采用约束的最小二乘法（约束的 L2）对提取表面在实体外拟合一个理想相切平面，即基准平面 A。

2）被测要素的测量

（1）提取：按照一定的取点方案在被测要素实际孔表面取点，获取实际被测要素。

（2）拟合：采用最大内切法（如果是轴，则采用最小外接法）拟合非关联实际包容配合圆柱面，从而获得孔的轴线。

（3）评估：包容轴线且与基准平面 A 保持图纸的理论角度最小圆柱的直径就是实测倾斜度误差值。

（4）判定：将得到的实测误差值与图样上给出的公差值进行比较，判定被测要素对基准的倾斜度是否合格。

4．倾斜度公差最大实体要求的两种检测方法

倾斜度公差应用在尺寸要素，管控中心轴线或中心平面的方向误差，并且采用最大实体要求，图纸标注如图 7-22 所示，可以采用基于轴线和表面两种方法检测。

基于轴线的检测要通过数字化测量设备（如三坐标测量机）实现，其测量过程和步骤如下。

1）基准的建立

（1）提取：按照一定的取点方案对基准要素 A 取点，获取基准要素 A。

（2）拟合：采用约束的最小二乘法（约束的 L2）对提取表面在实体外拟合一个理想相切平面，即基准平面 A。

2）被测要素的测量

（1）提取：按照一定的取点方案在被测要素实际孔表面取点，获取实际被测要素。

（2）拟合：采用最大内切法（如果是轴，则采用最小外接法）拟合非关联实际包容配合圆柱面，从而获得孔的轴线。

（3）评估：包容轴线且与基准平面 A 保持图纸理论角度的最小圆柱的直径就是实测倾斜度误差值。

（4）计算：通过前面拟合出的圆柱的尺寸，与最大实体尺寸比较计算差值。差值就是倾斜度公差补偿值，然后加上图纸标注的倾斜度公差值，获得倾斜度公差总体允许值。

（5）判定：将得到的实测误差值与计算出的总体公差允许值进行比较，判定被测要素对基准的倾斜度是否合格。

基于表面的检测可以通过功能检具实现，其测量过程和步骤如下，检具法检测倾斜度公差示例如图 7-25 所示。

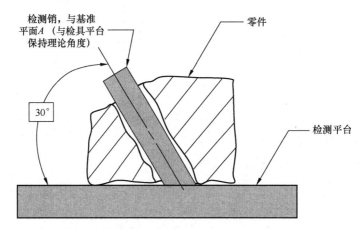

图 7-25　检具法检测倾斜度公差示例

（1）测大小：通过通止规测量孔的尺寸大小，确保尺寸不超差。

（2）计算：计算孔的实效边界尺寸，其值等于孔的最大实体尺寸即孔的最小直径，减去对应的倾斜度公差值，根据图纸标注计算出 VC=9.8-0.2。如果是外尺寸要素如轴，其实效边界尺寸等于轴的最大实体尺寸加上对应的倾斜度公差值。

（3）设计：设计检测销的尺寸，其值等于实效边界的尺寸。检测销要与检具平台即基准平面 A 保持图纸的理论角度。

（4）判定：只要检测销能够通过这个孔，且实际零件的基准表面和检具平台能够贴合，就表示孔倾斜度是合格的。

7.3.6　倾斜度公差标注规范性检查流程

图 7-26 所示的倾斜度公差标注规范性检查流程图示例详细解释了倾斜度公差图纸标注规范性检查流程，这有助于工程师快速检查倾斜度公差常见的大部分图纸标注问题。流程图中的每个步骤需要检查的内容如下。

① 倾斜度公差是否带基准？不带基准的倾斜度公差是不符合标准规定的。

② 被管控的要素与基准之间的角度是否标注为理论角度？

③ 被管控要素是平面，还是尺寸要素（如孔或轴）？

④ 倾斜度公差值后面是否加了常见的修饰符号 ⓣⓤ？

⑤ 倾斜度公差值前面是否加了修饰符号 ∅，公差值后面是否加了常见的修饰符号 ⓜⓛⓟⓤ？

⑥ 如果倾斜度公差管控平面，则其公差值是否小于标注在同一平面且带相同基准的轮廓度公差或端面全跳动公差？如果倾斜度公差管控尺寸要素（如孔或轴），则其公差值是否小于标注在同一尺寸要素且带同基准的位置度公差？

《《《 第7章 方向公差的理解与应用

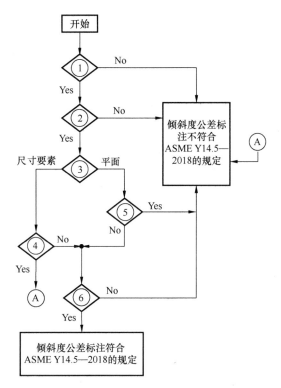

图7-26 倾斜度公差标注规范性检查流程图示例

本 章 习 题

一、判断题

1．垂直度公差带可以是一个圆柱，两个相互平行的平面。（　）
2．垂直度公差管控表面，可以在公差前面加 ϕ。（　）
3．垂直度公差管控表面可以采用最大实体要求。（　）
4．垂直度公差管控中心轴线或中心平面的方向，可以采用最大实体要求。（　）
5．垂直度公差管控表面时，可以管控表面的形状误差。（　）
6．垂直度公差管控中心要素的方向时，可以管控中心要素的形状误差。（　）
7．垂直度公差后加上Ⓣ后，同样管控表面的平面度误差。（　）
8．平行度公差标注在表面时，可以管控表面的位置和方向。（　）
9．平行度公差管控表面时，公差带是两个相互平行的平面。（　）
10．倾斜度公差应用在表面，不管控表面的形状误差。（　）
11．垂直度公差标注在多个圆柱孔上，可以不带基准。（　）
12．垂直度公差标注在圆柱孔上，且采用最大实体要求，公差可以补偿放大。（　）

二、选择题

1. 对于方向公差，下面描述正确的是（　　）。

A．平行度公差只能管控表面要素

B．平行度公差不能采用最大实体要求Ⓜ

C．垂直度公差只能管控尺寸要素的方向

D．平行度、垂直度和倾斜度公差可以管控表面要素，也可以管控尺寸要素的方向

2. 对于平行度公差，下面描述错误的是（　　）。

A．平行度公差可以采用修饰符号Ⓤ　　B．平行度公差可以采用修饰符号Ⓜ

C．平行度公差可以采用修饰符号Ⓛ　　D．平行度公差可以采用修饰符号Ⓟ

3. 对于方向公差，下面描述正确的是（　　）。

A．方向公差只能管控曲面的方向

B．方向公差既可以管控曲面，也可以管控平面的方向

C．方向公差管控表面要素，表面要素只能是平面

D．方向公差不管控平面的平面度误差

4. 垂直度公差带在（　　）时是圆柱形状。

A．公差后面加上修饰符号Ⓜ　　B．公差后面加上修饰符号Ⓟ

C．公差前面加上修饰符号 ϕ　　D．公差后面加上修饰符号Ⓛ

5. 平行度公差加上修饰符号Ⓣ，下面描述正确的是（　　）。

A．平行度公差管控平面度误差　　B．平行度公差有补偿

C．平行度公差不管控平面度误差　　D．以上答案都不对

6. 垂直度公差应用在尺寸要素，并且采用 RFS 原则时，下面描述正确的是（　　）。

A．可以产生一个实效边界　　B．公差是可以补偿的

C．公差是一个固定值　　D．以上答案都对

7. 在图 7-27 中，标注不符合标准规范的是（　　）。

A．①和③　　B．②和③　　C．③和④　　D．④和①

8. 在图 7-27 中，标记为④的垂直度公差最大允许值是（　　）。

A．0.1　　B．0.2　　C．0.3　　D．0.5

9. 在图 7-27 中，标记为④的垂直度公差检测，检具销子的尺寸是（　　）。

A．9.8　　B．9.7　　C．10.1　　D．10.0

10. 在图 7-27 中，标记为②的平行度公差，下列描述正确的是（　　）。

A．表面最大平面度误差不超过 0.1　　B．表面最大平面度误差不超过 0.05

C．平行度公差可以补偿　　D．不管控表面的平面度误差

11. 在图 7-27 中，标记为④的垂直度公差，下列描述正确的是（　　）。

A．垂直度公差管控两个孔之间的距离是 30±0.1

B．垂直度公差管控两个孔之间的距离是 30±0.2
C．垂直度公差管控两个孔之间的距离是 30±0.05
D．垂直度公差不管控两个孔之间的距离公差

12．在图 7-27 中，标记为③的垂直度公差，下列描述正确的是（   ）。

A．垂直度公差前应该加直径修饰符号 ϕ
B．垂直度公差不应该带基准平面 A
C．垂直度公差不应该加修饰符号 Ⓜ
D．以上答案都不对

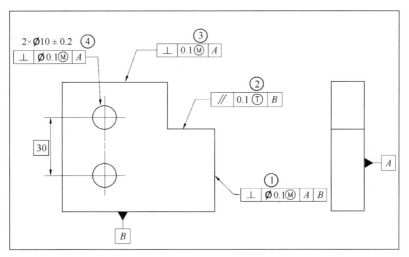

图 7-27　方向公差标注示例

三、应用题

方向公差综合应用示例如图 7-28 所示。

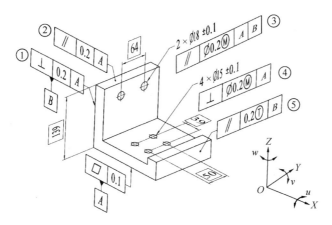

图 7-28　方向公差综合应用示例

1. 在图 7-28 中，标记为①的垂直度公差的公差带是什么形状？是否管控表面的平面度误差？基准平面 A 约束公差带哪几个自由度？

2. 在图 7-28 中，模型中理论尺寸 139 的公差是否是±0.1（被平行度公差管控）？基准平面 A 约束标记为②的平行度公差带哪几个自由度？

3. 在图 7-28 中，标记为③的平行度公差带的形状是什么？其最大尺寸是多大？

4. 在图 7-28 中，检具测量标记为④的垂直度公差，检测销的尺寸是多大？

5. 在图 7-28 中，标记为⑤的平行度公差是否管控表面的平面度误差？为什么？

第 8 章

位置度公差的理解与应用

位置度公差可以应用在下面的图纸要求中。
（1）管控尺寸要素（如孔、轴、槽、凸台等）中心之间的距离，即相互位置关系。
（2）管控单个尺寸要素或成组（多个）尺寸要素相对基准的位置关系。
（3）管控尺寸要素的同轴关系。
（4）管控尺寸要素的对称关系。

位置度公差类型见表 8-1，位置度公差根据实际图纸需要可以带基准，也可以不带基准。位置度公差不带基准表示管控的是尺寸要素之间的相互位置关系，位置度公差带基准表示管控的是尺寸要素相对基准的位置和方向关系，同时也会管控尺寸要素之间的相互位置关系。

表 8-1 位置度公差类型

公差类型	公差名称	符 号	基 准
位置度公差	位置度	⊕	有或无基准

8.1 位置度公差的理解

1. 理论位置

在图纸上用理论尺寸确定尺寸要素，如孔、轴、槽、凸台、球相对基准要素或相互之间的一种理论状态的位置，理论位置标注示例如图 8-1 所示。

2. 位置度公差

位置度公差是用来管控由尺寸要素拟合的中心点、中心轴线、中心平面相对理论位置的偏移量，位置度公差具有以下几个特点。
（1）可以带基准也可以不带基准。
（2）只能应用在尺寸要素上。
（3）管控位置的同时还要管控方向。
（4）公差带可以是一个圆柱、两个相互平行的平面，或者是球。

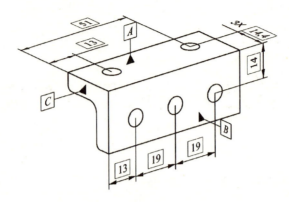

图 8-1 理论位置标注示例

8.1.1 位置度公差的定义及其计算

位置度标注及解释示例（一）如图 8-2 所示，位置度应用在孔上，30 理论正确尺寸确定孔相对基准平面 B、C 的理论位置。位置度公差 0.4 前面带了直径符号 ϕ，表示其公差带是一个圆柱，公差带相对基准平面 B、C 保持理论距离，并且和基准平面 A 垂直，被管控的孔的轴线（非关联实际包容配合面的中心轴线）必须在公差带里。实际孔加工后相对理论位置左右最多偏移 0.2，上下最多偏移 0.2，但不能同时左右和上下偏移 0.2。

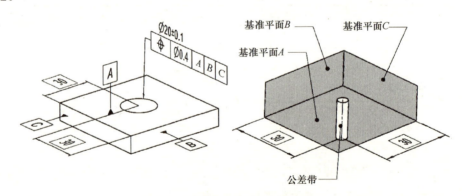

图 8-2 位置度标注及解释示例（一）

位置度公差轴线解释原理是，无论实际孔相对理论位置是偏移还是倾斜，孔的非关联实际包容配合面的轴线即孔的轴线必须在位置度公差带里。位置度标注及解释示例（二）如图 8-3 所示，图中给出了三种基于轴线解释的情况。

第一种情况是孔的非关联实际包容配合面的轴线在位置度公差带里，且在理论位置，孔的位置度公差合格。

第二种情况是孔的非关联实际包容配合面的轴线相对理论位置向左有一个偏差，虽然在极限位置，但还是在位置度公差带里。孔的位置度公差合格。

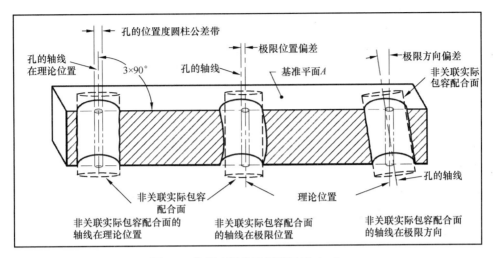

图 8-3 位置度标注及解释示例（二）

第三种情况是孔的非关联实际包容配合面的轴线倾斜了，即对孔对基准平面 A 的垂直度不好，但只要孔的轴线在公差带里，位置度公差还是合格的。从这里有也可以看出位置度公差同时管控方向误差。

基于图 8-2 中标注的产品加工后孔的实际位置误差测量，一般按照下面的步骤执行。位置度公差测量与计算示例如图 8-4 所示。

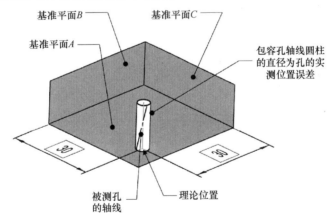

图 8-4 位置度公差测量与计算示例

首先由位置度公差框格中的基准平面 A、B、C 建立基准参照系，即坐标系。

然后在被测要素孔上取点拟合出被测要素孔的非关联实际包容配合面的轴线。

最后在由基准建立的坐标系的约束下，以理论正确尺寸确定的位置为中心，采用最小区域法获得包容孔的非关联实际包容配合面的轴线的最小圆柱。最小圆柱的直径即为实测位置误差。

另外，由于位置度公差带要垂直于基准平面 A，所以即使被测孔对基准平面 A 倾斜即垂直度不好,也因为孔的轴线不能超出位置度公差带,因此图 8-2 中孔对基准平面 A 的垂直度误差最大也不能超过位置度公差 0.4,即该图中的位置度公差管控了孔对基准平面 A 的垂直度误差。

8.1.2 位置度公差图纸标注的三种表达方式

根据产品的设计功能需求,位置度公差图纸标注有三种图纸表达方式,根据具体的设计要求,工程师选择下面任意一种作为位置度公差图纸标注方式。

(1)与要素尺寸无关(Regardless of Feature Size,RFS)原则,其主要目的是保证位置度公差允许值固定不变,从而保证了位置精度控制要求。

(2)最大实体要求,可以保证产品装配功能要求,同时放大位置度公差允许值,降低产品的加工成本。

(3)最小实体要求,可以保证产品强度(如最小壁厚)功能要求,同时放大位置度公差允许值,降低产品的加工成本。

以上三种位置度公差图纸标注的表达方式详细介绍如下。

8.1.3 位置度公差与要素尺寸无关原则

与要素尺寸无关原则,也就是在位置度公差后面没有修饰符号Ⓜ和Ⓛ,在图 8-2 所示的图纸标注中,位置度公差 0.4 后面没有任何修饰符号,表示孔的位置度公差允许值与孔的实际尺寸是无关的,无论孔的实际尺寸大小是多少,孔允许的位置度公差始终是 0.4,与要素尺寸无关原则的位置度公差标注示例如图 8-5 所示,图中解释了位置度公差允许值与孔的实际尺寸大小之间的关系。从图中可以看出,孔的实际尺寸从最大实体尺寸 19.9 变化到最小实体尺寸 20.1,孔的位置度公差允许值始终是 0.4 不改变。(本段中孔的实际尺寸指的是被管控孔的非关联实际包容配合面尺寸。)

尺寸	位置度公差
19.9 (MMC)	0.4
20.0	0.4
20.1 (LMC)	0.4

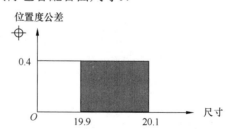

图 8-5 与要素尺寸无关原则的位置度公差标注示例

8.1.4 位置度公差最大实体要求

位置度公差最大实体要求标注示例如图 8-6 所示,在位置度公差后面加上修饰符号

Ⓜ，表示位置度公差采用最大实体要求。因为最大实体要求主要的功能是保证装配，所以加上修饰符号Ⓜ后，图纸表示孔是用来装配的。另外，采用最大实体要求的主要目的还是为了放大允许的位置度公差，降低制造成本，提高产品的合格率。采用最大实体要求后孔的允许位置度公差不是一个固定值，它是随着孔的实际尺寸的变化而改变的。当孔的实际尺寸等于最大实体尺寸时，允许的位置度公差等于图纸标注的值，没有公差补偿值；当孔的实际尺寸偏离最大实体尺寸时，其位置度公差就要得到补偿，补偿值等于孔的实际尺寸与图纸标注的最大实体尺寸的差值。（本段中孔的实际尺寸指的是被管控孔的非关联实际包容配合面尺寸。）

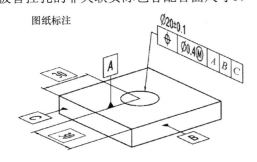

尺寸	基本公差	公差补偿	总体公差	实效边界(VC)
19.9 (MMC)	0.4	0	0.4	
20.0	0.4	0.1	0.5	19.5
20.1 (LMC)	0.4	0.2	0.6	

图 8-6　位置度公差最大实体要求标注示例

位置度公差应用最大实体要求时，可以用表面和轴线位置两种解释：基于孔的表面解释是，孔的实际尺寸不超过所标注的尺寸极限，同时孔表面的任意一个元素都不允许进入一个理论边界里，即实效状态边界；基于孔的轴线解释是，孔的实际尺寸不超过所标注的尺寸极限，孔的非关联实际包容配合面的轴线（实际孔的轴线）必须在相对应的位置度公差带里。当孔的位置度公差采用最大实体要求时，主要保证的是装配功能。所以当轴线解释和表面解释不一致时，表面解释具有更高的优先级。位置度公差最大实体的两种解释示例如图 8-7 所示，孔的非关联实际包容配合面的轴线（实际孔的轴线）已经超出了相应的位置度公差带，按照轴线解释，产品不合格。但孔的实际表面没有突破自己的实效边界，产品还是可以装配的。在这种情况下，表面解释具有优先级别，如果按照轴线解释去评判，就有可能把能满足装配功能的产品漏掉，造成了资源的浪费，提高了成本。轴线解释对应的检测方法常用三坐标测量法，表面解释对应的检测方法常用功能检具法。

最大实体要求除可以用在孔上外，也可以用在轴上，在轴的位置度公差加上最大实体修饰符号Ⓜ后，图纸表达意思表示轴是用来装配的。另外，采用最大实体要求的主要目的还是为了放大轴允许的位置度公差，降低制造成本，提高产品的合格率。采用最大实体要求后轴的允许位置度公差不是一个固定值，它是随着轴实际尺寸的变化而改变的。当零件的实际尺寸等于最大实体尺寸时，允许的位置度公差等于图纸标注的值，没有公差补偿值；当零件的实际尺寸偏离最大实体尺寸时，其位置度公差就要得到补偿，补偿值等于零件的实际尺寸和图纸标注的最大实体尺寸的差值,轴位置度公差最大实体要求标注示例如图 8-8 所示,其位置度公差值与零件实际尺寸的关系可见图 8-8 中的表格。(本段中轴的实际尺寸指的是被管控轴的非关联实际包容配合面尺寸。)

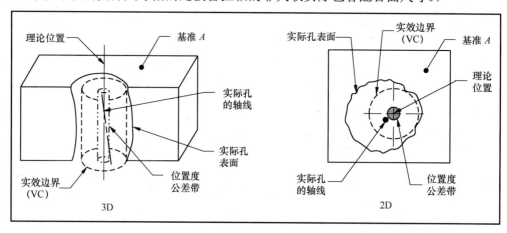

图 8-7　位置度差最大实体的两种解释示例

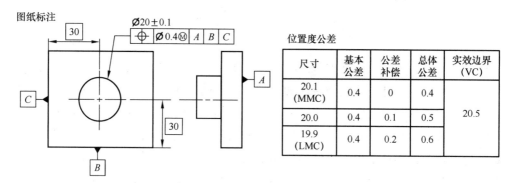

图 8-8　轴位置度公差最大实体要求标注示例

8.1.5　位置度公差最小实体要求

在位置度公差后面加上修饰符号Ⓛ,表示位置度公差采用最小实体要求。因为最小实体要求主要的功能是保证强度、最小壁厚和材料,所以加上修饰符号Ⓛ后,图纸表示孔的强度比较重要。另外,采用最小实体要求的主要目的还是为了放大允许的位置度公差,降低制造成本,提高产品的合格率,同时保证强度。采用最小实体要求后孔的允许位置度公差不是一个固定值,它是随着孔的实际尺寸的变化而改变的。当孔的实际尺寸等于最小实体尺寸时,允许的位置度公差等于图纸标注的值,公差没有补偿值;当孔的实际尺寸偏离最小实体尺寸时,其位置度公差就要得到补偿,补偿值等于实际尺寸与图纸中最小实体尺寸的差值,位置度公差最小实体要求标注示例如图 8-9 所示,其位置度公差与零件实际尺寸的关系可见图 8-9 中的表格。(本段中孔的实际尺寸指的是孔的非关联实际最小实体包容面尺寸，而不是局部两点尺寸。）

由图 8-9 中的表格可知，孔有一个直径尺寸固定为 20.5 的实效边界，实际孔的表面不会进入实效边界内，从而保证了孔与基准 B 之间的最小壁厚是一个固定值，其大小等于孔心到基准 B 的理论尺寸 30，减去孔的实效边界尺寸的一半。

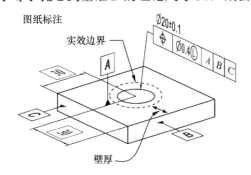

尺寸	基本公差	公差补偿	总体公差	实效边界(VC)
20.1 （LMC）	0.4	0	0.4	
20.0	0.4	0.1	0.5	20.5
19.9 （MMC）	0.4	0.2	0.6	

图 8-9 位置度最小实体要求标注示例

8.1.6 位置度公差图纸标注思路与流程案例

位置度公差图纸标注思路与流程如下。

第一步，功能的分析

当在对一个零件标注位置度公差之前，首先对零件的功能要求进行详细分析。零件位置度公差标注案例之功能分析如图 8-10 所示，零件功能描述如下。

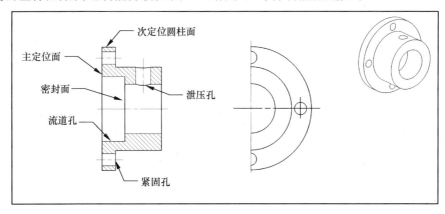

图 8-10 零件位置度公差标注案例之功能分析

（1）左边大平面是主定位面，短圆柱面是次定位面。由此可知大平面是图纸标注的第一基准，短圆柱面是第二基准。

（2）主定位面上有 4 个通孔是紧固孔，对应的螺栓规格是 M8。由此可知 4 个紧固孔的功能是保证螺栓装配紧固，孔的位置度公差应该采用最大实体要求。

（3）流道孔与次定位圆柱面的同轴度误差要求在 0.2 范围内。由此可知流道孔的位置精度要求较高，位置度公差应该采用与要素尺寸无关原则。

（4）泄压孔与密封面之间的最小壁厚有要求，由此可知泄压孔的位置度公差应该采用最小实体要求。

第二步，基准的标注与管控

零件的功能分析完成后，开始标注基准并对基准进行相应的管控。因为左边大平面是主定位，标注为第一基准 A，并标注平面度公差管控。短圆柱面是次定位，标注为第二基准 B，并标注垂直度公差管控相对第一基准 A 的方向误差，同时标注尺寸公差管控圆柱的尺寸大小。零件位置度公差标注案例之基准标注与管控如图 8-11 所示。

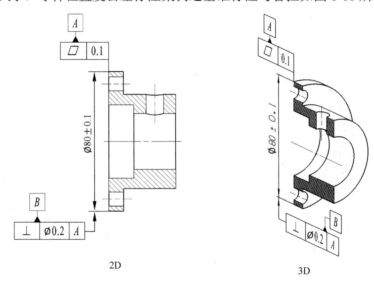

图 8-11 零件位置度公差标注案例之基准标注与管控

第三步，功能要素的管控

通过基准去约束各个功能要素的几何公差带，并结合各个要素不同的功能要求，采用不同的材料状态修饰符号。

流道孔的位置精度要求较高，位置度公差采用与要素尺寸无关原则标注，其位置度公差允许值不会随着流道孔的尺寸大小而改变，固定为 0.2，保证了流道孔与基准 B 的同轴度精度要求。

紧固孔的位置度公差采用最大实体要求标注，即在位置度公差值后加Ⓜ表达，保证了孔的装配边界固定，从而保证了装配功能，同时位置度公差允许值随着实际孔尺寸增大而得到补偿值，降低产品的制造成本。关于紧固件位置度公差计算详细介绍参照本书 8.3 节。

泄压孔的位置度公差采用最小实体要求标注，即在位置度公差值后加Ⓛ表达。这样可以在保证泄压孔与密封面最小壁厚要求，同时允许位置度公差随着泄压孔的尺寸大小变小而得到补偿值，降低产品的制造成本。通过泄压孔的直径大小、位置度公差、密封面的轮廓度公差计算出最小壁厚值，从而验算图纸标注的公差值是否满足强度要求。零件位置度公差标注案例之被测要要素管控如图 8-12 所示。

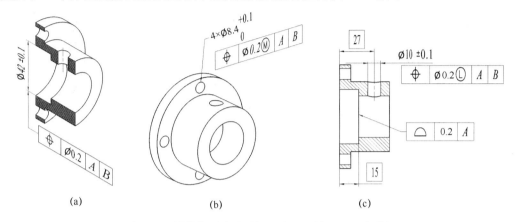

图 8-12　零件位置度公差标注案例之被测要要素管控

8.1.7　位置度延伸公差带

当螺纹孔或过盈配合孔的垂直度波动会导致紧固件，如螺钉、螺栓或销与其对手件装配干涉时，可采用延伸公差带标注。延伸公差带标注示例如图 8-13 所示。在图 8-13（a）中，螺纹孔标注了一个公差为 0.2 的位置度公差，位置度公差带管控的是螺纹孔自身的轴线，只要轴线在公差带里，位置度就符合图纸标注要求。螺纹孔加工后可能会倾斜，螺纹孔倾斜后，螺栓拧进螺纹孔后也会倾斜，但螺栓是延伸出去的，倾斜量在螺栓末端会被放大，这就很有可能和对手件装配干涉了。虽然螺纹孔轴线的延长线超出了位置度公差带，但螺纹孔自身的轴线在公差带里面，按照图 8-13（a）中的标注去检测螺纹孔是符合图纸的标注要求的，但产品装配干涉。

标注延伸公差带符号Ⓟ就可以解决上述问题，延伸公差带图纸标注有两种表达方式，如图 8-13（b）所示。第一种表达方式是在位置度公差 0.2 后面加上修饰符号Ⓟ，并在其后标注一个数值，图纸表示位置度公差带要向上延伸，延伸的高度等于Ⓟ后面的数值 15，延伸的方向一般是公差框格的指引线指向表面的法向方向。第二种表达方式是用粗的点画线标明公差带延伸的方向，并标注出延伸的高度值，同时在位置度公差 0.2 后面加上修饰符号Ⓟ即可。

加上Ⓟ后，位置度公差带不是直接管控螺纹孔自身的轴线，而是把螺纹孔的轴线向着图纸标明的方向延伸指定的数值后看其是否在公差带里，位置度延伸公差带其实是把螺纹孔的方向公差加严管控，图 8-13（b）中的标注就解决了螺纹孔装配干涉问题。位置度公差后面加Ⓟ后产品检测一定要注意，评价的对象不是螺栓孔自身轴线，而是延伸出去的部分，三坐标测量机（CMM）评价软件自带Ⓟ评价功能，CMM 在螺纹孔上直接取点后拟合轴线，然后选择 CMM 软件中的Ⓟ功能，并且输入延伸高度就可以了。除此之外，也可以做一个检测工装与被测螺纹孔配合，工装可以分为两段：下段为螺纹，与螺纹孔配合；上段为光滑圆柱，最后用 CMM 测量光滑圆柱的位置度。评价的高度为Ⓟ后面的数值，或者标注的粗的点画线的高度。

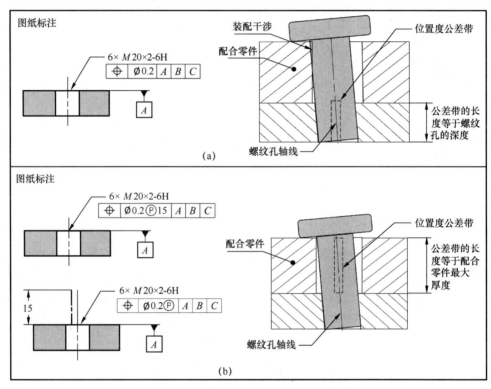

图 8-13 延伸公差带标注示例

8.1.8 单方向位置度公差标注

位置度公差标注时，如果公差前面加直径符号 *ϕ*，则表示公差带是一个圆柱，被管控的孔的轴线在公差带里相对理论位置可以在 360°方向任意偏移，而且任意方向偏移的公差值都是一样的。当实际功能需要孔的位置在每个方向允许的偏移量不一样时，即位置度公差应该标注单方向，单方向位置度公差标注示例如图 8-14 所示。首先位置度公差前面不能加直径符号 *ϕ*，其次必须用尺寸线箭头指明位置度公差带的方向。在图 8-14 中，标注 0.4 的位置度公差与水平尺寸线方向一致，表示水平方向的允许偏移量，0.4 的位置度公差带相对理论位置对称分布。0.2 的位置度公差与竖直尺寸线方向一致，表示竖直方向允许的偏移量，0.2 的位置度公差带相对理论位置对称分布，所以最后位置度公差带的形状就是一个长方形。

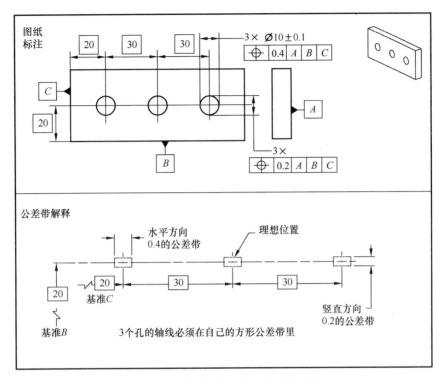

图 8-14 单方向位置度公差标注示例

8.1.9 位置度公差管控对称关系

位置度公差可以应用在槽或板（凸台）中，管控槽或板的中心平面的位置，当管控中心平面时，公差带是两个相互平行的平面，所以公差前面不能加直径符号 ϕ，位置度公差管控对称关系标注示例如图 8-15 所示。公差带是两个相互平行且距离等于 0.2 的平面，相对基准 B 对称分布，同时垂直基准 A，被管控的凸台的中心平面必须在公差带里，图纸中位置公差实际管控了凸台相对基准 B 的对称误差，以及对基准 A 的垂直度误差。

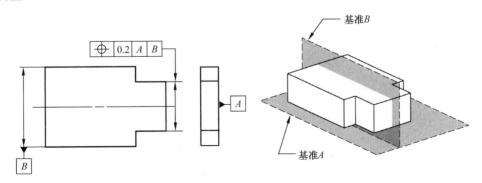

图 8-15 位置度公差管控对称关系标注示例

8.1.10 位置度公差管控同轴关系

位置度公差管控同轴关系标注示例如图 8-16 所示，两轴理想状态同轴，小轴是基准轴，基准 A 是小轴的轴线，大轴相对基准轴线 A 标注了位置度公差，公差值为 0.4。位置度公差带是直径为 0.4 的圆柱，公差带轴线与基准轴线 A 重合，被管控的对象是大轴的轴线（非关联实际包容配合面的中心轴线）。大轴的轴线只能在公差带里偏移，即相对基准轴线 A 上下可以偏移 0.2，图纸中位置度公差实际管控了大轴相对基准小轴的同轴度误差。

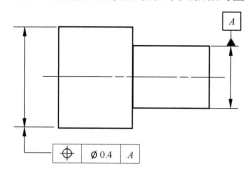

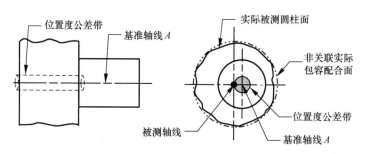

图 8-16 位置度公差管控同轴关系标注示例

8.1.11 位置度公差不带基准

如果只需要管控孔与孔之间的相互距离，或者轴与轴之间的相互距离，则位置度公差是不需要基准的，位置度公差不带基准国际标准 ASME Y14.5—2018 是支持和允许的。位置度公差不带基准标注示例如图 8-17 所示，图中平板上两个孔的中心理想距离是 30，标注了一个位置度公差 0.4 不带基准。图纸中 2× 表示把两个孔创建了一个成组要素（特征组），成组要素中各要素的公差带之间保持理论位置和方向的内部约束。即两个直径为 0.4 的圆柱公差带固定为图纸中 30 的理论距离，且相互平行。各自孔的中心轴线不能超过自己的位置度公差带，即每个孔相对理论位置左右偏移 0.2，所有实际两个孔之间的距离管控在 30±0.4 范围内，图纸的位置度公差把两个孔之间相互位置管控了。位置度公差不带基准，管控的是特征组要素之间的相互位置。

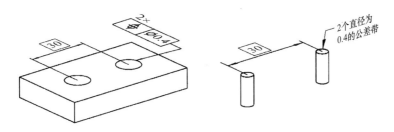

图 8-17 位置度公差不带基准标注示例

8.1.12 位置度零公差最大实体要求

图纸的公差标注影响产品的功能和制造加工成本，严的公差会增加产品的成本，把一些满足功能的产品拒收了。决定孔是否能装配，是孔的内边界（最差的装配边界）。位置度零公差最大实体标注示例如图 8-18 所示。在图 8-18（a）中，孔直径是 19.9～20.1，孔的直径尺寸公差是 0.2，位置度公差标注为 0.4，并且采用修饰符号Ⓜ，那么这个孔的内边界是 19.5（内边界等于孔的最小直径尺寸 19.9 减去 0.4 位置度公差）。在图 8-15（b）中，孔直径是 19.5～20.1，孔的直径尺寸公差是 0.6，位置度公差标注 0，并且采用修饰符号Ⓜ，孔的内边界也是 19.5（内边界等于孔的最小直径尺寸 19.5 减去 0 位置度公差）。如果图 8-15（a）中的图纸标注可以保证孔的装配功能，那么图 8-18（b）中的图纸标注同样可以保证装配功能，因为两张图纸标注的内边界是一样的。对比图 8-18 的（a）和（b）两种图纸标注可以得出，0Ⓜ在保证装配功能的前提下，放大了孔的尺寸公差，从而降低了制造成本。标注零公差时，孔的下限尺寸可以等于与之装配轴的上限尺寸。

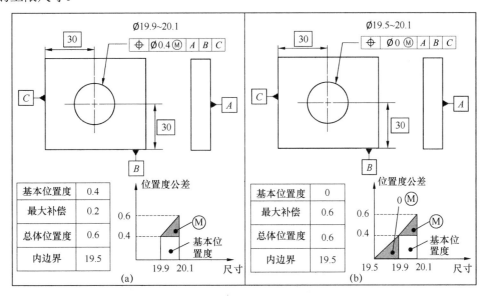

图 8-18 位置度零公差最大实体标注示例

8.1.13 组合位置度公差标注与理解

组合位置度是指两个或两个以上的位置度公差框格同时应用在成组要素上。管控成组要素相对基准的位置、方向以及成组要素之间的相互位置。每一行公差框格管控的功能不同，第一行管控相对基准的位置和方向，第二行如果位置度公差不带基准，则管控成组要素之间的相互位置，如果带基准，则还要管控相对基准的方向和位置，组合位置度公差标注示例（一）如图 8-19 所示。

在图 8-19 中，组合位置度公差有上下两行。第一行位置度公差 0.8 带了三个基准，基准约束了公差带所有的自由度，所以两个 0.8 的公差带相对基准 B 和基准 C 固定在理论位置上，并且和基准 A 垂直。第二行 0.2 的位置度公差不带基准，公差带相对基准的自由度没有被约束，即相对基准 B 和基准 C 没有位置要求，和基准 A 也不需要垂直。但两个 0.2 的公差带之间的距离固定为 50 理想距离，并且相互平行（成组要素的公差带内部约束），即两个 0.2 的公差带一起在 0.8 的公差带里左右、上下移动及转动。实际每个孔的轴线要在自己最小的公差带里。从上述的公差带分析中可以得出，第一行 0.8 的位置度公差管控每个孔与基准 B 和基准 C 的位置误差，同时还要管控对基准 A 的垂直度误差，第二行 0.2 的位置度公差管控两个孔之间的相互位置误差。

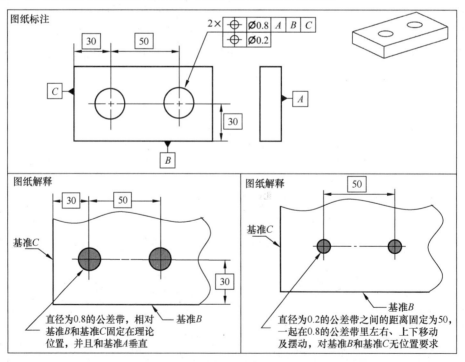

图 8-19 组合位置度公差标注示例（一）

组合位置度公差标注示例（二）如图 8-20 所示，图中标注的组合位置度公差有上下两行。第一行位置度公差 0.8 带了三个基准，基准约束了公差带所有的自由度，所以两个 0.8 的公差带相对基准 B 和基准 C 固定在理论位置上，并且和基准 A 垂直。第二行 0.2 的位置度公差带基准 A，公差带要垂直于基准 A，两个公差带在左右和上下方向是自由的，相对基准 B 和基准 C 无位置和方向要求，可以一起在 0.8 的大公差带里面上下、左右移动及转动，并且两个 0.2 的公差带之间的距离固定为 50 理想距离（成组要素的公差带内部约束），实际每个孔的轴线要在自己最小的公差带里。从上述的公差带分析中可以得出，第一行 0.8 的位置度公差管控每个孔与基准 B 和基准 C 的位置误差，第二行 0.2 的位置度公差管控孔之间的相互位置误差，以及每个孔对基准 A 的垂直度误差。

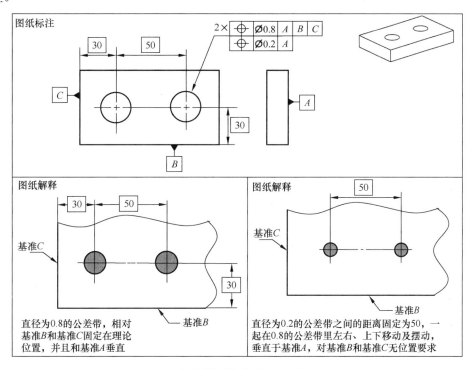

图 8-20　组合位置度公差标注示例（二）

组合位置度公差标注示例（三）如图 8-21 所示，图中标注的组合位置度公差有上下两行。第一行位置度公差 0.8 带了三个基准，基准约束了公差带所有的自由度，所以两个 0.8 的公差带相对基准 B 和基准 C 固定在理论位置上，并且和基准 A 垂直。第二行 0.2 的位置度公差带基准 A 和基准 B，公差带首先要垂直于基准 A，其次还要和基准 B 保持理想距离 30，即两个 0.2 的公差带在 0.8 的大公差带里只能左右移动，并且两个 0.2 的公差带之间的距离固定为 50 理想距离（成组要素的公差带内部约束），同时要垂直于基准 A，实际每个孔的中心要在自己最小的公差带里。从上述的公差带分析中可以得出，第一行 0.8 的位置度公差管控每个孔与基准 C 的位置误差，第二行 0.2 的位置度公差管控孔之间的相对位置误差，以及对基准 A 的垂直度误差，相对基准 B 的位置误差。

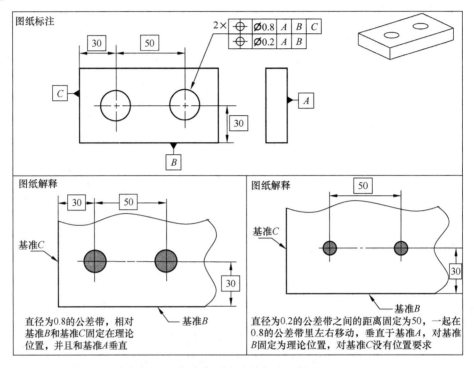

图 8-21　组合位置度公差标注示例（三）

组合位置度公差标注示例（四）如图 8-22 所示，图中组合位置度公差管控圆周均布的 6 个孔，第一行位置度公差 0.8 带了三个基准，三个基准约束了公差带的 6 个自由度。第二行位置度公差 0.2 带了基准 A 和基准 B，由于没有带基准 C，所以 0.2 的公差带是可以绕着基准 B 线转动的。

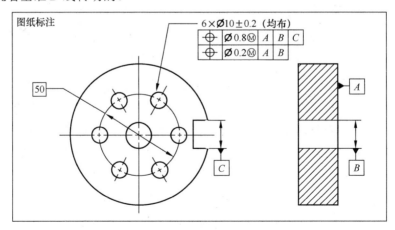

图 8-22　组合位置度公差标注示例（四）

组合位置度公差带解释示例如图 8-23 所示。第一行的 6 个直径为 0.8 的公差带垂直于基准 A，相对基准 B 固定在理论距离，并且不能转动，即 6 个直径为 0.8 公差带的自由度全被约束。第二行的 6 个直径为 0.2 的公差带垂直于基准 A，相对基准 B 固定为理论距离，一起绕着基准 B 转动。但不能超出 0.8 的公差带，并且 6 个直径 0.2 的公差带之间的距离固定为图纸中的理论距离（成组要素的公差带内部约束），6 个孔的轴线都不能超出各自最小的公差带。综上所述，第二行 0.2 的位置度公差管控 6 个孔之间的相互位置，以及管控每个孔对基准 B 的位置误差和对基准 A 的垂直度误差。第一行 0.8 的位置度公差管控孔组（6 个孔）整体在圆周方向的转动误差。

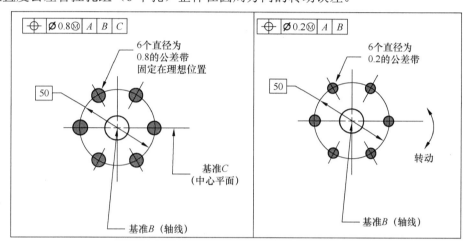

图 8-23 组合位置度公差带解释示例

8.1.14 位置度公差应用在多个成组要素上

位置度公差应用在多个成组要素标注示例（一）如图 8-24 所示，平板上有 6 组孔，每组孔中有 1 个大孔和 4 个小孔，要求每组的大孔相对主基准 A、B、C 有位置度公差要求，同时要求每组的 4 个小孔相对组中的大孔有一个更小的位置度公差要求，也就是每组中的大孔分别是组中 4 个小孔的基准。

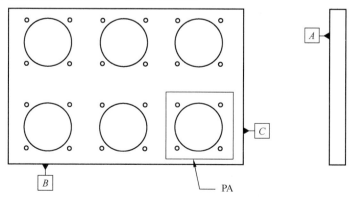

图 8-24 位置度公差应用在多个成组要素标注示例（一）

位置度公差应用在多个成组要素标注示例（二）如图 8-25 所示，位置度公差 1.4 管控每个大孔相对主基准 A、B、C 的位置误差，同时作为基准 D，基准旁的 6×INDIVIDUALLY 表示 6 个大孔分别独立当作基准 D，位置度公差 0.4 管控 4 个小孔相对大孔即基准 D 的位置误差。公差框格旁的 6×INDIVIDUALLY 表示 4 个小孔分别独立相对每组大孔的位置度公差要求。

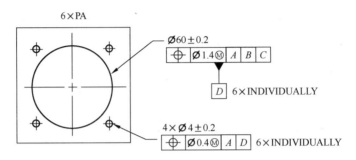

图 8-25　位置度公差应用在多个成组要素标注示例（二）

8.1.15　位置度公差同时要求

当多个成组要素通过位置度公差管控时，如果位置度公差框格中的基准符号一样、标注顺序一样、基准修饰符号一样，那么应该把多个成组要素当作单一成组要素整体同时管控。

位置度公差同时要求标注示例如图 8-26 所示。图中有两组孔，其中一组孔直径为 8，相对基准 A 和基准 B 位置度公差为 0.6。另一组孔直径为 6，相对基准 A 和基准 B 的位置度公差为 0.4。其中基准 A 是一个平面，基准 B 是与基准 A 垂直的轴线，基准 A 和基准 B 构建的基准参照系没有约束公差带绕着基准 B 转动的自由度。即以 4 个直径为 0.6 的位置度公差带作为一个组，可以在直径为 60 的圆周上绕着基准 B 转动，另外 4 个直径为 0.4 的位置度公差带作为一个组，也可以在直径为 30 的圆周上绕着基准 B 转动。

由同时要求可得，直径为 0.6 和 0.4 的两组公差带，绑定在一起，整体一起绕着基准 B 转动，而不是一组可以逆时针，另一组可以顺时针分开独立绕着基准 B 转动。

图纸中 0.4 的位置度公差管控了直径为 6 的 4 个孔之间的相互位置，相对基准 B 的位置，以及对基准 A 的垂直度。0.6 的位置度公差管控了直径为 8 的 4 个孔之间的相互位置，相对基准 B 的位置，以及对基准 A 的垂直度。位置度公差 0.4 和 0.6 又一起管控了直径为 8 和直径为 6 两组孔之间的相互位置。

如果希望把图纸中的两组孔分开独立管控，则在每个公差控制框下面标注"SEP REQT"，表示两个成组要素分开要求。即 4 个直径为 0.6 的位置度公差带作为一个组，可以在直径为 60 的圆周上绕着基准 B 转动，另 4 个直径为 0.4 的位置度公差带作为一个组,也可以在直径为 30 的圆周上绕着基准 B 转动,但这两组公差带是独立绕着基准 B 转动的(如一组可以顺时针转动,另一组可以逆时针转动),不需要一起转动。因此,直径为 8 和直径为 6 两组孔之间的相互位置就不受管控了。

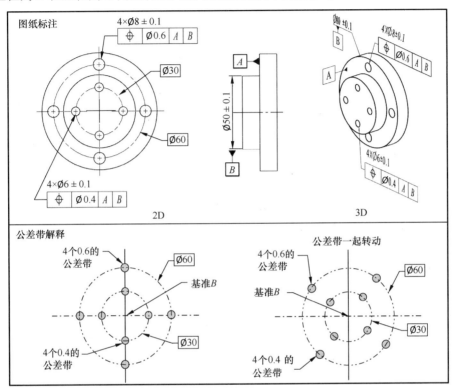

图 8-26 位置度公差同时要求标注示例

8.2 位置度公差的检测

8.2.1 位置度公差与要素尺寸无关原则检测

位置度公差采用 RFS(与要素尺寸无关)原则时,检测位置度公差常采用数字化检测设备,如三坐标测量机(CMM),三坐标测量机是常用的几何公差检测设备,其结构如图 8-27 所示,三坐标测量机的主要组成部分如下。

(1)机器框架(测量平台和三个方向的可移动框架)。
(2)计算机控制系统。
(3)测量分析软件。
(4)测量探针。

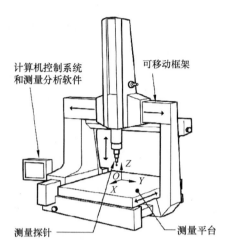

图 8-27 三坐标测量机的结构

三坐标测量机检测位置度的原理和过程可以归纳为以下三个步骤。

（1）通过图纸上标注的基准，用三坐标测量探针按照基准顺序在相对应的实际零件即基准要素上取点，建立坐标系，建立坐标系的常规方法是 3-2-1 法。

（2）在被测要素上采点，拟合被测要素的中心要素，如孔的中心轴线（非关联实际包容配合面的轴线）。

（3）在坐标系的约束下采用定位最小区域法，算出实际位置误差，然后和图纸标注的允许位置度公差比较，判断是否超差。

注意，当孔比较深时，提取孔的轴线要测量多个横截面。

下面举例说明位置度检测过程，位置度公差 RFS 检测标注示例（一）如图 8-28 所示，孔的位置度公差框格有三个基准，三个基准平面理想状态相互垂直。

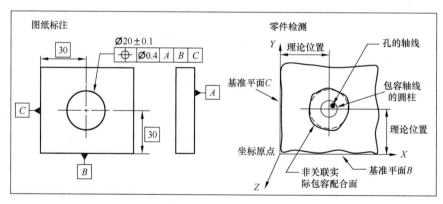

图 8-28 位置度公差 RFS 检测标注示例（一）

1）基准参照系即坐标系的建立

（1）提取：按照一定的取点方案分别对基准要素 A、B、C 取点，获取基准要素

A、B、C 表面。取点方案参照本书附录 A，拟合算法参照附录 B。

（2）拟合：采用约束的最小二乘法（约束的 L2）对提取表面 A 在实体外拟合一个理想相切平面即为基准平面 A。该平面的法向就是 Z 轴正方向，通过基准平面 A 把坐标系的 Z 轴确定。

在保证和基准平面 A 垂直的约束条件下，对第二基准要素 B 的实际表面采用约束的最小二乘法（约束的 L2）拟合与基准要素 B 实体外相切且垂直于基准平面 A 的平面即为基准平面 B。基准平面 A 和基准平面 B 相交确定一条直线，把坐标系的 X 轴转动为与这条直线的方向一致，从而确定了 X 轴的方向，X 轴、Z 轴方向确定后，因为三个坐标轴是相互垂直的，所以 Y 轴方向也就确定了。

在保证和基准平面 A 和基准平面 B 垂直的约束条件下，对第三基准要素 C 的实际表面采用约束的最小二乘法（约束的 L2）拟合与基准要素 C 实体外相切且垂直于基准平面 A 和基准平面 B 的平面即为基准平面 C。三个基准平面的相交点即为坐标原点，通过三个基准建立坐标系。

2）被测要素的测量

（1）提取：按照一定的取点方案在圆柱孔表面取点，获取实际圆柱孔表面。

（2）拟合：采用最大内切法，拟合孔的非关联实际包容配合面（最大内切圆柱面），获取孔的非关联实际包容配合面的轴线。

（3）评估：在由基准 A、B、C 建立的坐标系的约束下，以理论正确尺寸确定的位置为中心，采用最小区域法获得包容孔的非关联实际包容配合面轴线的最小圆柱，最小圆柱的直径即为实测位置误差。

（4）判定：将得到的实测位置误差与图样上给出的位置度公差值进行比较，判定被测要素对基准的位置度是否合格。

上面例子的基准是三个平面，下面再举一个实际产品常用的基准定位方式，一面两销（孔），位置度公差 RFS 检测标注示例（二）如图 8-29 所示。第一基准 A 是平面，第二基准 B 和第三基准 C 分别是一个孔。理想状态基准孔 B 和基准孔 C 垂直于基准平面 A，并且两个基准孔之间的理想距离为 60。

位置度检测过程如下。

1）基准参照系即坐标系的建立

（1）提取：按照一定的取点方案分别对基准要素 A、B、C 取点，获取基准要素 A、B、C 表面。取点方案参照本书附录 A，拟合算法参照本书附录 B。

（2）拟合：采用约束的最小二乘法（约束的 L2）对提取表面 A 在实体外拟合一个理想相切平面即为基准平面 A。该平面的法向就是 Z 轴正方向，通过基准平面 A 把坐标系的 Z 轴确定。

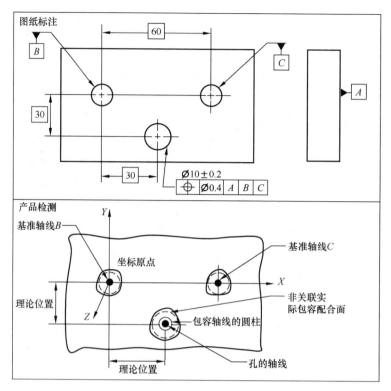

图 8-29 位置度公差 RFS 检测标注示例（二）

在保证和基准平面 A 垂直的约束条件下，对第二基准要素 B 的实际孔表面采用约束的最小二乘法（约束的 L2）拟合基准要素 B 的最大内切且垂直于基准平面 A 的圆柱面，圆柱面的轴线就是基准轴线 B，基准轴线 B 和基准平面 A 的交点就是坐标系的原点。

在保证和基准平面 A 垂直且和基准轴线 B 距离为理想值 30 的约束条件下，对第三基准要素 C 的实际孔表面采用约束的最小二乘法（约束的 L2）拟合最大内切圆柱面，圆柱面的轴线就是基准轴线 C。基准轴线 C 和基准轴线 B 构成基准参照系中第二基准平面，第二基准平面与基准平面 A 相交，相交线就是坐标系的 X 轴。Y 轴垂直于 X 轴和 Z 轴，通过三个基准建立坐标系。

2）被测要素的测量

（1）提取：按照一定的取点方案在圆柱孔表面取点，获取实际圆柱孔表面。

（2）拟合：采用最大内切法，拟合孔的非关联实际包容配合面（最大内切圆柱面），获取孔的非关联实际包容配合面的轴线。

（3）评估：在由基准 A、B、C 建立的坐标系的约束下，以理论正确尺寸确定的位置为中心，采用最小区域法获得包容孔的非关联包容配合面轴线的最小圆柱，最小圆柱的直径即为实测位置误差。

（4）判定：将得到的实测位置误差与图样上给定的位置度公差值进行比较，判定被测要素对基准的位置度是否合格。

8.2.2 位置度公差最大实体要求两种检测方法

位置度公差标注应用在尺寸要素，管控中心轴线或中心平面的位置误差，并且采用最大实体要求，图纸标注如图 8-30 所示。可以采用基于轴线和表面两种方法检测。

基于轴线的检测要通过数字化测量设备（如三坐标测量机）实现，其测量过程和步骤如下：

1）基准参照系即坐标系的建立

（1）提取：按照一定的取点方案分别对基准要素 A、B、C 取点，获取基准要素 A、B、C 表面。取点方案参照本书附录 A，拟合算法参照本书附录 B。

（2）拟合：采用约束的最小二乘法（约束的 L2）对提取表面 A 在实体外拟合一个理想相切平面即为基准平面 A。该平面的法向就是 Z 轴正方向，通过基准平面 A 把坐标系的 Z 轴确定。

在保证和基准平面 A 垂直的约束条件下，对第二基准要素 B 的实际表面采用约束的最小二乘法（约束的 L2）拟合与基准要素 B 实体外相切且垂直于基准平面 A 的平面即为基准平面 B。基准平面 A 和基准平面 B 相交确定一条直线，把坐标系的 X 轴转动为与这条直线的方向一致，从而确定了 X 轴的方向，X 轴、Z 轴方向确定后，因为三个坐标轴是相互垂直的，所以 Y 轴方向也就确定了。

在保证和基准平面 A 和基准平面 B 垂直的约束条件下，对第三基准要素 C 的实际表面采用约束的最小二乘法（约束的 L2）拟合与基准要素 C 实体外相切且垂直于基准平面 A 和基准平面 B 的平面即为基准平面 C。三个基准平面的相交点即为坐标原点，通过三个基准建立坐标系。

2）被测要素的测量

（1）提取：按照一定的取点方案在被测要素实际孔表面取点，获取实际被测要素。

（2）拟合：采用最大内切法，拟合孔的非关联实际包容配合面（最大内切圆柱面），获取孔的非关联实际包容配合面的轴线。

（3）评估：在由基准 A、B、C 建立的坐标系的约束下，以理论正确尺寸确定的位置为中心，采用最小区域法获得包容孔的非关联实际包容配合面轴线的最小圆柱，最小圆柱的直径即为实测位置误差。

（4）计算：通过前面拟合出的非关联实际包容配合面的尺寸，与孔的最大实体尺寸比较计算出差值。差值就是位置度公差补偿值，然后加上图纸标注的位置度公差值，获得位置度公差总体允许值。

（5）判定：将得到的实测位置误差与计算出的公差总体允许值进行比较，判定被测要素对基准的位置度是否合格。

基于表面的检测可以通过功能检具实现，功能检具检测有很多优势，检测速度快、效率高，检测设备相对三坐标测量机成本低，对检测工程师专业知识要求也比较低。位置度公差采用最大实体要求后，有一个固定的实效边界，可以用检测销去检测实效边界。位置度公差最大实体要求功能检具检测示例如图8-30所示，其测量过程和步骤如下。

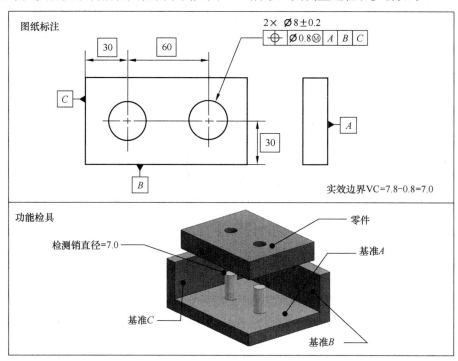

图8-30　位置度公差最大实体要求功能检具检测示例

（1）测大小：使用通止规测量孔的尺寸大小，确保尺寸不超差。

（2）计算：计算孔的实效边界尺寸，其值等于孔的最大实体尺寸即孔的最小直径，减去对应的位置度公差值，根据图纸标注计算出 VC=7.8-0.8=7.0。如果是外尺寸要素如轴，其实效边界尺寸等于轴的最大实体尺寸加上对应的位置度公差值。

（3）设计：设计检测销的尺寸，其值等于实效边界的尺寸，检测销相对基准固定为图纸的理论位置，检测销的公差一般取被测要素相对应公差的十分之一。

（4）判定：实际零件用三个基准 A、B、C 定位后，只要检测销能够通过，就表示孔装配不会干涉，孔的位置度是合格的。

8.2.3　位置度公差基准最大实体要求检测原理

位置度公差基准最大实体要求检测示例如图 8-31 所示，图中基准 B 和基准 C 都采用了最大实体要求，由图中标注可计算出基准 B 的最大实体边界 MMB=7.8-0.1=7.7，

基准 C 的最大实体边界 MMB=7.8-0.2=7.6，最大实体边界是圆柱形。基准 B 和基准 C 最大实体边界相互之间保持理论位置和方向且垂直于基准 A。四个直径尺寸为 10 的孔位置度公差采用最大实体要求，当孔的尺寸最大为 10.4 时，孔允许的位置度公差为 0.3+0.8（自己的公差补偿）=1.1。

当四个孔的实际轴线相对各自的理想位置的偏差超出位置度公差允许值时，并且基准要素 B 和基准要素 C 的 RAME（关联实际包容配合面）与 MMB（最大实体边界）无间隙时，即基准要素与其对应的 MMB 无偏移发生，基准对四个孔无公差补偿，如图 8-31（b）所示。

如果基准要素 B 和基准要素 C 的 RAME 的尺寸大于 MMB，基准要素与其对应的 MMB 之间存在间隙，则可以发生偏移（平移和转动），如图 8-31（c）所示。基准 B 的最大偏移量为 8.2-7.7=0.5，基准 C 的最大偏移量为 8.2-7.6=0.6。在保证基准要素 B 和基准要素 C 与其 MMB 不干涉的情况下，通过平移和转动，把四个孔的实际轴线相对各自的理想位置的偏差量通过最佳拟合到最小化（即最小区域法），如图 8-31（d）所示，与图 8-31（b）对比，通过基准要素偏移（平移和转动），实际孔的轴线相对理论位置的偏差量有所缩小（每个孔的缩小量不一定相同），即通过基准要素偏移对实际每个孔的位置度有一定的补偿量。但是不能简单地认为每个孔补偿量就等于基准要素的最大偏移量，这与基准要素的 RAME 的尺寸，每个孔相对理论位置偏离的方向不同都有关系，涉及基准要素偏移（平移和转动），最小区域法最佳拟合等复杂的数学算法，通过相关的三坐标测量软件可以算出每个孔的补偿量。

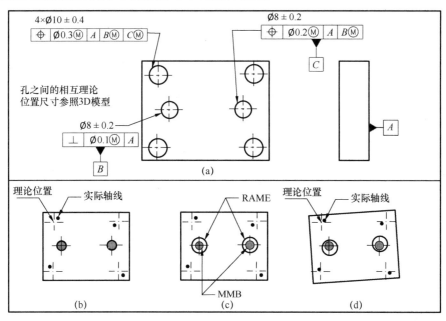

图 8-31 位置度公差基准最大实体要求检测示例

注意，RAME 详细的相关解释参照本书 2.2 节，MMB 详细的相关解释参照本书 5.8 节和 5.11 节。

8.2.4 组合位置度公差最大实体要求检具设计

组合位置度公差最大实体要求的检具检测如图 8-32 所示。组合位置度公差有两行，第一行位置度公差 0.8 采用最大实体要求，第二行位置度公差 0.2 采用最大实体要求，第一行位置度公差的实效边界是 7.0，第二行位置度公差的实效边界是 7.6。组合位置度公差采用最大实体要求后，位置度公差检测也可以采用功能检具法，需要做两套检具。第一套检具检测第一行的位置度公差，三个基准 A、B、C 定位后，用两个直径为 7.0 的销子检测 0.8 的位置度公差，两个销子相对基准 A、B、C 固定在理论位置。第二套检具检测第二行位置度公差，两个基准 A、B 定位后，用两个直径为 7.6 的销子检测 0.2 的位置度公差，两个销子相对基准 A、B 固定在理论位置。检测销的公差一般取被测要素相对应公差的十分之一。

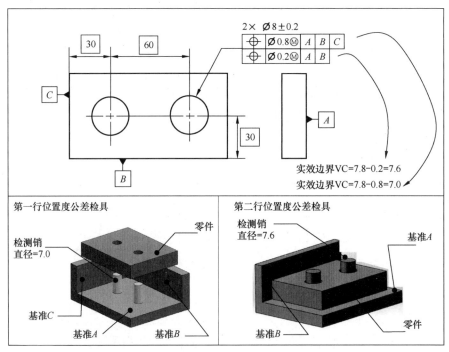

图 8-32　组合位置度公差最大实体要求的检具检测

8.3　图纸中位置度公差的计算

图纸中常用的螺栓紧固方式有两种，即固定紧固和浮动紧固。想要保证螺栓能够顺利装配而不发生干涉，螺纹孔或通孔的位置度公差标注很重要，过大的公差会导致装配干涉，过小的公差会导致产品成本高。

固定紧固件位置度公差计算示例如图 8-33 所示。零件 1 和零件 2 装配，零件 2 底板上有 4 个 M8 的螺纹孔，螺纹孔之间的理论距离见标注，零件 1 板子上有 4 个通孔，通孔的直径是 9±0.2，两个板子通过 4 个 M8 的螺栓紧固在一起。为了保证 4 个螺栓可以同时装配，对通孔和螺纹孔必须标注一个合理的位置度公差。因为装配时，底面是贴合的，所以各自取装配的配合面作为基准 A，通孔和螺纹孔的位置度公差分别设定为 T_1 和 T_2。通孔有一个最差的装配边界即孔的内边界 IB$_{孔}$=8.8−T_1，螺纹孔最后要拧上螺栓，螺栓可以看作一个轴，它也有一个最差的装配边界即轴的外边界 OB$_{轴}$=8+T_2（假设 M8 螺栓的最大直径近似于 8），装配不干涉的条件是两个边界相等，最后可以得出 T_1+T_2=8.8−8，可以平均分配公差即 T_1=T_2=T=(8.8−8)/2=0.4。这也是常用的固定紧固件的位置度公差计算公式 T=(H−F)/2，H 是孔的最小直径，F 是紧固件的最大直径（大径）。如果实际产品定位面除基准 A 外，还有其他基准定位，则图纸标注时在基准 A 后面加上相应的定位基准就可以了，分析的过程和逻辑与上述内容类似。

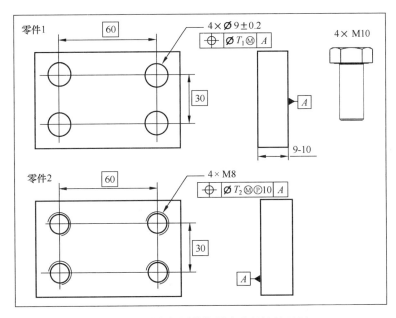

图 8-33 固定紧固件位置度公差计算示例

浮动紧固件位置度公差计算示例如图 8-34 所示。浮动紧固就是上下两个板子都是通孔，在浮动紧固中，因为螺栓是浮动的，不固定，所以不需要考虑螺栓的位置度公差，只需要管控上下板子的通孔的位置度公差就可以了。浮动紧固的位置度公差计算公式是 T_1=T_2=H−F，H 是孔的最小直径，F 是紧固件的最大直径（大径）。

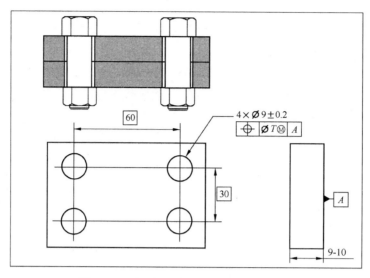

图 8-34 浮动紧固件位置度公差计算示例

8.4 位置度公差标注规范性检查流程

图 8-35 所示的位置度公差标注规范性检查流程图示例详细解释了位置度公差图纸标注规范性检查流程，这有助于工程师快速检查位置度公差常见大部分图纸标注问题。流程图中的每个步骤需要检查的内容如下。

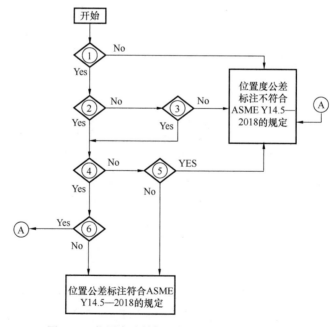

图 8-35 位置度公差标注规范性检查流程图示例

① 位置度公差是否标注在尺寸要素上？
② 位置度公差是否带基准？
③ 位置度公差是否标注在成组要素上？
④ 位置度公差是否标注在圆柱尺寸要素上（如圆柱孔或轴）？
⑤ 位置度公差值前是否加了修饰符号 φ，位置度公差值后是否加了修饰符号Ⓤ Ⓣ？
⑥ 位置度公差值后是否加了修饰符号Ⓤ Ⓣ？

本 章 习 题

一、判断题

1. 位置度公差可以管控表面要素和尺寸要素的位置。（　　）
2. 位置度公差标注，必须带基准。（　　）
3. 位置度公差的公差带一定是圆柱形状。（　　）
4. 当位置度公差采用最大实体要求时，对应轴线和表面两种解释。（　　）
5. 相对于坐标尺寸公差，位置度公差标注的图纸，加工成本较高。（　　）
6. 当位置度公差采用 RFS 原则时，表示位置度公差可以得到补偿而放大。（　　）
7. 当位置度公差应用在圆柱要素时，管控对象是圆柱要素的中心线。（　　）
8. 位置度公差应用在孔组（多个孔）上，可以不带基准。（　　）
9. 位置度公差采用最大实体要求且应用在圆孔上，包容原则失效。（　　）
10. 位置度延伸公差应用在螺纹孔，实际是加严对螺纹孔的方向误差管控。（　　）
11. 当位置度公差采用最大实体要求且应用在内部尺寸要素孔，具有固定尺寸的实效边界。（　　）
12. 组合位置度公差上下行的基准必须保持一致。（　　）

二、选择题

1. 下面哪些公差可以管控位置（　　）。
A. 位置度　　　B. 平面度　　　C. 平行度　　　D. 圆柱度

2. 位置度零公差后面加Ⓜ标注在圆柱孔，那么当孔的尺寸在（　　）时，位置必须在理论位置上。
A. 最大值　　　B. 最小值　　　C. 名义值　　　D. 任意尺寸

3. 位置度公差采用最大实体要求时，下列描述正确的是（　　）。
A. 表示要保证强度功能　　　　　B. 表示要保证装配功能
C. 位置度公差是一个固定值　　　D. 无法做功能检具检测

4. 下面（　）公差标注要求（修饰符号），不允许位置度公差变化。
A. RFS　　　　B. Ⓜ　　　　C. Ⓛ　　　　D. Ⓤ

5. 位置度公差加Ⓜ，标注应用在一个内尺寸要素（如孔），那么建立的实效边界是（　）。
A. 最大尺寸加上对应的位置度公差　　B. 最大尺寸减去对应的位置度公差
C. 最小尺寸加上对应的位置度公差　　D. 最小尺寸减去对应的位置度公差

6. 位置度公差加Ⓜ，标注应用在一个外尺寸要素（如轴），那么建立的实效边界是（　）。
A. 最大尺寸加上对应的位置度公差　　B. 最大尺寸减去对应的位置度公差
C. 最小尺寸加上对应的位置度公差　　D. 最小尺寸减去对应的位置度公差

7. 下面对位置度公差描述不正确的是（　）。
A. 公差可以采用 MMC，基准可以采用 MMB
B. 公差可以采用 LMC，基准可以采用 LMB
C. 公差只能采用 RFS，基准只能采用 RMB
D. 公差可以带基准，也可以不带基准

8. 位置度公差后面可以加的修饰符号，下面描述正确的是（　）。
A. Ⓜ和Ⓔ　　B. Ⓜ和Ⓤ　　C. Ⓜ、Ⓛ和Ⓟ　　D. Ⓜ、Ⓤ和Ⓣ

9. 在图 8-36 中，尺寸为 14.4～14.8 的孔，最大允许的位置度公差是（　）。
A. 0.4　　　　B. 0.6　　　　C. 0.8　　　　D. 1.2

10. 在图 8-36 中，尺寸为 14.4～14.8 孔的实效边界是（　）。
A. 14.8　　　B. 15.2　　　C. 13.6　　　D. 14.0

11. 在图 8-36 中，尺寸为 14.4～14.8 孔对基准 A 的最大允许的垂直度误差是（　）。
A. 0.4　　　　B. 0.6　　　　C. 0.8　　　　D. 1.2

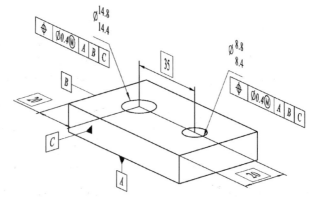

图 8-36　位置度公差最大实体要求

12. 计算图 8-37 中两个孔的壁厚 X 最小值是（   ），图纸尺寸公差标注如图 8-36 所示。

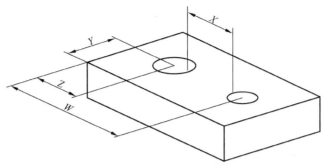

图 8-37　位置度公差计算

A．22.8　　　　B．22.4　　　　C．22.6　　　　D．22.5

13. 计算图 8-37 中两个孔的壁厚 X 最大值是（   ），图纸尺寸公差标注如图 8-36 所示。

A．22.8　　　　B．22.4　　　　C．24.0　　　　D．23.5

14. 计算图 8-37 中 Y 的最大值和最小值是（   ），图纸尺寸公差标注如图 8-36 所示。

A．20±0.2　　B．20±0.3　　C．20±0.4　　D．20±0.5

15. 计算图 8-37 中 Z 的最大值和最小值是（   ），图纸尺寸公差标注如图 8-36 所示。

A．20±0.2　　B．20±0.3　　C．20±0.4　　D．20±0.5

16. 计算图 8-37 中 W 的最大值和最小值是（   ），图纸尺寸公差标注如图 8-36 所示。

A．55±0.2　　B．55±0.3　　C．55±0.4　　D．55±0.8

三、应用题

根据图 8-38 的标注，回答下面问题。

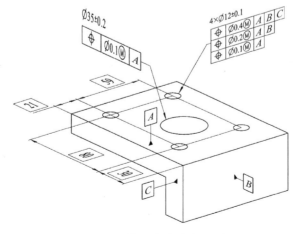

图 8-38　位置度公差应用示例

1. 直径为 12 的四个孔的相互位置度公差最大可以达到_____？
2. 直径为 12 的四个孔相对基准 B 的位置度公差最大可以达到_____？
3. 直径为 12 的四个孔相对基准 C 的位置度公差最大可以达到_____？
4. 检具测量四个孔的相互位置度公差，检具销尺寸大小是_____？
5. 测量四个孔相对基准 B 位置度公差，检具销尺寸大小是_____？
6. 测量四个孔相对基准 C 位置度公差，检具销尺寸大小是_____？
7. 理论尺寸 59 的最大公差是_____？
8. 理论尺寸 21 的最大公差是_____？
9. 理论尺寸 30 的最大公差是_____？
10. 直径为 35 的孔相对基准 A 的垂直度的最大允许值是_____？

第 9 章

轮廓度公差理解与应用

轮廓度公差有两种类型（见表 9-1），即面轮廓度和线轮廓度。轮廓度公差所定义的公差带可以控制要素相对于理论轮廓的尺寸、形状、方向和位置。根据设计功能要求，轮廓度公差可以和基准关联，也可以不关联，轮廓度公差能管控表面要素，不能管控中心要素。

表 9-1 轮廓度公差类型

公差类型	公差名称	符 号	基 准
轮廓度公差	面轮廓度	⌒	有或无基准
	线轮廓度	⌒	

9.1 理论轮廓

轮廓就是表面的轮廓线或面，由一个或几个表面要素组成。理论轮廓的定义方式包括理论半径、理论角度尺寸、理论坐标尺寸、理论大小尺寸，或者设计 CAD 模型。理论轮廓标注示例如图 9-1 所示。

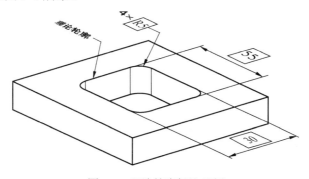

图 9-1 理论轮廓标注示例

9.2 面轮廓度公差

面轮廓度公差的公差带是三维的，是沿着被测要素的长度和宽度方向，或者全周展开的。公差带是相对理论轮廓对称分布的，公差带的形状和被管控的理论轮廓的形状一样。面轮廓度公差可以适用于各种形状的零件表面，可以应用在平面上，也可以应用在曲面上。当应用在多个表面时，应该遵循成组要素的公差带内部的约束。

根据设计功能要求的不同，面轮廓度公差可以选择带基准或不带基准。实际表面的所有点都必须在公差带里。面轮廓度公差标注示例如图 9-2 所示。

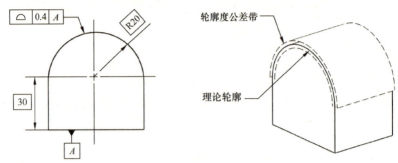

图 9-2　面轮廓度公差标注示例

9.2.1　不带基准的面轮廓度公差

不带基准的面轮廓度公差标注在平面上的示例如图 9-3 所示。不带基准的面轮廓度公差 0.8 标注在平面上，其公差带是相对理论轮廓对称分布的，因为没有基准约束，所以公差带不需要相对基准 A 固定在理论位置上，公差带可以上下平移，也可以转动，只需要实际平面的所有点都在公差带里，即实际表面最高点和最低点之差不超过公差带 0.8。图 9-3 中的轮廓度公差只管控了平面的形状误差，相当于平面度公差功能。

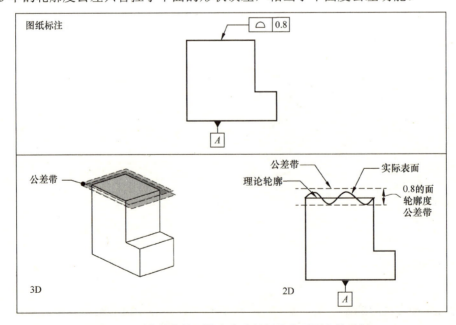

图 9-3　不带基准的面轮廓度公差标注在平面上的示例

不带基准的面轮廓度公差标注在曲面上的示例如图 9-4 所示。不带基准的面轮廓度公差 0.8 标注在曲面上,其公差带是相对理论轮廓对称分布的,由于没有基准的约束,所以公差带不需要相对基准 A 固定在理论位置上,公差带可以上下平移,也可以转动,只需要实际曲面的所有点都必须在公差带里,实际曲面不能超过轮廓度公差带的上下两个边界,图 9-4 中的轮廓度公差管控了曲面的形状误差和曲面的半径尺寸大小。

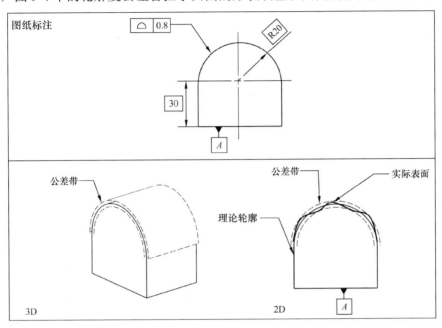

图 9-4 不带基准的面轮廓度公差不带基准标注在曲面上的示例

9.2.2 带基准的面轮廓度公差

带基准的面轮廓度公差标注在平面上的示例如图 9-5 所示。面轮廓度公差 0.8 带基准 A 标注在平面上,被管控平面到基准 A 的理论距离是 50,面轮廓度公差 0.8 的公差带是相对理论轮廓对称分布的,而理论轮廓相对基准 A 的距离固定为理论距离 50。基准 A 约束公差带的位置,公差带相对基准 A 固定在理论位置度上下不能动,实际平面的所有点都必须在公差带里。因此,实际表面最高点到基准 A 的距离是 50.4,实际表面最低点到基准 A 的距离是 49.6。图 9-5 中的轮廓度公差除管控表面的位置(高度)外,还管控自己表面的形状误差以及表面对基准 A 的方向即平行度误差。

带基准的面轮廓度公差标注在曲面上的示例如图 9-6 所示。面轮廓度公差带基准也可以标注在曲面上,面轮廓度公差 0.8 带基准 A 标注在曲面上,其公差带是相对理论轮廓对称分布的,而理论轮廓相对基准 A 的距离固定为理论距离,基准 A 约束公差带的位置,公差带相对基准 A 固定在理论位置度上下不能动,实际曲面的所有点都必须在公差带里。因此,实际表面相对理论位置向上偏移最大值是 0.4,向下偏移最小值是 0.4。实际曲面不能超过轮廓度公差带的上下两个边界。面轮廓度公差带基准标注在曲面上，除管控曲面相对基准的位置外，还管控曲面自身的形状误差及曲面相对基准的方向误差和曲面的半径尺寸大小。

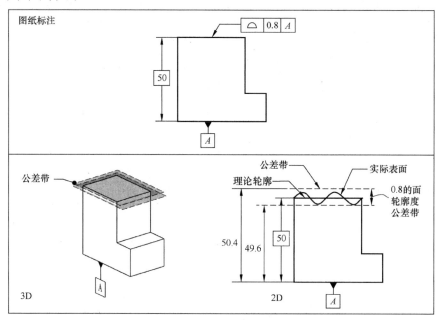

图 9-5　带基准的面轮廓度公差标注在平面上的示例

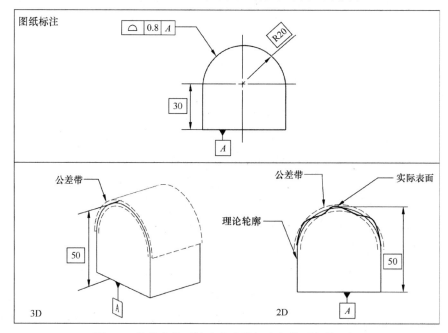

图 9-6　带基准的面轮廓度公差标注在曲面上的示例

9.2.3 非对称面轮廓度公差

面轮廓度公差带默认情况下是相对理论轮廓对称分布的，如果需要面轮廓度公差带相对理论轮廓非对称分布，就需要在面轮廓度公差后面加修饰符号Ⓤ，Ⓤ后面的数值表示公差带相对理论轮廓向增加材料方向（材料外面）的偏移量，公差带的总体宽度等于轮廓度公差值，非对称面轮廓度公差带定义的示例如图9-7所示。根据设计功能需求，可以通过Ⓤ后面的数值表达出公差带全部在材料增加的方向的单向轮廓度公差、公差带全部在材料减少的方向的单向轮廓度公差和公差带相对理论轮廓双向非对称轮廓度公差等。

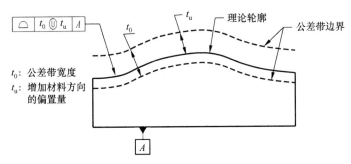

图9-7 非对称面轮廓度公差带定义的示例

1. 公差带全部在材料增加的方向的单向轮廓度公差

非对称面轮廓度标注示例（一）如图9-8所示。Ⓤ前面的数值0.8表示面轮廓度公差带的总体宽度，Ⓤ后面的数值0.8表示公差带相对理论轮廓向增加材料方向的偏移量，面轮廓度公差带全部在增加材料的方向。实际表面的所有点都必须在公差带里，所以实际表面相对基准A的最大距离是50.8，最小距离是50.0。另外，实际表面的形状误差和相对基准A平面的方向误差也不会超过面轮廓度公差带，图9-8中的单向轮廓度公差管控了实际表面相对基准的位置误差、方向误差和自身的形状误差。

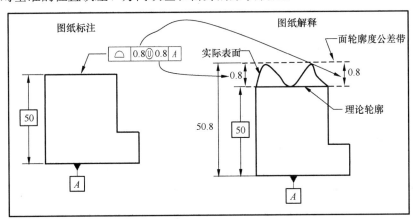

图9-8 非对称面轮廓度标注示例（一）

2. 公差带全部在材料减少的方向的单向轮廓度公差

非对称面轮廓度标注示例（二）如图 9-9 所示。Ⓤ前面的数值 0.8 表示面轮廓度公差带的总体宽度，Ⓤ后面的数值 0 表示公差带相对理论轮廓向增加材料方向的偏移量，面轮廓度公差带全部在减少材料的方向。实际表面的所有点都必须在公差带里，所以实际表面相对基准 A 的最大距离是 50，最小距离是 49.2。另外，实际表面的形状误差和相对基准 A 平面的方向误差也不会超过面轮廓度公差带，图 9-9 中的单向轮廓度公差管控了实际表面相对基准的位置误差、方向误差和自身的形状误差。

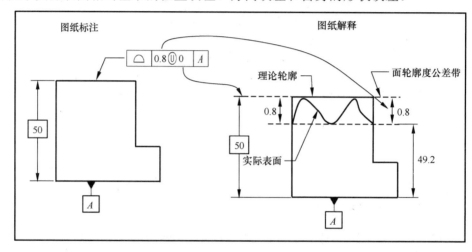

图 9-9 非对称面轮廓度标注示例（二）

3. 公差带相对理论轮廓双向非对称的轮廓度公差

非对称面轮廓度标注示例（三）如图 9-10 所示。Ⓤ前面的数值 0.8 表示面轮廓度公差带的总体宽度，Ⓤ后面的数值 0.5 表示公差带相对理论轮廓向增加材料方向的偏移量，面轮廓度公差带在增加材料的方向宽度是 0.5，在减少材料的方向宽度是 0.3，公差带相对理论轮廓双向非对称分布。实际表面的所有点都必须在公差带里，所以实际表面相对基准 A 的最大距离是 50.5，最小距离是 49.7。另外，实际表面的形状误差和相对基准 A 平面的方向误差也不会超过面轮廓度公差带，图 9-10 中的双向非对称的轮廓度公差管控了实际表面相对基准的位置误差、方向误差和自身的形状误差。

非对称面轮廓度标注应用示例如图 9-11 所示。非对称面轮廓度很好地解决了曲面的间隙问题，如图 9-11 所示的零件 1 和零件 2 通过基准 A 装配定位后，两个曲面的间隙大小不能小于图中的理论间隙值，也就是各个零件的曲面相对自己的理论轮廓都应该向材料减少的方向（材料里面）偏移，图纸的面轮廓度公差标注Ⓤ0 就可以满足产品的这种功能要求，其面轮廓度公差带如图 9-11 所示，面轮廓度公差带全部在减少材料的方向（材料里面），从而可以确保曲面的间隙大小要求。

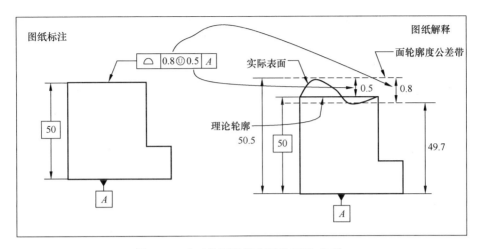

图 9-10 非对称面轮廓度标注示例（三）

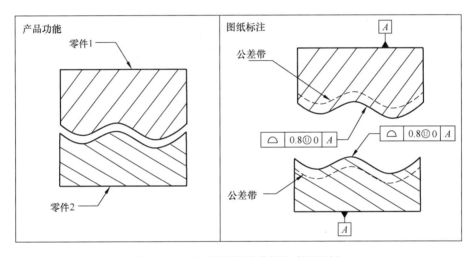

图 9-11 非对称面轮廓度标注应用示例

9.2.4 动态面轮廓度公差

动态面轮廓度公差标注示例（一）如图 9-12 所示。在图 9-12（a）中，非动态面轮廓度公差 0.8 标注在一个圆上，其公差带相对理论轮廓对称分布，公差带是两个同心圆。因为理论轮廓的直径尺寸大小是 30，且是固定的，所以其面轮廓度公差带的两个同心圆的直径尺寸大小也是固定的，最大圆直径是 30.8，最小圆直径是 29.2，而实际圆的轮廓必须在公差带里，所以图中面轮廓度公差管控了圆的直径尺寸大小和形状误差。

在图 9-12（b）中，动态面轮廓度公差 0.8 标注在圆上，其公差带是两个同心的圆，半径之差即公差带的宽度是 0.8，但公差带的尺寸大小是动态变化的，即图中的公差带的两个同心圆的直径尺寸大小不固定，随着被管控圆的实际尺寸而动态变化，实际圆的轮廓必须在其公差带里,所以图中的动态面轮廓度公差只管控圆的形状误差,不管控尺寸大小。

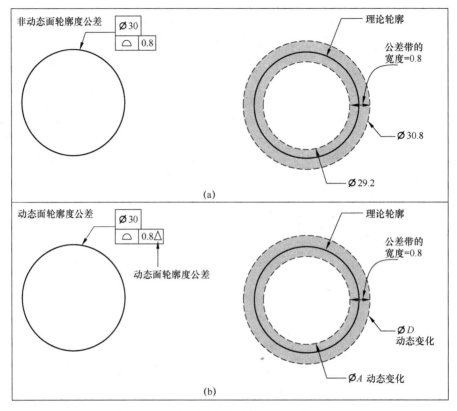

图 9-12 动态面轮廓度公差标注示例(一)

动态面轮廓度公差一般和非动态面轮廓度公差组合标注,从而加严形状的管控,尺寸大小由非动态面轮廓度公差管控。

动态面轮廓度公差标注示例(二)如图 9-13 所示,面轮廓度公差上下两行标注在一个方形的孔上。第一行面轮廓度公差值为 1,带了基准 A、B、C。第二行面轮廓度公差值为 0.4,公差值后面的三角形符号表示动态面轮廓度公差,0.4 的动态面轮廓度公差目的是要加严方孔的形状管控,而不是加严尺寸大小的管控。

动态面轮廓度公差的标注解释示例如图 9-14 所示,1.0 的面轮廓度公差带相对于理论轮廓对称分布,且相对基准 A、B、C 固定在理论位置,其公差带的宽度和公差带的尺寸大小都是固定的。1.0 的面轮廓度公差管控了方孔的尺寸大小、方向和位置误差。

0.4 的面轮廓度公差,其公差带的宽度是 0.4,但公差带的大小尺寸 H 和 L 是动态变化的,并且公差带不受基准的约束(因为没有带基准),即可以在 1.0 的大公差带中左右、上下平移和转动,但不能超过 1.0 的大公差带。实际全周表面应该在最小的 0.4 公差带里,所以 0.4 的面轮廓度公差加严了孔的形状误差管控,尺寸大小和方向、位置误差由 1.0 的面轮廓度公差管控。

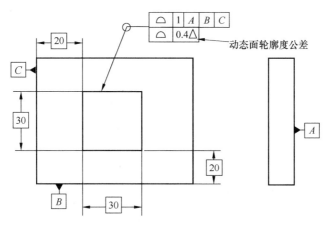

图 9-13 动态面轮廓度公差标注示例（二）

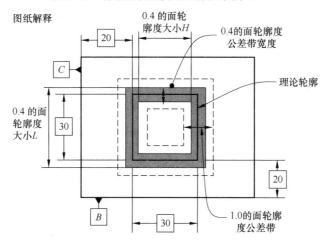

图 9-14 动态面轮廓度公差的标注解释示例

如果在图 9-13 中的动态轮廓度公差后加基准，则基准还会管控相应的方向和位置。如果在第二层动态轮廓度公差后加基准 A，则 0.4 的面轮廓度公差不仅管控形状误差，也管控相对基准 A 的方向即垂直度误差，但不管控尺寸大小。如果则在图 9-13 中第二层动态轮廓度公差后加基准 A、B，则 0.4 的面轮廓度公差不仅管控形状误差，也管控相对基准 A 的方向即垂直度误差，以及相对基准 B 的位置误差，但不管控尺寸大小。

9.2.5 非均匀面轮廓度公差带

默认的面轮廓度公差带，在沿着被管控表面的任意位置的宽度是一样的，如果希望面轮廓度公差在被管控表面每一点处的大小不一样，即希望面轮廓度公差带是非均匀的，则可以采用 From-To 符号和轮廓度公差组合实现相关功能的管控。非均匀面轮廓度公差带标注示例如图 9-15 所示，A 处的面轮廓度公差要求是 0.1，B 处的面轮廓度公差要求是 0.3，C 处的面轮廓度公差要求是 0.5。从 A 到 B 面轮廓度公差要求从 0.1 按比例地变化到 0.3，从 B 到 C 的面轮廓度公差要求从 0.3 按比例地变化到 0.5。其公差带如图 9-15 所示，它是一个非均匀面轮廓度公差带。

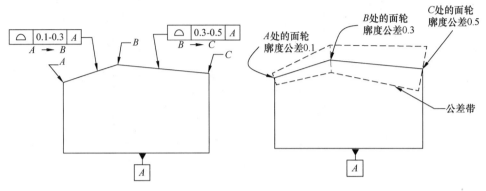

图 9-15　非均匀面轮廓度公差带标注示例

9.2.6　面轮廓度公差常用的修饰符号

面轮廓度公差常用的修饰符号见表 9-2，每个修饰符号表达不同的功能要求。如公差后面加Ⓕ，一般用在柔性零件上，表示公差要在自由状态下检测；公差后面加Ⓣ表示面轮廓度公差管控的是实际表面的相切平面，而不是实际表面本身。另外，面轮廓度公差管控的对象是表面要素，所以不能在公差后面加最大实体Ⓜ和最小实体Ⓛ修饰符号，但可以在公差框格中的基准后面加最大实体Ⓜ和最小实体Ⓛ修饰符号（当基准要素是尺寸要素时）。

表 9-2　面轮廓度公差常用的修饰符号

修饰符号	应　　用	表 达 功 能
Ⓕ	柔性零件	自由状态
ⓈⓉ	需要统计过程 SPC 管控	统计公差
Ⓤ	实际表面相对理论轮廓非对称分布	非对称面轮廓度公差
Ⓣ	管控实际表面的相切面	相切平面
△	对形状公差加严管控	动态面轮廓度公差

9.2.7　面轮廓度公差同时应用在多个表面

面轮廓度公差不带基准标注在多个表面示例（一）如图 9-16 所示，图中面轮廓度公差 0.8 不带基准同时标注在两个平面上，两个平面理想状态是共面的。前面分析过，当面轮廓度公差不带基准标注在一个平面时，只管控平面的形状误差。而图 9-16 所示的面轮廓度公差标注在成组要素上（图中的 2× 表示两个平面创建一个成组要素，关于成组要素的创建方式参照本书 2.2 节。），成组要素中各要素的公差带保持理论的位置和方向的内部约束，两个 0.8 的面轮廓度公差带同时管控两个平面，并且都相对自己的理论轮廓对称分布，两个面轮廓度公差带之间的距离固定为图纸中的理论距离 0，可以理解为把两个 0.8 的面轮廓度公差带绑定作为一个整体大公差带，各自的实际表面所有点要在自己的公差带里。所以图 9-16 所示的面轮廓度公差除管控各表面自身的形状误差外，还管控这两个表面之间的相互位置误差。

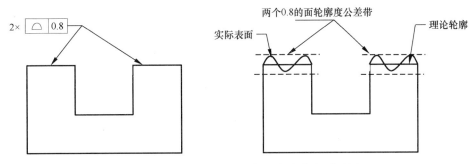

图 9-16　面轮廓度公差不带基准标注在多个表面示例（一）

面轮廓度公差不带基准标注在多个表面示例（二）如图 9-17 所示，两个表面之间的理论距离是 30，面轮廓度公差 0.8 不带基准同时标注在两个平面上。成组要素中各要素的公差带保持理论的位置和方向的内部约束，两个 0.8 的面轮廓度公差带同时管控两个平面，并且都相对自己的理论轮廓对称分布，两个面轮廓度公差带之间的距离固定为图纸中的理论距离 30，各自的实际表面所有点要在自己的公差带里。所以图 9-17 所示的面轮廓度公差除管控各表面自身的形状误差外，还管控这两个表面之间的相互位置误差（30±0.8）。

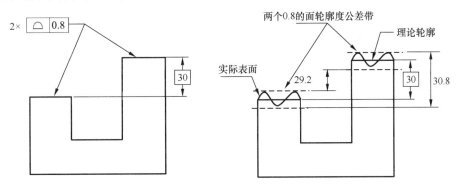

图 9-17　面轮廓度公差不带基准标注在多个表面示例（二）

面轮廓度公差带基准标注在多个表面示例如图 9-18 所示，面轮廓度公差 0.8 带基准同时标注在两个表面上，两个表面之间的理论距离是 30，每个表面到基准 A 的理论距离分别是 60 和 90。两个 0.8 的面轮廓度公差带同时管控两个表面，并且都相对自己的理论轮廓对称分布，两个面轮廓度公差带之间的距离固定为图纸中的理论距离 30，并且分别和基准 A 保持固定的理论距离 60 和 90，各自表面所有的点都不能超出自己的公差带。所以图 9-18 所示的面轮廓度公差首先要管控各表面的形状误差，其次还要管控每个表面对基准 A 的位置误差（分别是 60±0.4 和 90±0.4），最后还要管控两个表面之间的相互位置误差（30±0.8）。

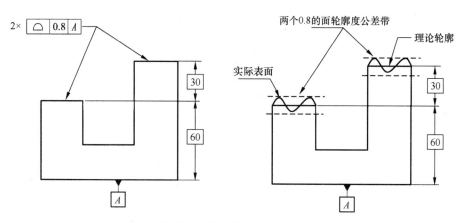

图 9-18 面轮廓度公差带基准标注在多个表面示例

9.2.8 面轮廓度公差应用在闭合的表面

面轮廓度公差标注在闭合的表面示例如图 9-19 所示,图中面轮廓度公差 0.8 不带基准标注在一个边长为 30 的方形孔上,并且加了一个全周符号,全周符号把图中四个表面创建一个成组要素,成组要素中各要素的公差带保持理论的位置和方向的内部约束。0.8 的面轮廓度公差带同时管控孔的四个表面,而且公差带相对理论轮廓对称分布,四个面轮廓度公差带之间固定为图纸中的理论距离和方向。因为理论尺寸大小是固定的 30,所以公差带的尺寸大小是固定的,最长是 30.8,最短是 29.2,实际孔一定要在公差带里,即孔的边长最长是 30.8,最短是 29.2。所以图 9-19 所示的面轮廓度公差把孔的尺寸大小管控在 30±0.8,同时也管控了形状误差。同理面轮廓度公差标注应用在一段圆弧上,同样管控圆弧的尺寸大小和形状误差。

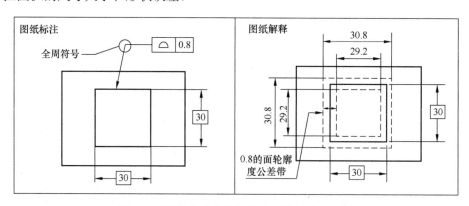

图 9-19 面轮廓度公差标注在闭合的表面示例

面轮廓度公差管控不规则孔的尺寸标注示例如图 9-20 所示,面轮廓度公差标注在闭合的表面管控尺寸大小,实际上主要应用在一些不规则形状的孔或曲面上,图 9-20 所示的孔是一个不规则的异形孔,用面轮廓度公差标注,0.8 的面轮廓度公差带相对理论轮廓对称分布，面轮廓度公差带的形状和理论轮廓的形状一样，实际孔的表面必须在公差带里。所以图 9-20 中的面轮廓度公差很好地把孔的最大尺寸和最小尺寸管控了，该异形孔的理论尺寸请参照 3D 模型。

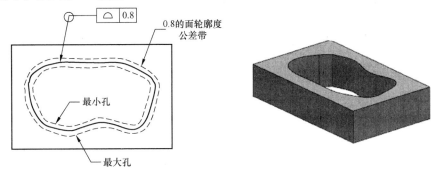

图 9-20　面轮廓度公差管控不规则孔的尺寸标注示例

9.2.9　面轮廓度和位置度公差组合应用

面轮廓度和位置度公差组合标注应用示例如图 9-21 所示，面轮廓度和位置度公差组合标注应用在一个不规则的孔上，孔的理论尺寸大小参照图纸标注，孔到基准 B 和基准 C 的理论位置都是 20。图纸标注面轮廓度公差 0.8 加全周符号，位置度公差 0.5 加修饰符号Ⓜ。图纸解释如图 9-21 所示，面轮廓度公差带 0.8 相对理论轮廓对称分布，实际表面必须在面轮廓度公差带里，实际孔的最大值和最小值被面轮廓度公差管控了。位置度公差主要管控孔相对基准 B 和基准 C 的位置误差以及对基准 A 的垂直度误差，按照位置度公差采用最大实体要求后的表面解释，实际孔的表面不能突破由位置度公差管控的一个实效边界，从而可以保证孔的装配功能，实效边界的大小等于最小孔尺寸减去位置度公差。

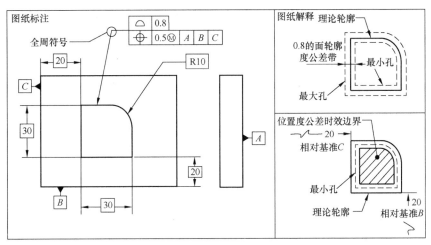

图 9-21　面轮廓度和位置度公差组合标注应用示例

对于异形结构，可以通过轮廓度公差和位置度公差组合管控，轮廓度公差管控异形结构的尺寸大小和形状误差，位置度公差加最大实体要求管控异形结构的装配边界。

9.2.10 组合面轮廓度公差的理解与应用

组合面轮廓度公差标注应用示例（一）如图 9-22 所示，平板上的两个方孔的边长理论尺寸都是 30，两个方孔之间的理论距离是 40，每个方孔相对基准 B、C 的理论位置是 20。图纸中的面轮廓度公差有上下两行：第一行面轮廓度公差为 0.8，带了三个基准 A、B、C，第二行面轮廓度公差 0.4 带了一个基准 A。

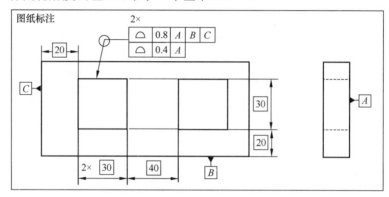

图 9-22 组合面轮廓度公差标注应用示例（一）

组合面轮廓度中 0.8 的面轮廓度公差带解释示例（一）如图 9-23 所示。公差值为 0.8 的面轮廓度，两个 0.8 的面轮廓度公差带分别相对自己的理论轮廓对称分布，两个公差带之间的距离固定了理论距离 40，并且每个公差带相对基准 B、C 固定了图纸中的理论位置，每个公差带对基准 A 垂直，三个基准把公差带的自由度全部约束了，公差带固定在理论位置不能动。

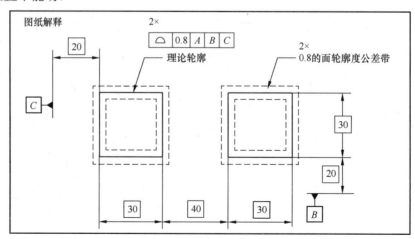

图 9-23 组合面轮廓度中 0.8 的面轮廓度公差带解释示例（一）

组合面轮廓度中 0.4 的面轮廓度公差带解释示例（一）如图 9-24 所示。公差值是 0.4 的面轮廓度，两个 0.4 的面轮廓度公差带分别相对自己的理论轮廓对称分布，两个公差带之间的距离固定了理论距离 40（成组要素中各要素的公差带保持理论位置和方向的内部约束），每个公差带对基准 A 垂直，每个公差带对基准 B、C 没有位置要求，两个 0.4 的公差带可以同时左右、上下平移和转动。

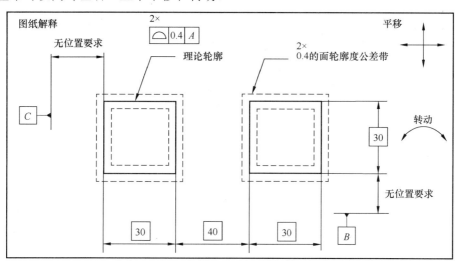

图 9-24　组合面轮廓度中 0.4 的面轮廓度公差带解释示例（一）

组合面轮廓度总体公差带解释示例（一）如图 9-25 所示，把两行公差带放在一起，两个 0.8 的面轮廓度公差带相对基准 B 和基准 C 固定在理论位置不动，同时垂直于基准 A，并且相对自己的理论轮廓对称分布。两个 0.4 的面轮廓度公差带之间的距离固定为图纸中的理论距离，同时垂直于基准 A，相对基准 B 和基准 C 无位置和方向要求。即两个 0.4 的面轮廓度公差带可以一起在 0.8 的面轮廓度公差带里左右、上下平移和转动，不能超出 0.8 的面轮廓度公差带。实际每个孔的表面必须在自己的最小 0.4 的面轮廓度公差带里。综上所述，0.4 的面轮廓度公差管控了孔的尺寸大小、形状误差，两个孔相互位置误差以及每个孔对基准 A 的垂直度误差；而 0.8 的面轮廓度公差管控每个孔相对基准 B 和基准 C 的位置误差。

组合面轮廓度标注应用示例（二）如图 9-26 所示，图纸中的面轮廓度公差有上下两行：第一行面轮廓度公差为 0.8，带了三个基准 A、B、C；第二行面轮廓度公差 0.4 带了两个基准 A、B。

第一行，公差值为 0.8 的面轮廓度公差带分布状态和图 9-23 所示的公差带是一样的。下面分析第二行面轮廓度公差带的分布，两个 0.4 的面轮廓度公差带之间的距离固定为图纸中的理论距离 40（成组要素中各要素的公差带保持理论位置和方向的内部约束），并且每个公差带都相对自己的理论轮廓对称分布。另外，因为 0.4 的面轮廓度公差带了两个基准 A、B，两个公差带还要垂直于基准 A，并且和基准 B 固定为图纸中的理论位置 20，但对基准 C 没有位置要求，即两个 0.4 的面轮廓度公差带可以左右平移，组合面轮廓度中 0.4 的面轮廓度公差带解释示例（二）如图 9-27 所示。

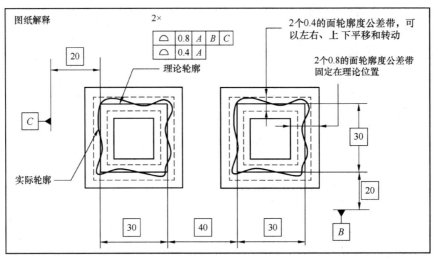

图 9-25　组合面轮廓度总体公差带解释示例（一）

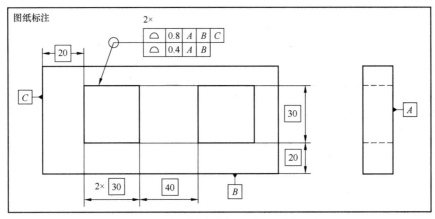

图 9-26　组合面轮廓度标注应用示例（二）

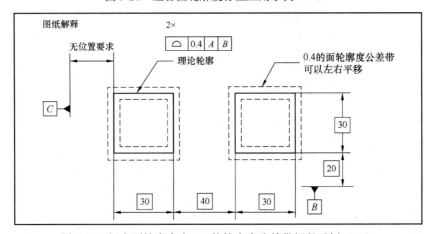

图 9-27　组合面轮廓度中 0.4 的轮廓度公差带解释示例（二）

组合面轮廓度总体公差带解释示例（二）如图 9-28 所示，把两行公差带放在一起，两个 0.8 的面轮廓度公差带相对基准 B 和基准 C 固定为图纸中的理论位置不动，同时垂直于基准 A，并且相对自己的理论轮廓对称分布。两个 0.4 的面轮廓度公差带之间的距离固定为图纸中的理论距离，同时垂直于基准 A，相对基准 B 固定为理论位置，对基准 C 无位置要求，即两个 0.4 的面轮廓度公差带可以同时在 0.8 的面轮廓度公差带里左平右移，但不能上下平移，不能超出 0.8 的面轮廓度公差带。实际孔的表面必须在最小 0.4 的面轮廓度公差带里。综上所述，0.4 的面轮廓度公差管控孔的尺寸大小、形状误差、相互位置误差、对基准 A 的垂直度误差，以及对基准 B 的位置误差；而 0.8 的面轮廓度公差管控每个孔相对基准 C 的位置误差。

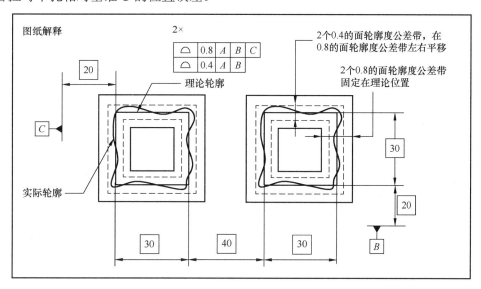

图 9-28　组合面轮廓度总体公差带解释示例（二）

9.3　线轮廓度公差

当要求控制表面横截面的线要素时，可标注线轮廓度公差。线轮廓度公差的公差带是二维的，公差带是相对理论线轮廓对称分布的，公差带的形状和被管控的理论线轮廓的形状一样。线轮廓度公差适用于各种形状的零件表面线要素，主要应用在曲线上。

线轮廓度公差可以选择带基准或不带基准，带不带基准取决于图纸要表达的功能，实际线要素的所有点都必须在公差带里。

9.3.1　不带基准的线轮廓度公差

不带基准的线轮廓度公差标注示例如图 9-29 所示。不带基准的线轮廓度公差 0.8 标注在曲线上，线轮廓度公差 0.8 的公差带是相对理论轮廓对称分布的，公差带是两条曲线，形状和理论曲线一样。由于没有基准约束，公差带不需要相对基准固定在理论位置上，公差带可以上下平移，也可以转动。实际任意截面曲线的所有点在相对应的线轮廓度公差带里。线轮廓度公差管控任意截面曲线的形状误差和尺寸大小。

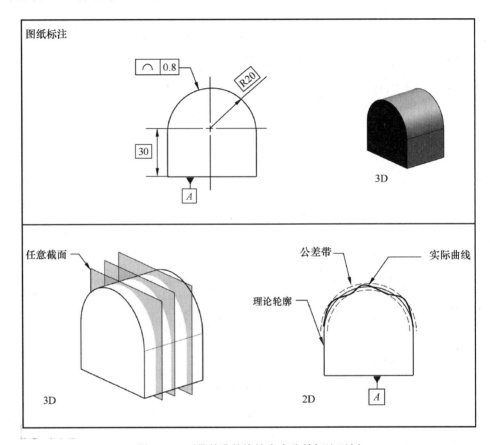

图 9-29　不带基准的线轮廓度公差标注示例

9.3.2　带基准的线轮廓度公差

带基准的线轮廓度公差标注示例如图 9-30 所示。线轮廓度公差 0.8 带基准 A 标注在曲线上，线轮廓度公差 0.8 的公差带是相对理论轮廓对称分布的，而理论轮廓相对基准 A 的距离固定为理论距离，所以线轮廓度公差带相对基准 A 是固定，公差带是两条曲线，形状和理论曲线一样。实际任意截面曲线的所有点都必须在相对应的线轮廓度公差带里，所以实际任意截面的曲线相对理论位置最大向上偏移 0.4，最大向下偏移 0.4。线轮廓度公差带基准标注在曲线上，除管控曲线相对基准的位置外，还管控曲线自身的尺寸大小、形状误差及曲线相对基准的方向误差。

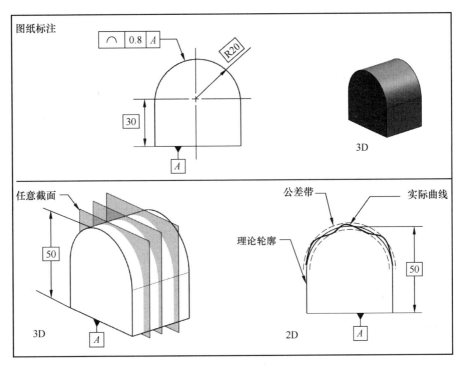

图 9-30 带基准的线轮廓度公差标注示例

9.4 轮廓度公差的检测与原理

轮廓度公差的检测方法最常见的是三坐标测量机（CMM）检测。除三坐标测量机这种数字化检测设备外，也可以做计量检具或功能检具检测。无论采用哪种检测方法，都必须理解轮廓度的检测原理和判断依据。

"ASME Y14.5.1—2019—*Mathematical Definition of Dimensioning and Tolerancing Principles*（尺寸和公差原则的数学定义）"中对轮廓度公差实测值的定义是，无论是双边对称公差，还是双边不对称公差，带基准或不带基准的轮廓度公差，实测值都是实际轮廓相对轮廓度公差带中心的最大偏差值的两倍。

9.4.1 自由度全约束的轮廓度公差

1）对称轮廓度公差

自由度全约束的对称轮廓度公差测量原理示例如图 9-31 所示，图中曲面的轮廓度公差带三个基准 A、B、C，轮廓度公差带相对理论轮廓对称分布（公差带中心和理论轮廓重合），宽度等于公差值 t_0，公差带自由度全被基准约束。把轮廓度公差带两个边界等量收缩或扩张，实际轮廓刚好被包容即可，其收缩或扩张的数值为 g。如果实际全部轮廓在公差带内就收缩,其数值 g 是负数;如果实际部分轮廓在公差带外就扩张,其数值 g 是正数。包容实际轮廓的实际包容区域的宽度为 t_0+2g,其值等于轮廓度实测值。而实际包容区域的宽度等于实际轮廓度相对公差带中心最大偏差量的 2 倍。

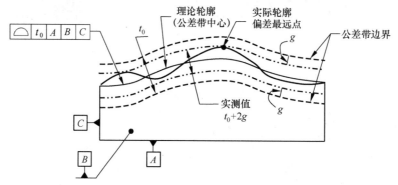

图 9-31　自由度全约束的对称轮廓度公差测量原理示例

2）非对称轮廓度公差

自由度全约束的非对称轮廓度公差测量原理示例如图 9-32 所示,图中曲面的非对称轮廓度公差带三个基准 A、B、C,轮廓度公差带相对理论轮廓非对称分布(公差带中心和理论轮廓不重合),公差带总体宽度等于公差值 t_0,材料增加的方向宽度为 t_u,并且自由度全被基准约束。把轮廓度公差带两个边界等量收缩或扩张,实际轮廓刚好被包容即可,其收缩或扩张的数值为 g。如果实际全部轮廓在公差带内就收缩,其数值 g 是负数;如果实际部分轮廓在公差带外就扩张,其数值 g 是正数。包容实际轮廓的实际包容区域的宽度为 t_0+2g,其值等于轮廓度实测值。而实际包容区域的宽度等于实际轮廓度相对公差带中心最大偏差量的 2 倍。

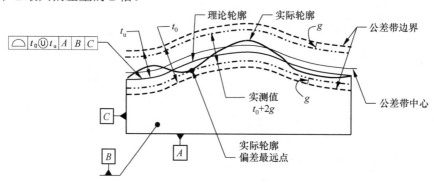

图 9-32　自由度全约束的非对称轮廓度公差测量原理示例

9.4.2　自由度未被全约束的轮廓度公差

自由度未被全约束的轮廓度公差的图纸标注常见有不带基准的轮廓度(轮廓度公差自由度一个都没有被约束),或者带基准但基准不能约束公差带的全部自由度,复合轮廓度公差的第二层（基准只能约束公差带的转动自由度，不约束平移自由度）。

1）单个要素不带基准的轮廓度公差

自由度未被全约束的轮廓度公差测量原理示例（一）如图 9-33 所示，轮廓度公差 0.8 不带基准标注在一个平面上。其公差带相对理论轮廓对称分布（公差带中心和理论轮廓重合），宽度等于公差值 0.8，图中的轮廓度公差带不受基准的约束，公差带可以上下平移和转动，如图 9-33（a）所示。

把轮廓度公差带两个边界等量收缩或扩张，实际轮廓刚好被包容即可，其收缩或扩张的数值为 g。如果实际全部轮廓在公差带内就收缩，其数值 g 是负数；如果实际部分轮廓在公差带外就扩张，其数值 g 是正数。包容实际轮廓的实际包容区域的宽度为 t_0+2g，其值等于轮廓度实测值。而实际包容区域的宽度等于实际轮廓度相对公差带中心最大偏差量的 2 倍。同时要通过公差带的移动和旋转保证实际包容区域的宽度最小（最小区域法）。

图 9-33（b）中没有转动公差带，直接收缩公差带包容实际轮廓，得到的实际包容区域的宽度没有最佳拟合到最小尺寸，所以不是实际轮廓度值。图 9-31（c）中通过转动公差带，然后再收缩公差带包容实际轮廓，得到的实际包容区域的宽度是最佳拟合后的最小宽度，其值就是轮廓度实测值，这种方法也叫最小区域法（把实际包容区域尺寸优化到最小尺寸）。

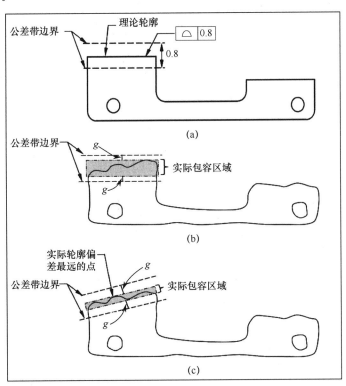

图 9-33　自由度未被全约束的轮廓度公差测量原理示例（一）

2）成组要素不带基准的轮廓度公差

自由度未被全约束的轮廓度公差测量原理示例（二）如图 9-34 所示，轮廓度公差 0.8 不带基准标注在两个平面上。每个平面的公差带相对理论轮廓对称分布（公差带中心和理论轮廓重合），宽度等于公差值 0.8。两个公差带之间固定图纸中的理论距离 20（成组要素的公差带之间保持着理论位置和方向的内部约束），轮廓度公差带不受基准的约束，两个公差带可以一起平移和转动，如图 9-34（a）所示。

分别把两个平面的轮廓度公差带两个边界等量收缩或扩张，实际轮廓刚好被包容即可，其收缩或扩张的数值为 g。如果实际全部轮廓在公差带内就收缩，其数值 g 是负数；如果实际部分轮廓在公差带外就扩张，其数值 g 是正数。包容实际轮廓的实际包容区域的宽度为 t_0+2g，其值等于轮廓度实测值。而实际包容区域的宽度等于实际轮廓度相对公差带中心最大偏差量的 2 倍。在包容实际轮廓的同时要通过公差带的平移和转动保证各自实际包容区域的宽度尺寸最小（最小区域法），并且两个实际包容区域宽度的中心距离保持图纸标注的理论距离 20 和理论方向（平行）。

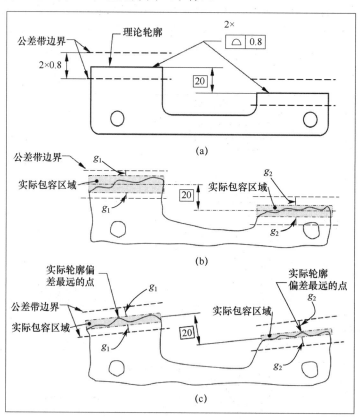

图 9-34　自由度未被全约束的轮廓度公差测量原理示例（二）

图 9-34（b）中没有转动公差带，直接收缩公差带包容实际轮廓，得到的实际包容区域的宽度没有最佳拟合到最小尺寸，所以不是轮廓度实测值。图 9-34（c）中通过转动

公差带，然后再收缩公差带包容实际轮廓，得到的实际包容区域的宽度是最佳拟合后的各自的最小宽度，其值就是表面对应的轮廓度实测值，这种方法也叫最小区域法（把实际包容区域尺寸优化到最小尺寸），左右两个平面的轮廓度实测值可能不一样。

注意，当轮廓度公差标注在成组要素上，并且公差带自由度未被全约束时，要同时最佳拟合评价，而不是对各要素独立最佳拟合评价，以确保实际包容区域宽度的中心保持图中的理论位置和方向。

3）复合轮廓度公差

自由度未被全约束的轮廓度公差测量原理示例（三）如图 9-35 所示，复合轮廓度公差第二层公差 0.2 带基准 A、B、C。由复合轮廓度公差的定义，第二层的基准只约束公差带的转动自由度，不约束平移自由度。0.2 的轮廓度公差带相对基准 A、B、C 可以上下平移，但不能转动。公差带相对理论轮廓对称分布（公差带中心和理论轮廓重合），宽度等于公差值 0.2。两个公差带之间固定图纸中的理论距离 20（成组要素的公差带之间保持着理论位置和方向的内部约束），如图 9-33（a）所示。

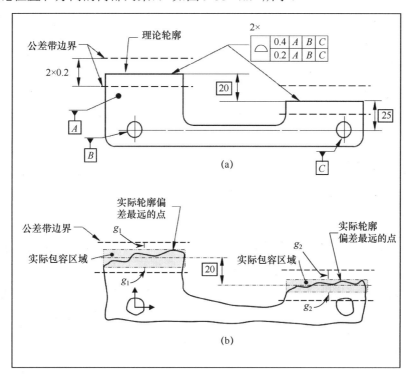

图 9-35　自由度未被全约束的轮廓度公差测量原理示例（三）

分别把两个平面的轮廓度公差带两个边界等量收缩或扩张，实际轮廓刚好被包容即可，其收缩或扩张的数值为 g。如果实际全部轮廓在公差带内就收缩，其数值 g 是负数；如果实际部分轮廓在公差带外就扩张，其数值 g 是正数。包容实际轮廓的实际包容区域

的宽度为 t_0+2g，其值等于轮廓度实测值。左右两个表面的轮廓度实测值可能不一样。而实际包容区域的宽度等于实际轮廓度相对公差带中心最大偏差量的 2 倍。在包容实际轮廓的同时要通过公差带的平移（不能转动）保证各自实际包容区域的宽度最小（最小区域法），并且两个实际包容区域宽度的中心距离保持图纸标注的理论距离 20 和理论方向（平行），实际包容区域相对基准 A、B、C 不需要固定为理论距离。

9.4.3 轮廓度公差三坐标测量机检测

三坐标中测量轮廓度操作步骤和思路大致如下，图纸标注示例如图 9-31 所示。

1）基准的建立

首先在基准要素 A 表面按照一定的取点规则取点，采用约束的最小二乘法（约束的 L2）拟合基准平面 A。

其次在基准要素 B 表面按照一定的取点规则取点，采用约束的最小二乘法（约束的 L2）拟合基准平面 B，同时约束基准平面 B 相对基准平面 A 保持理想的方向关系。

最后在基准要素 C 表面按照一定的取点规则取点，采用约束的最小二乘法（约束的 L2）拟合基准平面 C，同时约束基准平面 C 相对基准平面 A 和基准平面 B 保持理想的方向关系。

2）被测要素的提取

按照一定的取点规则在实际曲面上取点，提取实际被测要素。

3）被测要素的拟合

采用最小区域法对实际曲面上提取的点进行拟合，得到拟合的理论曲面轮廓。其中，拟合理论轮廓的形状和位置由理论尺寸和基准 A、B、C 确定。

4）评估

实际面轮廓度误差值为提取的点到拟合理论轮廓（公差带中心）的最大偏差量的 2 倍。实际轮廓度误差值小于图纸标注的轮廓度公差值即合格。

注意，如果有三维模型，可直接导入三维模型（三维模型代表理论轮廓），按照基准的标注顺序，依次把建立好的三个基准 A、B、C 与模型上三个基准平面对齐，然后比较提取曲面轮廓上的点与模型上的理论轮廓的偏差，最大偏差量的 2 倍就是实际面轮廓度误差值。

9.5 轮廓度公差图纸标注思路与案例

第一步，功能分析

当对一个零件标注轮廓度公差之前，首先对零件的功能要求进行详细分析。零件轮廓度公差标注案例之功能分析如图 9-36 所示，零件功能描述如下。

（1）零件通过一个平面和两个圆柱孔装配定位，大平面是主定位面，两个圆柱孔的圆柱面是次定位面，并且定位没有主次先后之分。由此可知大平面是图纸标注的第一基准，两个圆柱孔是第二基准。

（2）平面 1 和平面 2 相对定位基准的位置和方向公差要求为 0.4，两个平面之间的相互位置度公差要求为 0.2。

（3）异形孔相对定位基准的位置和方向公差要求为 0.6，尺寸公差要求为 0.3，并且相对理论尺寸只能大不能小，形状公差要求为 0.1。

（4）PA 到 PB 之间的表面相对定位基准的位置和方向公差要求 0.5，PB 到 PC 之间的表面相对定位基准的位置和方向公差要求为 0.6，并且公差带非对称分布，增加材料方向（材料外面）为 0.4。

（5）其他不重要的表面，相对定位基准的位置度公差要求为 1.5。

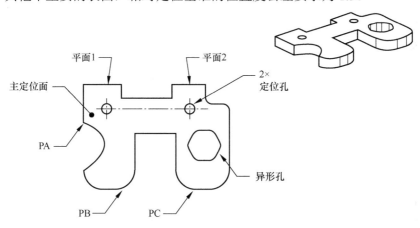

图 9-36　零件轮廓度公差标注案例之功能分析

第二步，基准要素的标注与管控

零件的功能分析好后，开始标注基准要素并对基准要素进行相应的管控。因为大平面是主定位，标注为第一基准 A，并且标注平面度公差管控。两个圆柱孔是次定位，标注为第二基准 B，并且标注带基准 A 的位置度公差管控两个圆柱孔之间的相互位置，以及对基准 A 的方向误差，同时标注尺寸公差管控圆柱孔的尺寸大小。零件轮廓度公差标注案例之基准要素的标注与管控如图 9-37 所示。

第三步，功能要素的管控

用基准去约束各个功能要素的几何公差带，并且结合各个要素不同的功能要求，采用不同的标注方式和修饰符号。零件轮廓度公差标注案例之功能要素管控如图 9-38 所示。

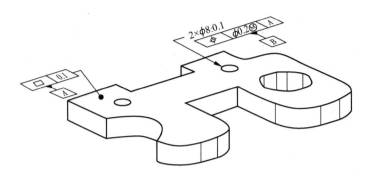

图 9-37 零件轮廓度公差标注案例之基准要素标注与管控

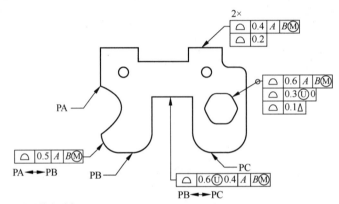

通用技术要求：
1. 此图按照 ASME Y14.5—2018 执行。
2. 未注理论尺寸按照 3D 模型执行。
2. 未注表面的轮廓度公差按照 ⌒ 1.5 A B Ⓜ 执行。

图 9-38 零件轮廓度公差标注案例之功能要素管控

平面 1 和平面 2 标成一个成组要素（用 2× 表达），用组合轮廓度公差管控。第一层带基准 A、B 的轮廓度公差 0.4，管控相对基准的位置和方向误差。第二层不带基准的轮廓度公差 0.2，管控两个平面之间的相互位置和自身的形状误差。

异形孔的所有表面标成一个成组要素（用全周符号表达），用组合轮廓度公差管控。第一层带基准 A、B 的轮廓度公差 0.6，管控相对基准的位置和方向误差。第二层轮廓度公差 0.3，结合非对称轮廓度公差修饰符号Ⓤ，表达异形孔的尺寸只能做大。第三层轮廓度公差 0.1，结合动态轮廓度公差修饰符号，加严形状的管控。

PA 到 PB 之间的表面标成一个成组要素（用区间符号表达），用带基准 A、B 的轮廓度公差 0.5 管控相对基准的位置和方向误差。

PB 到 PC 之间的表面标成一个成组要素（用区间符号表达），用带基准 A、B 的轮廓度公差 0.6，结合非对称轮廓度公差修饰符号Ⓤ，表达表面相对理论轮廓非对称分布。

其他不重要的表面在通用技术要求中用轮廓度公差表达。

9.6 轮廓度公差标注规范性检查流程

图 9-39 所示的轮廓度公差标注规范性检查流程图示例详细解释了轮廓度公差图纸标注规范性检查流程，这有助于工程师快速检查轮廓度公差常见大部分图纸标注问题。流程图中的每个步骤需要检查的内容如下。

① 轮廓度公差是否标注在表面要素上？
② 轮廓度公差带是否明确表达（对称、非对称和非均匀公差带）？
③ 理论轮廓是否正确表达？
④ 轮廓度公差值前面是否加了修饰符号 φ？公差值后面是否加了修饰符号 Ⓜ Ⓛ Ⓟ？

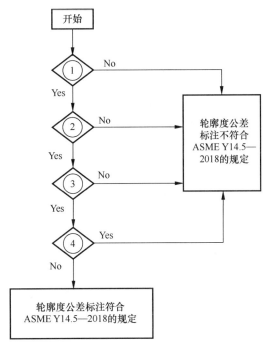

图 9-39 轮廓度公差标注规范性检查流程图示例

本 章 习 题

一、判断题

1. 理论轮廓是由参考尺寸定义的。（   ）

2. 轮廓度公差标注都必须带基准。（   ）
3. 轮廓度公差可以管控要素的尺寸、形状、方向和位置误差。（   ）
4. 面轮廓度公差加全周符号，表示面轮廓度公差管控零件的所有表面。（   ）
5. 面轮廓度公差不带基准，标注在多个表面可以管控表面之间相互位置关系。（   ）
6. 轮廓度公差后加Ⓤ，表示轮廓度公差带非均匀分布。（   ）
7. 通过Ⓜ可以保证轮廓度公差带是单边公差带。（   ）
8. 标注轮廓度公差，公差框格最少 2 格。（   ）
9. 轮廓度公差带的宽度可以是非均匀的。（   ）
10. 轮廓度公差后面可以加最大实体要求修饰符号。（   ）
11. 轮廓度公差如果带基准，基准后面可以加最大实体修饰符号。（   ）
12. 动态轮廓度公差可以加严尺寸、形状、方向的管控。（   ）

二、选择题

1. 轮廓度公差可以管控的几何特性有（   ）。
   A．形状　　　　　B．方向　　　　　C．位置　　　　　D．以上所有
2. 轮廓度公差后面可以采用的修饰符号是（   ）。
   A．最大实体Ⓜ　　　　　　　　　　　B．最小实体Ⓛ
   C．非对称公差Ⓤ　　　　　　　　　　D．以上所有
3. 理论轮廓可以由（   ）来定义。
   A．理论半径　　　B．理论角度　　　C．理论尺寸　　　D．以上所有
4. 默认的轮廓度公差带相对理论轮廓（   ）。
   A．非对称分布　　B．对称分布　　　C．随机分布　　　D．单边分布
5. 面轮廓度公差带形状是（   ）。
   A．两个相互平行的平面　　　　　　　B．两条相互平行的直线
   C．两个同心圆　　　　　　　　　　　D．与理论轮廓表面的形状一样
6. 轮廓度公差不带基准，标注在多个曲面上，可以管控（   ）。
   A．形状　　　　　B．相互位置　　　C．尺寸　　　　　D．以上所有
7. 轮廓度公差后面带Ⓤ，表示（   ）。
   A．公差有补偿　　　　　　　　　　　B．管控相切平面
   C．公差带相对理论轮廓非对称分布　　D．公差带要延伸
8. 按照图 9-40 所示的轮廓度公差标注，其圆的直径尺寸公差是（   ）。
   A．±0.8　　　　　B．±0.3　　　　　C．±0.4　　　　　D．±0.2

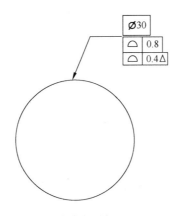

图 9-40 轮廓度公差标注示例（一）

9. 按照图 9-40 所示的轮廓度公差标注，其圆的圆度误差最大允许值是（　　）。

A. 0.8　　　　　　B. 0.4　　　　　　C. 0.2　　　　　　D. 0.3

10. 图 9-41 中方孔的长度是（　　）。

A. 50～50.4　　　B. 49.6～50.4　　　C. 50.2～50.4　　　D. 49.4～50.2

11. 图 9-41 中方孔对基准 A 的垂直度公差最大允许值是（　　）。

A. 0.3　　　　　　B. 0.7　　　　　　C. 0.4　　　　　　D. 0.1

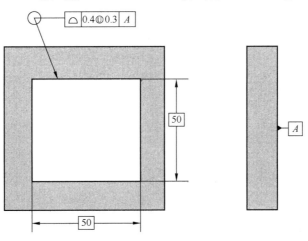

图 9-41 轮廓度公差标注示例（二）

12. 对图 9-42 中的轮廓度公差标注描述正确的是（　　）。

A. 管控的一个凹槽的一个表面　　　　B. 管控一个凹槽的所有表面
C. 管控 4 个凹槽的所有表面　　　　　D. 管控整个模型的所有表面

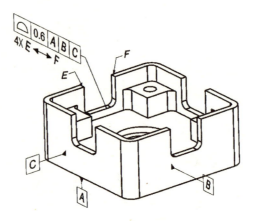

图 9-42　轮廓度公差标注示例（三）

三、应用题

1. 根据图 9-43 标注，回答下面的问题。

（1）模型中孔对基准 A 的垂直度误差最大允许值是＿＿＿＿。

（2）模型中理论尺寸 32 的最大允许值是＿＿＿＿，最小允许值是＿＿＿＿。

（3）模型中理论尺寸 43 的最大允许值是＿＿＿＿，最小允许值是＿＿＿＿。

（4）模型中理论尺寸 25 的最大允许值是＿＿＿＿，最小允许值是＿＿＿＿。

（5）模型中理论半径尺寸 15 的最大允许值是＿＿＿＿，最小允许值是＿＿＿＿。

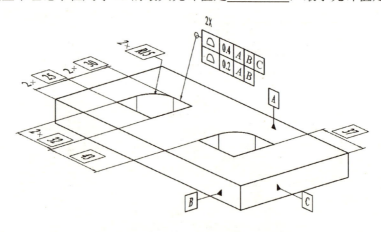

图 9-43　轮廓度公差标注示例（四）

2. 根据图 9-44 标注，回答下面的问题。

（1）模型中孔对基准 A 的垂直度误差最大允许值是＿＿＿＿。

（2）模型中理论尺寸 32 的最大允许值是＿＿＿＿，最小允许值是＿＿＿＿。

（3）模型中理论尺寸 43 的最大允许值是＿＿＿＿，最小允许值是＿＿＿＿。

（4）模型中理论尺寸 25 的最大允许值是＿＿＿＿，最小允许值是＿＿＿＿。

（5）模型中理论半径尺寸 15 的最大允许值是_____，最小允许值是_____。

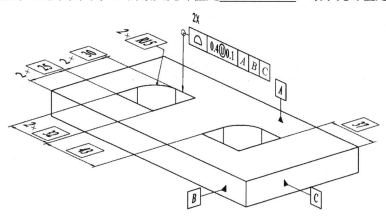

图 9-44　轮廓度公差标注示例（五）

第 10 章 跳动度公差的理解与应用

跳动度公差有两种类型（见表 10-1），即圆跳动和全跳动。跳动度公差可以用来管控一个或多个表面要素相对于基准轴线的功能关系，基准轴线是由标注了与实体边界无关（RMB）的基准要素建立的。

表 10-1 跳动度公差类型

公差类型	公差名称	符 号	基 准
跳动度公差	圆跳动	↗	有基准
	全跳动	↗↗	

适合标注跳动度公差的表面示例如图 10-1 所示，跳动度公差可以用来管控围绕基准轴线所建立的圆周表面即径向跳动度公差，以及与基准轴线垂直的表面即端面跳动度公差。跳动度公差是一个综合公差，既可以管控表面的形状，也可以管控表面的位置和方向。

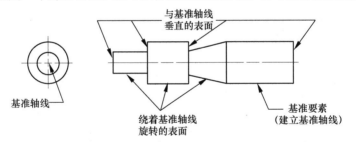

图 10-1 适合标注跳动度公差的表面示例

10.1 全跳动公差

全跳动公差用来管控圆柱表面所有元素相对基准轴线高点和低点的偏差（径向全跳动），以及与基准轴线相交且垂直于基准轴线平面的高点和低点的偏差（端面全跳动）。

全跳动公差带示例如图 10-2 所示，全跳动公差带可以是以下两种形式之一。

（1）两个同轴的圆柱面，半径之差等于全跳动公差值（径向全跳动）。

（2）两个与基准轴线垂直的相互平行的平面，其间距等于全跳动公差值（端面全跳动）。

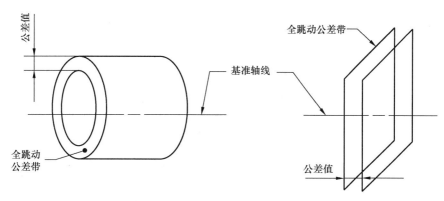

图 10-2 全跳动公差带示例

10.1.1 全跳动公差的应用与检测

全跳动公差标注对基准的要求是，需要一个基准轴线，基准只能采用 RMB 原则，即基准后面不能加最大实体修饰符号Ⓜ和最小实体修饰符号Ⓛ，因为全跳动公差管控的是表面要素，所以公差只能采用 RFS 原则，即公差后面不能加最大实体修饰符号Ⓜ和最小实体修饰符号Ⓛ，其基准可以是以下三种类型之一。

（1）一个基准轴线，不能太短（太短会影响测量）。

（2）两个同轴的基准要素建立一个共同的基准轴线。

（3）一个基准轴线和一个与基准轴线垂直的基准平面。

1. 单个基准轴线的全跳动公差

单个基准轴线的全跳动公差标注示例如图 10-3 所示，基准是一个轴线，其公差带是两个同轴的圆柱面，轴线与基准轴线重合，半径之差即公差带的宽度是 0.2，实际表面所有点要在公差带里。全跳动公差检测时，用相应的检测工装把基准轴夹紧，如三爪卡盘、V 形铁等，零件绕着基准轴线旋转，在被测圆柱表面放置百分表，百分表同时轴向移动，最后百分表的指针摆动最大幅值就是全跳动公差值。

2. 公共基准轴线的全跳动公差

公共基准轴线的全跳动公差标注示例如图 10-4 所示，零件是靠两端小轴定位的，每个小轴很短，不宜分别把每个轴当作基准轴，短基准会引起跳动度公差的检测问题。图中标注的是通过公共基准标注方式 *A-B*，即两个轴共同当作一个基准轴线。其公差带是两个同轴的圆柱面，其轴线与公共基准轴线重合，半径之差即公差带的宽度是 0.2，实际表面所有点要在公差带里。全跳动公差检测时，用相应的工装把两端基准轴夹紧，如三爪卡盘、V 形铁或顶尖等，零件绕着公共基准轴线旋转，在被测圆柱表面放置百分表，百分表同时轴向移动，最后百分表的指针摆动最大幅值就是全跳动公差值。

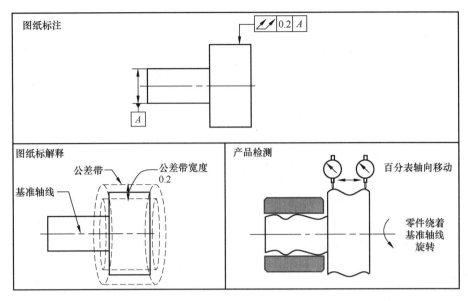

图 10-3　单个基准轴线的全跳动公差标注示例

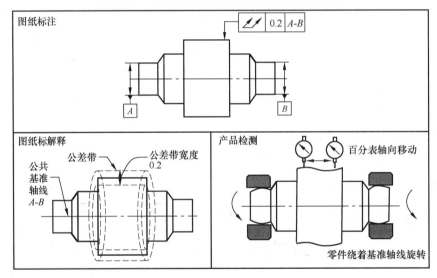

图 10-4　公共基准轴线的全跳动公差标注示例

3. 基准平面和基准轴线的全跳动公差

基准平面和基准轴线的全跳动公差标注示例如图 10-5 所示,全跳动公差标注引用了两个基准 A 和 B,基准平面 A 是用来限制轴向移动的,基准轴线 B 要与基准平面 A 垂直,径向全跳动的公差带是两个同轴的圆柱面,其轴线与基准轴线 B 重合且和基准平面 A 垂直,半径之差即公差带的宽度是 0.2,实际圆柱表面所有点要在公差带里。端面全跳动的公差带是两个相互平行的平面,两个平面之间的距离是公差值 0.2,两个平面与基准轴线 B 垂直,同时与基准平面 A 平行,实际端面所有点要在公差带里。

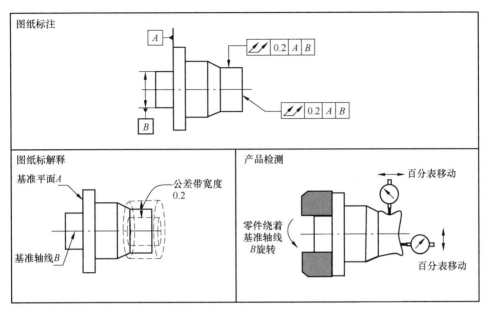

图 10-5 基准平面和基准轴线的全跳动公差标注示例

全跳动公差检测时,用相应的工装把基准轴夹紧,并且和基准平面 A 贴合,零件绕着公共基准轴线 B 旋转,在被测圆柱表面和端面放置百分表,百分表同时移动,最后百分表的指针摆动最大幅值就是全跳动公差值。

4. 全跳动公差应用在相切平面

全跳动公差可以应用在与旋转基准轴线垂直的一个平面,或者与旋转基准轴线垂直且共面的几个平面的相切平面。

全跳动公差应用在相切平面示例如图 10-6 所示,全跳动公差标注在与基准 A 垂直的端平面上,并且在公差值后面加了相切平面修饰符号。它表示实际表面的相切平面而不是表面的所有点,必须在全跳动公差带里,实际表面的有些点可能会超出全跳动公差带。公差带是两个相互平行的平面,之间的距离等于全跳动公差值,并且和基准轴线垂直。图 10-6 中全跳动公差只管控了表面相切平面的方向,不管控实际表面的形状误差。

5. 全跳动公差应用在装配体上

全跳动公差应用在装配体上,需要参照装配体定位的基准要素,基准参照系按照理论角度约束全跳动公差相对旋转的轴线,装配体由基准参照系约束移动和旋转。

全跳动公差应用在装配体上示例如图 10-7 所示,整个电动机是靠基准 A 和 B 装配定位的(一个平面、两个销柱),基准 A 和 B 不约束旋转轴线的位置,但可以按照理论角度约束旋转轴线的方向,使得被管控的要素在全跳动的公差带里。即整个装配体在基准 A 和 B 约束情况下,按照理论角度建立旋转基准轴线,然后评价全跳动公差。

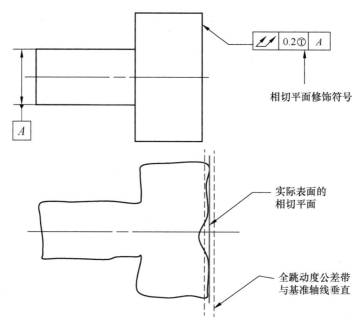

图 10-6　全跳动公差应用在相切平面示例

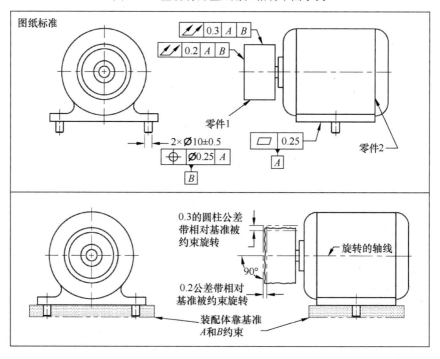

图 10-7　全跳动公差应用在装配体上示例

10.1.2　全跳动公差管控的功能

径向全跳动的检测是零件绕着基准轴线旋转，百分表在被测圆柱表面轴线移动，表的指针摆动最大幅值即为全跳动误差值。径向全跳动公差管控的功能标注示例如图10-8所示。下列三种情况之一都会产生全跳动误差,图10-8(a)所示是任意截面的圆度不好,图10-8(b)所示是圆柱表面直线度不好,图10-8(c)所示是圆柱的锥度不好。而圆度、表面直线度和锥度误差综合表现为圆柱度误差,所以全跳动公差要管控圆柱的圆柱度误差。另外,假设表面形状是理想的,但当被测圆柱和基准轴线不同轴时,也会产生全跳动误差,所以全跳动公差还要管控同轴度误差。

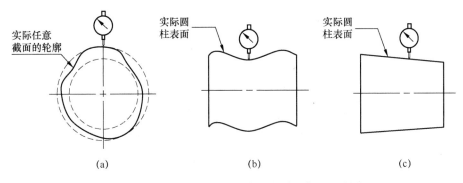

图 10-8 径向全跳动公差管控的功能标注示例

用全跳动公差管控与基准轴线垂直的平面即端面全跳动,图纸标注示例如图10-5所示,检测时零件绕着基准轴线旋转,百分表在被测平面上移动,表的指针摆动最大幅值即为端面全跳动误差值。端面全跳动公差管控的功能标注示例如图 10-9 所示,图 10-9 中的两种情况之一都会产生端面全跳动误差。图 10-9(a)所示是端面对基准轴线的垂直度不好,图 10-9(b)所示是端面自己的平面度不好,所以端面全跳动公差管控了表面的平面度和对基准轴线的垂直度误差。

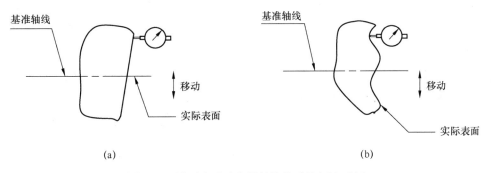

图 10-9 端面全跳动公差管控的功能标注示例

10.2 圆跳动公差的标注与检测

圆跳动公差用来管控绕着基准轴线的旋转表面的任意一个横截面圆要素的高点和低

点的偏差（径向圆跳动），以及与基准轴线相交且垂直于基准轴线平面的高点和低点的偏差（端面圆跳动）。

圆跳动公差带标注示例如图 10-10 所示，圆跳动公差带可以是以下两种形式之一。

（1）两个同心的圆两个圆的圆心在基准轴线上，并且两个圆位于垂直基准轴线的平面，半径之差等于圆跳动公差值（径向圆跳动）。

（2）两个与基准轴线垂直且相互平行的圆，两个圆的圆心在基准轴线上，其间距等于圆跳动公差值（端面圆跳动）。

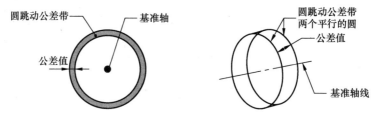

图 10-10　圆跳动公差带标注示例

与全跳动公差一样，圆跳动公差标注对基准的要求是，需要一个基准轴线，基准只能采用 RMB 原则，即基准后面不能加最大实体修饰符号Ⓜ和最小实体修饰符号Ⓛ，因为圆跳动管控的是表面要素，所以公差只能采用 RFS 原则，即公差后面不能加最大实体修饰符号Ⓜ和最小实体修饰符号Ⓛ，其基准可以是如下三种类型之一。

（1）一个基准轴线，不能太短（太短会影响检测结果）。

（2）两个同轴的基准要素建立一个共同的基准轴线。

（3）一个基准轴线和与基准轴线垂直的一个基准平面。

圆跳动公差标注示例如图 10-11 所示，径向圆跳动检测时，检测工装卡紧基准要素，零件绕着基准轴线旋转，百分表固定在圆柱表面不动，一个横截面一个横截面地测量，每个横截面上百分表指针摆动的最大幅值就是该圆柱横截面对应的圆跳动误差值。以下两种情况会引起圆跳动误差：该截面的圆度不好及横截面圆和基准轴线同心度不好。因此，圆跳动公差会管控横截面的圆度和同心度误差。

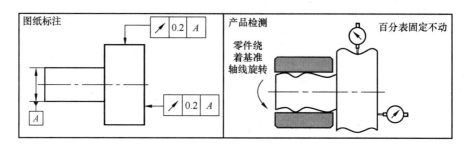

图 10-11　圆跳动公差标注示例

端面圆跳动公差测量示例如图 10-12 所示，端面圆跳动检测时，零件绕着基准轴线旋转，百分表固定在与基准轴线垂直的端平面不动，每次测量的是一个圆，百分表的表头是垂直于被测端平面的，如果这个圆上所有的点元素在基准轴向有波动，就会引起端面圆跳动误差。端面圆跳动公差控制的是一个平表面上的圆形元素在基准轴向的波动。

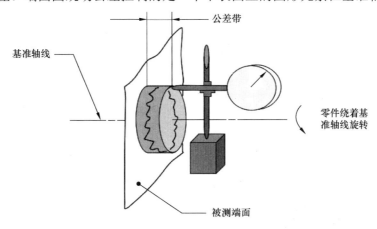

图 10-12　端面圆跳动公差测量示例

10.3　跳动度公差与尺寸的关系

圆柱表面标注跳动度公差与尺寸公差的数值应基于设计功能要求规定，对于跳动度公差是否应该大于或小于尺寸公差无强制性要求。跳动度公差与尺寸公差对于被测圆柱要素的尺寸、形状、方向与位置有组合效应管控。跳动度公差可以管控被测要素的形状、方向和位置，不能管控尺寸大小。尺寸公差可以管控被测要素的尺寸大小和形状，不能管控方向和位置。当同时标注尺寸和跳动度公差时，尺寸与跳动度公差中较严格（公差值较小）的一个管控被测要素形状误差。

10.3.1　跳动度公差大，尺寸公差小

图纸标注圆跳动公差或全跳动公差大于尺寸公差时，尺寸公差可管控极限尺寸大小与形状误差。较大的跳动度公差则控制回转圆柱表面相对于基准轴线的方向与同轴误差。跳动度公差与尺寸公差的关系标注示例（一）如图 10-13 所示，图中的全跳动公差为 0.2，尺寸公差为 0.1。全跳动公差带是两个半径差等于公差值 0.2 的圆柱面，圆柱面的直径尺寸大小不受管控，圆柱面的中心轴线与基准轴线重合。实际被测圆柱表面不能超过跳动度公差带，也不能超过尺寸公差带（最大值是 20.05，最小值是 19.95）。尺寸公差带管控了实际圆柱面的直径极限尺寸和表面的形状误差。跳动度公差带管控了实际圆柱面相对基准轴线上下移动的位置（同轴误差），以及对基准轴线转动的方向误差。

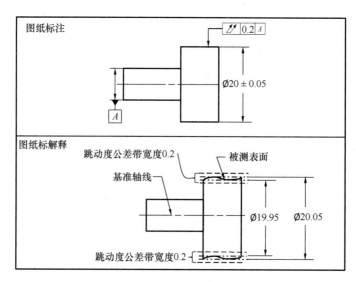

图 10-13 跳动度公差与尺寸公差的关系标注示例（一）

10.3.2 跳动度公差小，尺寸公差大

图纸标注圆跳动公差或全跳动公差小于尺寸公差时，尺寸公差只管控极限尺寸大小。较小的跳动度公差则控制回转圆柱表面相对于基准轴线的方向与同轴误差及形状误差。跳动度公差与尺寸公差的关系标注示例（二）如图 10-14 所示，图中的全跳动公差为 0.05，尺寸公差为 0.2。全跳动公差带是两个半径差等于公差值 0.05 的圆柱面，圆柱面的直径尺寸大小不受管控，圆柱面的中心轴线与基准轴线重合。实际被测圆柱表面不能超过跳动度公差带，也不能超过尺寸公差带（最大值是 20.1，最小值是 19.9）。尺寸公差带管控了实际圆柱面的直径极限尺寸。跳动度公差带管控了实际圆柱面相对基准轴线上下移动

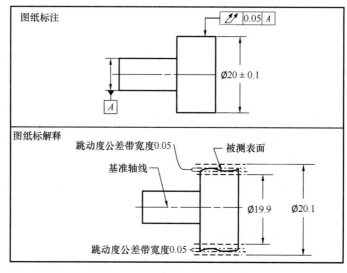

图 10-14 跳动度公差与尺寸公差的关系标注示例（二）

的位置（同轴误差），对基准轴线转动的方向误差，以及表面的形状误差。另外，当满足跳动度公差时，圆柱要素的尺寸波动（最大值减去最小值）限定在 0.2 的范围内。

10.4 跳动度公差标注规范性检查流程

跳动度公差标注规范性检查流程图示例如图 10-15 所示，图中详细解释了跳动度公差图纸标注规范性检查流程，这有助于工程师快速检查跳动度公差常见大部分图纸标注问题。流程图中的每个步骤需要检查的内容如下。

① 跳动度公差是否带基准？不带基准的跳动度公差是不符合标准规定的。
② 跳动度公差值前面是否加了直径符号 φ？
③ 跳动度公差值后面是否加了修饰符号Ⓜ和Ⓛ？
④ 跳动度公差的基准后面是否加了修饰符号Ⓜ和Ⓛ？
⑤ 跳动度公差是否标注在绕着基准轴线旋转的表面或垂直于基准轴线的平面。

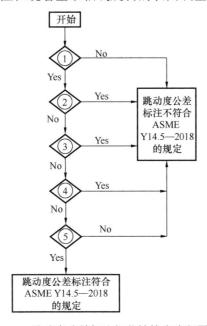

图 10-15 跳动度公差标注规范性检查流程图示例

本 章 习 题

一、判断题

1. 圆跳动公差可以标注在与基准轴线同轴的圆柱面和与基准轴线垂直的平面。（　）

2. 圆跳动公差可以标注在与基准轴线同轴的圆锥面。（ ）

3. 跳动度公差可以不带基准。（ ）

4. 跳动度公差可以带两个基准。（ ）

5. 跳动度公差基准中必须有一个基准轴线。（ ）

6. 跳动度公差后面可以加最大实体要求修饰符号Ⓜ，可以有公差补偿。（ ）

7. 跳动度公差的基准后面可以加最大实体要求修饰符号Ⓜ，可以有基准要素偏移。（ ）

8. 跳动度公差可以管控圆柱面的尺寸大小。（ ）

9. 圆柱面跳动度公差值必须小于圆柱的尺寸公差值。（ ）

10. 跳动度公差的基准轴线可以是两个同轴的圆柱要素建立。（ ）

11. 全跳动公差的公差带是一个圆柱。（ ）

12. 全跳动公差的前面可以加直径符号 φ。（ ）

二、选择题

1. 径向圆跳动公差带是（ ）。

   A．两个同心圆　　　　　　　　B．两个同轴的圆柱面
   C．一个圆柱　　　　　　　　　D．两个相互平行的平面

2. 径向全跳动公差带是（ ）。

   A．两个同心圆　　　　　　　　B．两个同轴的圆柱面
   C．一个圆柱　　　　　　　　　D．两个相互平行的平面

3. 对于跳动度公差，下面说法正确的是（ ）。

   A．跳动度公差管控的是表面　　B．跳动度公差管控的是中心线
   C．跳动度公差前面可以加修饰符号 φ　　D．跳动度公差后面可以加修饰符号Ⓜ

4. 下面哪些几何特征可以被径向全跳动公差管控（ ）。

   A．表面直线度　　　　　　　　B．横截面圆度
   C．与基准轴的同轴度　　　　　D．以上所有

5. 下面哪些几何特征可以被径向圆跳动公差管控（ ）。

   A．表面直线度　　　　　　　　B．圆柱度
   C．锥度　　　　　　　　　　　D．横截面圆度和与基准的同心度

6. 全跳动公差检测可以采用下面哪种方法（ ）。

   A．投影仪　　　　　　　　　　B．游标卡尺
   C．百分表加旋转台　　　　　　D．以上所有

7. 跳动度公差一般应用在（ ）。

   A．壳体类零件　　　　　　　　B．箱体类零件
   C．轴类零件　　　　　　　　　D．以上所有

8. 图 10-16 所示的跳动度公差标注，正确的是（　　）。

A. ①　　　B. ②　　　C. ③　　　D. ④

9. 图 10-16 所示的标注为③的全跳动公差，可以理解为（　　）。

A. 相当于轮廓度　　　　　　　　B. 相当于平面度
C. 相当于垂直度　　　　　　　　D. 相当于位置度

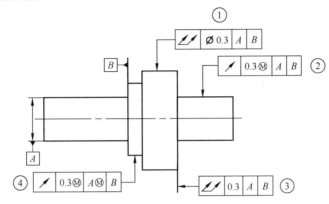

图 10-16　跳动度公差标注示例（一）

10. 图 10-16 所示的跳动度公差标注，下面描述正确的是（　　）。

A. 基准 A 后面可以加Ⓜ　　　　　B. 基准 B 后面可以加Ⓜ
C. 基准 A 和 B 后面都不能加Ⓜ　　D. 基准 A 和 B 后面都能加Ⓜ

三、应用题

请根据不同的跳动度公差的标注，在图 10-17 所示的表格中填写 "Yes" 或 "No"。

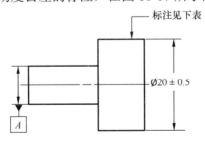

图纸标注	圆柱的下面几何特性是否被跳动度公差管控					
	尺寸	同心度	同轴度	圆度	圆柱度	表面直线度
⌯ 1.2 A						
↗ 1.2 A						
⌯ 0.4 A						
↗ 0.4 A						

图 10-17　跳动度和尺寸公差对圆柱要素的影响标注示例

第 11 章 复合公差的理解与应用

复合公差包括两种类型,即复合轮廓度公差和复合位置度公差,复合公差和前面讲述的组合公差从标注上看有些相似,但它们的管控功能和标注要求是有差别的,复合公差在 GD&T 整个公差知识体系里是最复杂的公差类型之一。

当单一表面要素或成组表面要素对基准的位置度公差可以大些,对基准的方向公差要求可以小些时,即对基准的位置和方向需要分开管控,可以采用复合轮廓度公差,尤其是对曲面的标注和管控。

当成组的尺寸要素(如孔、轴)对基准的位置度公差可以大些,对基准的方向公差要求可以小些时,可以采用复合位置度公差。

11.1 复合轮廓度公差

11.1.1 复合轮廓度公差的标注规则

复合轮廓度公差标注示例如图 11-1 所示,复合轮廓度公差在图纸上的标注应遵循以下规则。

(1)一个轮廓度符号,上下两行公差框格或多行公差框格,一般图纸以两行居多。

(2)下一行的公差值要比上一行的公差值小。

(3)下一行如果带基准,则要重复第一行的基准,包括基准的顺序和修饰符号要和第一行的保持一致,如第一行的基准后面加修饰符号Ⓜ,下一行的基准后面也应该加修饰符号Ⓜ。

(4)除第一行外,下一行的基准只约束旋转自由度,不约束平移自由度,即下一行的基准只管控方向,不管控位置。对基准的位置由第一行的公差管控。

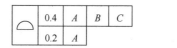 

图 11-1 复合轮廓度公差标注示例

11.1.2 复合轮廓度公差应用在单一的表面要素

复合轮廓度公差应用在单一的表面要素标注示例如图 11-2 所示。当复合轮廓度公差应用在单一的表面要素上时,这样的表面可以是平面,也可是曲面,如图 11-2 所示,平面上标注了一个复合轮廓度公差,第一行轮廓度公差值 0.8 带基准 A,第二行公差值 0.1 带基准 A。其复合轮廓度公差带如图 11-2 所示,第一行 0.8 的轮廓度公差要管控相对基准 A 的位置,0.8 的轮廓度公差带相对理论轮廓对称分布,并且和基准 A 固定为理论距离 50;第二行轮廓度公差 0.1 值虽然带基准了,但基准 A 只管控公差带的方向,不管控位置,所以 0.1 的轮廓度公差带与基准 A 不需要固定在理论位置,即 0.1 的轮廓度公差带可以在 0.8 的轮廓度公差带里上下移动,但必须和基准 A 保持理论方向(平行)。实际表面应该在最小的公差带里,即 0.1 的轮廓度公差带包含实际表面在 0.8 的轮廓度公差带里上下移动,0.8 的轮廓度公差带固定在理论位置不动。所以 0.1 的轮廓度公差管控实际表面对基准 A 的方向,以及自己的形状误差,相当于平行度公差。0.8 的轮廓度公差管控实际表面相对基准 A 上下的位置误差(高度),实际表面相对基准 A 的高度最大值是 50.4,最小值是 49.6。

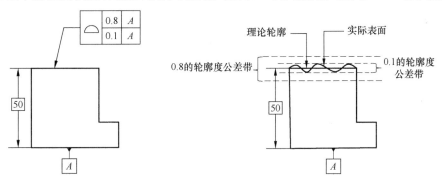

图 11-2 复合轮廓度公差应用在单一的表面要素标注示例

图 11-2 所示的标注实际上是用复合轮廓度公差把被管控表面的位置和方向要求分开管控,对于平面要素,除用复合轮廓度公差标注表达此功能要求外,也可以用轮廓度公差和平行度公差组合标注以达到同样的要求。但对于曲面,如果想要对被管控曲面相对基准的位置和方向分开管控,则只能标注复合轮廓度公差。复合轮廓度公差应用在单一曲面要素标注示例如图 11-3 所示,第一行 0.8 的轮廓度公差要管控相对基准 A 的位置,0.8 的轮廓度公差带相对理论轮廓对称分布,并且和基准 A 固定为理论距离;第二行轮廓度公差 0.1 虽然带基准了,但基准 A 只管控公差带的方向,不管控位置,所以 0.1 的轮廓度公差带与基准 A 不需要固定在理论位置,即 0.1 的轮廓度公差带可以在 0.8 的轮廓度公差带里上下移动,但必须和基准 A 保持理论方向(公差带不能旋转)。实际表面应该在最小的公差带里,所以 0.1 的轮廓度公差管控实际表面对基准 A 的方向,以及自己的形状误差。0.8 的轮廓度公差管控实际表面相对基准 A 上下的位置误差。通过复合轮廓度公差,很好地实现了曲面相对基准的位置和方向分开管控的功能要求。

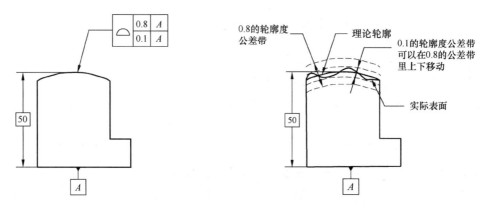

图 11-3 复合轮廓度公差应用在单一曲面要素标注示例

11.1.3 复合轮廓度公差应用在成组表面要素

复合轮廓度公差应用在成组表面要素标注示例（一）如图 11-4 所示，板子上有两个方形的孔，每个孔由 4 个表面组成，2×表示两组要素。复合轮廓度公差有上下两行，第一行公差值 0.8 带了三个基准 A、B、C，第二行公差值 0.4 带了一个基准 A。

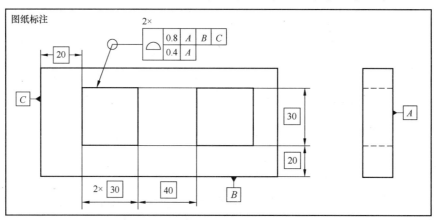

图 11-4 复合轮廓度公差应用在成组表面要素标注示例（一）

复合轮廓度第一行公差带的解释示例如图 11-5 所示。在第一行中，公差值为 0.8 的轮廓度公差要管控对基准 B 和 C 的位置，两个 0.8 的轮廓度公差带分别相对自己的理论轮廓对称分布，两个公差带之间的距离固定为理论距离 40，并且每个公差带相对基准 B 和 C 固定为图纸中的理论位置，每个公差带对基准 A 垂直，即两个 0.8 的轮廓度公差带固定在理论位置不动，公差带的自由度全部被三个基准约束。

复合轮廓度第二行公差带的解释示例（一）如图 11-6 所示。在第二行中，公差值是 0.4 的轮廓度公差带了一个基准 A，基准 A 只管控方向即只管控垂直度，两个 0.4 的轮廓度公差带分别相对自己的理论轮廓对称分布，两个公差带之间的距离固定为理论距离 40（成组要素中各要素的公差带保持理论的位置和方向的内部约束），每个公差带对基准 A

垂直，每个公差带对基准 B 和 C 没有位置要求，即两个 0.4 的轮廓度公差带可以同时、左右、上下移动和旋转。

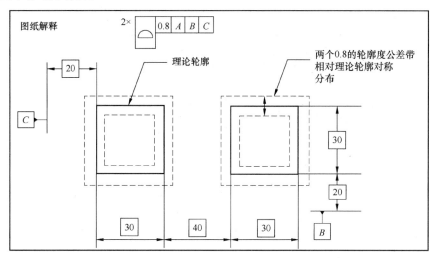

图 11-5　复合轮廓度第一行公差带的解释示例

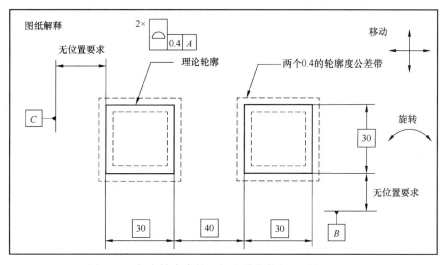

图 11-6　复合轮廓度第二行公差带的解释示例（一）

复合轮廓度第一行、第二行公差带解释示例（一）如图 11-7 所示，把两行公差带放在一起，第一行两个 0.8 的轮廓度公差带相对基准 B 和 C 固定在理论位置不动，同时垂直于基准 A，并且相对自己的理论轮廓对称分布。第二行两个 0.4 的轮廓度公差带之间的距离固定为图纸的理论距离 40，同时垂直于基准 A，相对基准 B 和 C 是浮动的，无位置要求，两个 0.4 的轮廓度公差带一起可以在两个 0.8 的轮廓度公差带里左右、上下移动和旋转，但不能超出 0.8 的轮廓度公差带。实际上每个孔的表面必须在最小的公差带里，所以 0.4 的轮廓度公差管控了孔的尺寸大小、形状误差、两个孔相互位置误差及对基准 A 的垂直度误差，而 0.8 的轮廓度公差管控每个孔相对基准 B 和 C 的位置误差和方向误差。

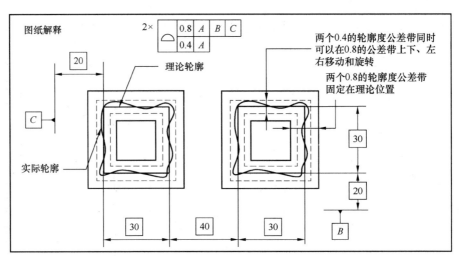

图 11-7 复合轮廓度第一行、第二行公差带解释示例（一）

综上所述，图 11-4 所示的复合轮廓度公差标注和图 9-22 所示的组合面轮廓度公差标注的功能表达是一样的。

复合轮廓度公差应用在成组表面要素标注示例（二）如图 11-8 所示，复合轮廓度标注有上下两行，第一行公差值 0.8 带了三个基准 A、B、C，第二行公差值 0.4 带了两个基准 A 和 B。相关理论尺寸和基准标注如图 11-8 所示。

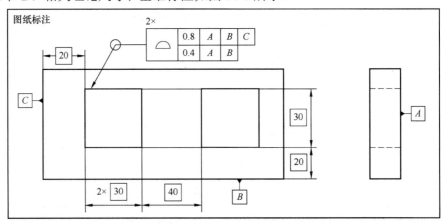

图 11-8 复合轮廓度公差应用在成组表面要素标注示例（二）

第一行 0.8 的轮廓度公差带与图 11-4 所示的第一行轮廓度公差带一样，具体解释如图 11-5 所示。这里重点解释第二行 0.4 的轮廓度公差带，复合轮廓度第二行公差带的解释示例（二）如图 11-9 所示。第二行公差值是 0.4 的轮廓度公差带了基准 A 和 B，按照复合轮廓度公差规则，第二行的基准只管控方向，即基准 A 只管控垂直度，基准 B 只管控公差带与基准 B 的平行方向，不约束公差带的位置。所以两个 0.4 的轮廓度公差带分别相对自己的理论轮廓对称分布，两个公差带之间的距离固定为理论距离 40（成组要素中各要素的公差带保持理论的位置和方向的内部约束），每个公差带对基准 A 垂直，对基准 B 平行，公差带对基准 B 和 C 没有位置要求，即两个 0.4 的轮廓度公差带可以同时，一起左右，上下移动，但不能旋转。

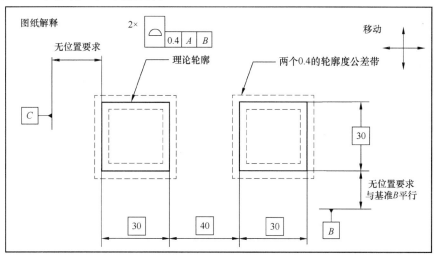

图 11-9　复合轮廓度第二行公差带的解释示例（二）

复合轮廓度第一行、第二行公差带解释示例（二）如图 11-10 所示，把两行公差带放在一起，第一行两个 0.8 的轮廓度公差带相对基准 B 和 C 固定在理论位置不动，同时垂直于基准 A，并且相对自己的理论轮廓对称分布。第二行两个 0.4 的轮廓度公差带之间的距离固定为图纸的理论距离，同时垂直于基准 A，并且和基准 B 平行，相对基准 B 和 C 是浮动的，没有位置要求。即两个 0.4 的轮廓度公差带可以同时在两个 0.8 的轮廓度公差带里左右和上下移动，但不能超出 0.8 的轮廓度公差带，实际上每个孔的表面必须在最小的公差带里。所以 0.4 的轮廓度公差管控了孔的尺寸大小、形状误差、两个孔相互位置误差、对基准 A 的垂直度误差及对基准 B 的平行度误差，而 0.8 的轮廓度公差管控了每个孔相对基准 B 和 C 的位置误差。

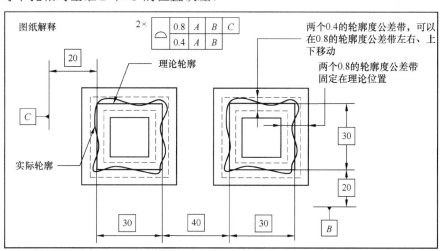

图 11-10　复合轮廓度第一行、第二行公差带解释示例（二）

综上所述，图 11-8 所示的复合轮廓度公差标注和图 9-26 所示的组合轮廓度公差标注的功能表达是有区别的。

11.2 复合位置度公差

11.2.1 复合位置度公差的标注规则

复合位置度公差标注示例如图 11-11 所示，复合位置度公差在图纸上的标注应遵循以下规则。

（1）一个位置度符号，上下两行公差框格或多行公差框格，一般图纸以两行居多。

（2）下一行的公差值要比上一行的公差值小。

（3）下一行如果带基准，则要重复第一行的基准，即基准的顺序和材料修饰符号要一致，如第一行的基准后面加修饰符号Ⓜ，下一行的基准后面也应加修饰符号Ⓜ。

（4）除第一行外，下一行的基准只约束旋转自由度，即下一行的基准只管控方向。

（5）第一行的公差值管控对基准的位置。

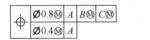 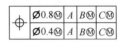

图 11-11　复合位置度公差标注示例

11.2.2 复合位置度公差应用在成组要素

复合位置度公差主要应用在成组要素中，如一组或几组孔、轴等，下面以孔为例解释复合位置度公差的标注规则和表达含义。复合位置度公差标注应用示例（一）如图 11-12 所示，复合位置度公差标注有上下两行，第一行公差值 0.8 带了三个基准 A、B、C，第二行公差值 0.2 不带基准。其公差带如图 11-12 所示，第一行 0.8 的位置度公差要管控对基准 B 和 C 的位置，公差带相对基准 B 和 C 固定为图纸的理论位置，同时要垂直于基准 A。第二行两个 0.2 的位置度公差带之间的距离固定为图纸理论距离 50（成组要素中各要素的公差带保持理论的位置和方向的内部约束）。但两个 0.2 的位置度公差带相对基准 B 和 C 没有位置和方向要求，即可以一起在 0.8 的位置度公差带里左右、上下移动和旋转，实际上两个孔的孔心都要在自己 0.2 的位置度公差带里，所以 0.2 的公差管控了两个孔的相互位置误差，0.8 的公差管控了每个孔对基准 B 和 C 的位置误差，以及对基准 A 的垂直度误差。

综上所述，图 11-12 所示的复合位置度公差标注和图 8-19 所示的组合位置度公差标注表达的效果是一样的。

复合位置度公差标注应用示例（二）如图 11-13 所示，复合位置度公差标注有上下两行，第一行公差值 0.8 带了三个基准 A、B、C，第二行公差值 0.2 带了一个基准 A。其公差带如图 11-13 所示，第一行 0.8 的公差要管控对基准 B 和 C 的位置，公差带相对基准 B 和 C 固定为图纸的理论位置，同时要垂直于基准 A。第二行两个 0.2 的位置度公差带之间的距离固定为图纸理论距离 50（成组要素公差带内部约束），并且垂直于基准 A。但两个 0.2 的位置度公差带相对基准 B 和 C 没有位置和方向要求，即可以一起在 0.8 的位置度公差带里左右、上下移动和旋转。实际上两个孔的孔心都要在自己 0.2 的位置度公差带里，所以 0.2 的公差管控了两个孔的相互位置误差，以及对基准 A 的垂直度误差，0.8 的位置度公差管控了每个孔对基准 B 和 C 的位置误差。

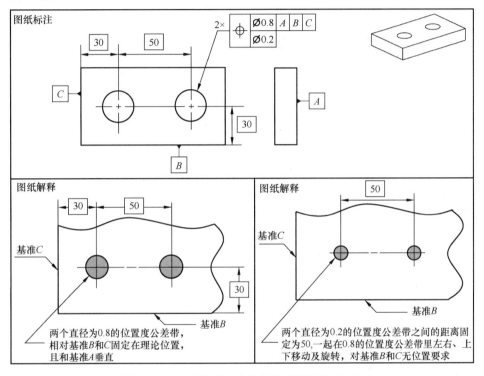

图 11-12　复合位置度公差标注应用示例（一）

综上所述，图 11-13 所示的复合位置度公差标注和图 8-20 所示的组合位置度公差标注表达的效果是一样的。

复合位置度公差标注应用示例（三）如图 11-14 所示，复合位置度公差标注有上下两行，第一行公差值 0.8 带了三个基准 A、B、C，第二行公差值 0.2 带了两个基准 A 和 B。其公差带如图 11-14 所示，第一行 0.8 的公差要管控对基准 B 和 C 的位置，公差带相对基准 B 和 C 固定为图纸的理论位置，同时要垂直于基准 A。第二行两个 0.2 的位置度公差带之间的距离固定为图纸理论距离 50，并且垂直于基准 A，平行于基准 B。但两个 0.2 的公差相对基准 B 和 C 没有位置要求，因为复合位置度公差规则规定第二行的基准只管控方向，不管控位置，即两个 0.2 的位置度公差带可以一起在两个 0.8 的位置度公差带里面左右、上下移动，但不能旋转（要平行于基准 B，基准 B 约束方向）。实际上两个孔的孔心都要在最小的 0.2 的位置度公差带里，所以 0.2 的公差管控了两个孔的相互位置误差，即孔心距误差是 ±0.2，以及对基准 A 的垂直度误差和孔组对基准 B 的平行度误差，0.8 的公差管控了每个孔对基准 B 和 C 的位置误差。

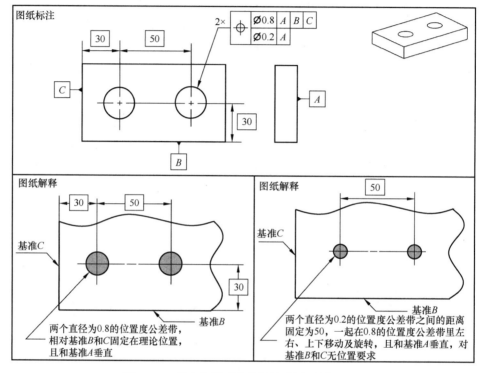

图 11-13　复合位置度公差标注应用示例（二）

综上所述，图 11-14 所示的复合位置度公差标注和图 8-21 所示的组合位置度公差标注表达的效果是有区别的。

复合位置度公差标注应用示例（四）如图 11-15 所示，两个孔的理想状态是同轴，复合位置度公差有上下两行，第一行公差值 0.8 带了一个基准 A，第二行公差值 0.2 同样带了一个基准 A。其公差带如图 11-15 所示，第一行 0.8 的公差要管控对基准 A 的位置，两个直径为 0.8 的位置度公差带相对基准 A 固定在图纸的理论位置 30。第二行两个直径为 0.2 的位置度公差带之间的距离固定为图纸理论距离 0，并且平行于基准 A，但两个 0.2 的位置度公差相对基准 A 没有位置要求，因为复合位置度公差规则规定第二行的基准只管控方向，不管控位置。即两个 0.2 的位置度公差带可以一起在两个 0.8 的位置度公差带里上下移动，但不能旋转（要平行于基准 A），实际两个孔的轴线都要在自己 0.2 的位置度公差带里。所以 0.2 的公差管控了两个孔的相互位置即轴线之间的距离误差，以及对基准 A 的方向即平行度误差，0.8 的公差管控了每个孔对基准 A 的位置误差。

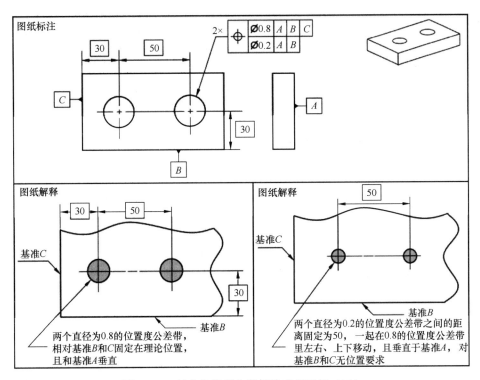

图 11-14 复合位置度公差标注应用示例（三）

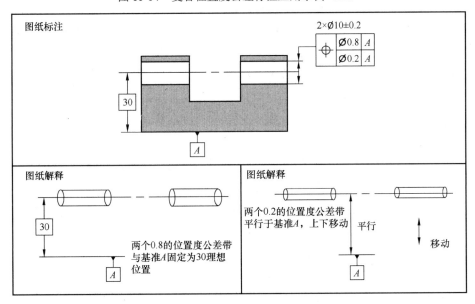

图 11-15 复合位置度公差标注应用示例（四）

在复合公差的图纸标注中，有时可能会出现上下两行的三个基准一样，这种情况一般出现在第二基准和第三基准是尺寸要素，如孔和轴等。复合位置度公差标注应用示例（五）如图 11-16 所示，基准 A 是平面，基准 B 是一个圆孔，基准 C 是一个圆孔。A 是第一基准，约束三个自由度（一个平移 Z、两个转动 u 和 v）；B 是第二基准，约束两个平移自由度（X 和 Y）；C 是第三基准，约束一个转动自由度 w。转动自由度和方向相关，平移自由度和位置相关。

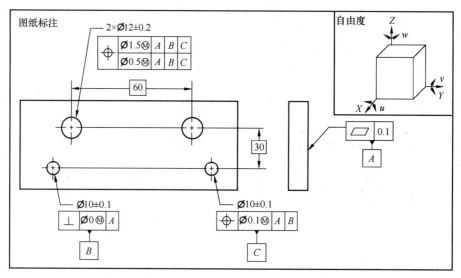

图 11-16　复合位置度公差标注应用示例（五）

在图 11-16 中，三个基准中只有基准 A 和 C 约束转动自由度即管控方向，基准 B 只约束平移自由度即只管控位置。复合位置度公差第二行引用了三个基准 A、B、C，和第一行的基准一样。因为复合位置度公差的规则中有一条规定，上下两行基准的顺序要一样，如果把第二行的基准 B 去掉，只保留基准 A 和基准 C，那么基准 C 就变成了第二基准，而第一行中基准 C 是第三基准，这就违反了复合公差的规则。因此，为了保证基准的顺序一样，第二行也引用了三个基准 A、B、C，这在复合公差里是可以的。

第一行的位置度公差是 1.5，两个直径为 1.5 的位置度公差带垂直于基准 A，相对基准 B、C 固定为理论位置 30，两个公差带之间的距离固定为理论距离 60，两个公差带的自由度被三个基准全部约束，固定在理论位置不动。

第二行的位置度公差是 0.5，两个直径为 0.5 的位置度公差带之间的距离固定为理论距离 60，垂直于基准 A，平行于基准 B 和 C，对基准 B 和 C 没有位置要求。即两个 0.5 的位置度公差带可以一起在两个 1.5 的位置度公差带里左右、上下移动，但不能旋转。虽然有三个基准，但复合位置度公差规定第二行的基准只约束方向，即基准只约束公差带的转动自由度，不约束平移自由度。实际上两个孔的轴线不能超出最小的 0.5 的位置公差带。

综上所述，第一行位置度公差 1.5 管控每个孔相对基准 B 的位置误差；第二行的位置度公差 0.5 管控两个孔之间相互位置误差，以及对基准 A 的垂直度误差和孔组对基准 B、C 的平行度误差。

复合位置度公差标注应用示例（六）如图 11-17 所示，三个基准中只有基准 A 和 C

约束转动自由度即管控方向，基准 B 只约束平移自由度即只管控位置。复合位置度公差第二行引用了三个基准 A、B、C，和第一行的基准一样。因为复合位置度公差的规则中有一条，即上下两行基准的顺序要一样，虽然第二行的基准 B 不管控方向，但如果把第二行的基准 B 去掉，只保留基准 A 和 C，那么基准 C 就变成了第二基准，而第一行中基准 C 是第三基准，这就违反了复合公差的规则。因此，为了保证基准的顺序一样，第二行也引用了三个基准 A、B、C，这在复合公差里是允许的。

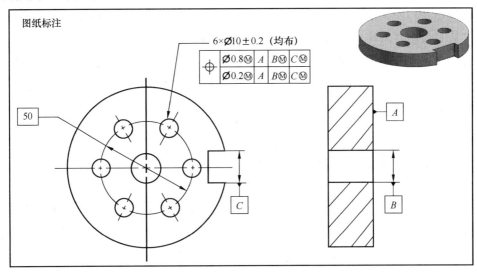

图 11-17　复合位置度公差标注应用示例（六）

另外，上下两行基准 B 和 C 的材料修饰符号要保持一致，第一行的基准 B 和 C 加了最大实体修饰符号Ⓜ，第二行的基准 B 和 C 也必须加最大实体修饰符号Ⓜ，复合位置度公差带解释示例如图 11-18 所示。

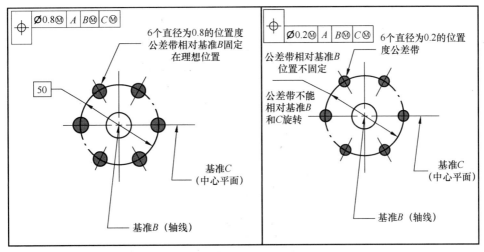

图 11-18　复合位置度公差带解释示例

第一行的位置度公差 0.8，6 个直径为 0.8 的位置度公差带垂直于基准 A，相对基准 B 和 C 固定为理论位置不能动，6 个公差带的自由度被三个基准全部约束。

第二行位置度公差 0.2，6 个直径为 0.2 的位置度公差带垂直于基准 A，相对基准 B 不需要保持固定的理论位置要求，但公差带之间的相互位置保持图纸中的理论距离固定不动，公差带整体不能相对基准 B 和 C 旋转。即 6 个 0.2 的位置度公差带整体一起可以在 0.8 的位置度公差带里左右、上下移动。

虽然第二行有三个基准，但是复合位置度公差规则规定第二行的基准只约束方向，即基准只约束公差带的转动自由度，不约束平移自由度。

综上所述，第一行位置度公差 0.8 管控每个孔相对基准 B 的位置误差，第二行位置度公差 0.2 管控孔之间相互位置误差，以及对基准 A 的垂直度公差和孔组对基准 B 和 C 的方向即旋转误差。

11.3　复合公差标注规范性检查流程

复合公差标注规范性检查流程图示例如图 11-19 所示，图中详细解释了复合公差图纸标注规范性检查流程，这有助于工程师快速检查复合公差常见大部分图纸标注问题。流程图中的每个步骤需要检查的内容如下。

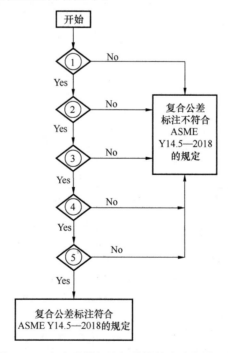

图 11-19　复合公差标注规范性检查流程图示例

① 是否是一个轮廓度符号或一个位置度符号，以及上下两行或多行公差框格的公差标注方式？

② 从上向下，每一行的公差框格中公差值是否依次减小？

③ 第一行以下的每一行的公差框格中基准符号是否在第一行的公差框格中出现过？

④ 第一行以下的每一行的公差框格中基准标注顺序是否和第一行公差框格中基准标注顺序一致？

⑤ 第一行以下的每一行的公差框格中基准后的材料修饰符号是否和第一行公差框格中基准后的材料修饰符号一致？

本 章 习 题

一、判断题

1. 复合轮廓度公差第一行和第二行基准必须全部一样。（　　）
2. 复合轮廓度公差第二行必须带基准。（　　）
3. 复合轮廓度公差第二行如果带基准，则基准可以约束公差带的位置和方向。（　　）
4. 复合轮廓度公差对基准的位置由第一行的公差管控。（　　）
5. 复合轮廓度公差上下两行的基准可以完全一样，包括基准的顺序和修饰符号。（　　）
6. 复合轮廓度上下两行，标注在两个相互平行且距离为20的平面上。两平面的相互位置误差由第一行管控。（　　）
7. 复合轮廓度公差，第一行和第二行公差后面都可以加最大实体修饰符号Ⓜ。（　　）
8. 复合位置度公差应用在成组要素如孔组上，第二行可以不带基准。（　　）
9. 复合位置度公差第二行不带基准，应用在成组要素如孔组上，管控了孔之间的相互位置误差。（　　）
10. 复合位置度公差第二行如果带基准，则基准后不能加修饰符号Ⓜ。（　　）
11. 复合位置度公差，可以根据功能需要，标注多于两行。（　　）
12. 同时要求不适合复合位置度公差第二行。（　　）

二、选择题

1. 在图11-20中，曲面对基准A的位置度公差是（　　）。
   A. ±0.4　　　B. ±0.1　　　C. ±0.2　　　D. ±0.01

2. 在图11-20中，曲面对基准A的方向公差是（　　）。
   A. 0.4　　　B. 0.1　　　C. 0.02　　　D. 0.2

3. 在图11-20中，曲面形状公差是（　　）。

A. 0.4　　　　B. 0.1　　　　C. 0.02　　　　D. 0.2

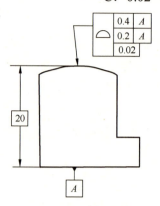

图 11-20　复合轮廓度公差标注（一）

4. 在图 11-21 中，H_1 的最大值和最小值是（　　）。

A. 5±0.5　　　B. 5±1.0　　　C. 5±2.5　　　D. 5±1.25

5. 在图 11-21 中，H_2 的最大值和最小值是（　　）。

A. 30±0.5　　B. 30±1.0　　C. 30±2.5　　D. 30±1.25

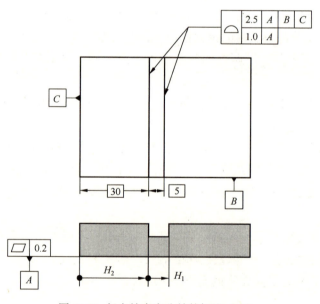

图 11-21　复合轮廓度公差的标注（二）

6. 在图 11-22 中，X 的最大值和最小值是（　　）。

A. 20±0.2　　B. 20±0.4　　C. 20±0.5　　D. 20±0.8

7. 在图 11-22 中，Y 的最大值和最小值是（　　）。

A. 30±0.8　　B. 30±0.6　　C. 30±0.3　　D. 30±0.7

8. 在图 11-22 中，Z 的最大值和最小值是（　　）。

A．20±0.1　　　B．20±0.2　　　C．20±0.4　　　D．20±0.3

9．在图 11-22 中，W 的最大值和最小值是（　　）。

A．20±0.1　　　B．20±0.2　　　C．20±0.4　　　D．20±0.3

10．在图 11-22 中，H 的最大值和最小值是（　　）。

A．35±0.2　　　B．35±0.4　　　C．35±0.8　　　D．35±0.7

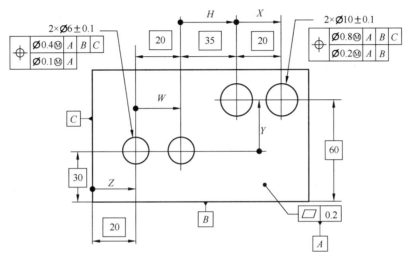

图 11-22　复合位置度公差标注

三、应用题

1．根据图 11-23 中的标注，回答下面问题。

（1）模型中孔对基准 A 的垂直度误差最大允许值是_____。

（2）模型中理论尺寸 32 的最大允许值是_____，最小允许值是_____。

（3）模型中理论尺寸 43 的最大允许值是_____，最小允许值是_____。

（4）模型中理论尺寸 25 的最大允许值是_____，最小允许值是_____。

（5）模型中理论半径尺寸 15 的最大允许值是_____，最小允许值是_____。

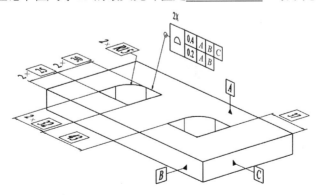

图 11-23　复合轮廓度公差标注示例（三）

2. 根据图 11-24 中的标注，回答下面问题。

（1）图中直径为 10 的孔对基准 A 的垂直度误差最大允许值是_____。

（2）图中理论尺寸 102 的最大允许值是_____，最小允许值是_____。

（3）图中理论尺寸 14 的最大允许值是_____，最小允许值是_____。

（4）检具检测图中直径为 10 的孔的相互位置，检测销子的尺寸是_____。

（5）检具检测图中直径为 10 的孔的相对基准 B 的位置，检测销子的尺寸是_____。

（6）检具检测图中直径为 10 的孔的相对基准 B 的位置，基准 B 孔的定位销做圆锥还是圆柱_____。

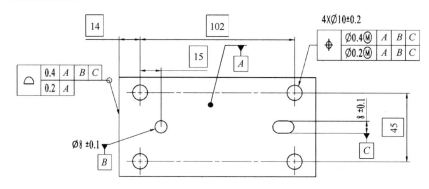

图 11-24 复合公差标注示例（四）

第 12 章

GD&T 和 GPS 主要差异分析

12.1 概述

几何公差有两大国际标准体系，美国机械工程师学会（ASME）制定的 GD&T 标准体系和 ISO 制定的 GPS 标准体系。

几何尺寸与公差（Geometric Dimensioning and Tolerancing，GD&T）对应的标准是 ASME Y14.5—2018，主要应用于北美，如美国、加拿大的公司及其在全球的公司使用，中国的一些汽车主机厂和零部件厂也在使用。

产品几何技术规范（Geometrical Product Specifications，GPS）对应的是由国际标准委员会制定的 ISO 系列标准。中国关于"产品几何技术规范"的国家标准采用 ISO 系列标准。主要在欧洲公司及其全球分公司使用，中国的本土企业也广泛采用 GPS 标准体系。

这两大标准体系（GD&T 和 GPS）中很多内容和定义相同，但也有差异。随着最新版标准的发布，差异也越来越大。本章讲解两大标准体系的主要差异，理解两大标准体系的差异，有助于工程师理解不同标准体系的图纸。

12.2 公差原则的差异

公差原则的差异见表 12-1。

表 12-1 公差原则的差异

内　容	GD&T	GPS	解　释	示　例
独立原则	尺寸公差后加Ⓘ	默认	参照 12.2.1 节	参照图 12-1
包容原则	默认	尺寸公差后加Ⓔ	参照 12.2.2 节	参照图 12-2

12.2.1 独立原则

GD&T 中的独立原则指的是尺寸要素标注的尺寸公差不管控形状误差，只管控局部尺寸，即尺寸公差与形状公差之间独立。GD&T 中的独立原则是通过在尺寸公差后标注Ⓘ修饰符号表达的，如图 12-1 所示。

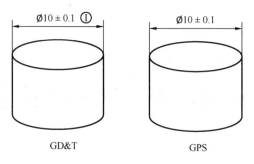

图 12-1　独立原则图纸标注区别示例

GPS 中的独立原则指的是在默认情况下，每个要素的 GPS 规范，或者要素间关系的 GPS 规范与其他规范之间均相互独立，应分别满足，除非标注其他特殊符号如Ⓔ、Ⓜ或 CZ。

综上所述，GD&T 中的独立原则应用场景是当尺寸公差标注在规则尺寸要素上时，尺寸公差与形状公差独立。

GPS 中的独立原则应用场景如下。

（1）当尺寸公差标注在规则尺寸要素上时，尺寸公差与形状公差独立。

（2）当方向或位置度公差标注在尺寸要素上时，方向、位置度公差与尺寸独立，相当于 GD&T 中的与要素尺寸无关原则（RFS）。

（3）当形状、方向和位置度公差标注在成组要素上时，各要素的公差带之间独立。

图 12-1 中的尺寸公差标注在规则尺寸要素上，GD&T 图纸在尺寸公差后加Ⓘ表达独立原则，而 GPS 图纸不需要加任何修饰符号，默认独立原则。

12.2.2　包容原则

包容原则是规则尺寸要素标注的尺寸公差要管控形状误差，实际表面不能超过最大实体包容边界，实际局部尺寸不能超过图纸标注的尺寸范围。包容原则的具体解释可以参考第 4 章中的相关内容。

GD&T 默认包容原则，图纸标注不需要标注额外的修饰符号。GPS 中如果需要采用包容原则，则在尺寸公差后加Ⓔ，如图 12-2 所示。

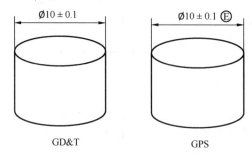

图 12-2　包容原则图纸标注区别示例

12.3 相关定义的差异

相关定义的差异见表 12-2。

表 12-2 相关定义的差异

内　容	GD&T	GPS	解　释	示　例
轴线	圆柱尺寸要素非关联实际包容配合面的中心轴线	圆柱尺寸要素最小二乘圆柱面的中心轴线	参照 12.3.1 节	参照图 12-3
中心线	由所有垂直于尺寸要素轴线的横截面中心点构造的非理想线	由所有垂直于圆柱尺寸要素轴线的横截面中心点构造的非理想线	参照 12.3.2 节	参照图 12-4
中心平面	宽度尺寸要素非关联实际包容配合面的中心平面	宽度尺寸要素最小二乘拟合平面	参照 12.3.3 节	参照图 12-5
中心面	由所有垂直于宽度尺寸要素中心平面且与实际表面相交的所有线素中心点构造的非理想面	由所有垂直于宽度尺寸要素中心平面且与实际表面相交的所有线素中心点构造的非理想面	参照 12.3.4 节	参照图 12-6

12.3.1 轴线的定义

GD&T 轴线是圆柱尺寸要素非关联实际包容配合面的中心轴线。对于外圆柱尺寸要素如圆柱轴，非关联实际包容配合面就是最小外接圆柱面；对于内圆柱尺寸要素如圆柱孔，非关联实际包容配合面就是最大内切圆柱面。

如果图样上没有相应符号的专门规定，则 GPS 轴线默认是圆柱尺寸要素最小二乘圆柱面的中心轴线（不分内外圆柱尺寸要素）。

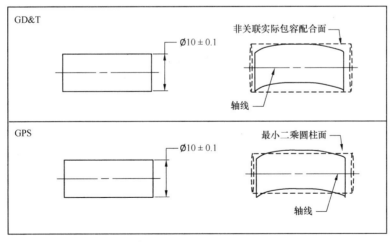

图 12-3 轴线的定义区别示例

12.3.2 中心线的定义

GD&T 中心线是由所有垂直于尺寸要素轴线的横截面中心点构造的非理想线，其中横截面的中心是包容圆的中心。对于外尺寸要素如圆柱轴，包容圆就是最小外接圆；对于内尺寸要素如圆柱孔，包容圆就是最大内切圆。

GPS 中心线是由所有垂直于圆柱尺寸要素轴线的横截面中心点构造的非理想线，其中横截面的中心是最小二乘圆的中心（不分内外圆柱尺寸要素）。

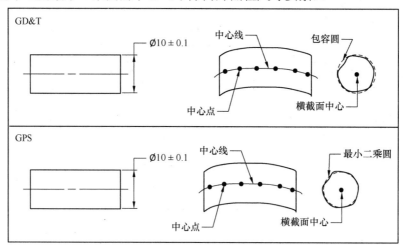

图 12-4　中心线的定义区别示例

12.3.3　中心平面的定义

GD&T 中心平面是宽度尺寸要素非关联实际包容配合面的中心平面。对于外宽度尺寸要素如板，非关联实际包容配合面就是最小外接面；对于内宽度尺寸要素如槽，非关联实际包容配合面就是最大内切面。

如果图样上没有相应符号的专门规定，则 GPS 中心平面默认是宽度尺寸要素最小二乘拟合平面的中心平面（不分内外宽度尺寸要素）。

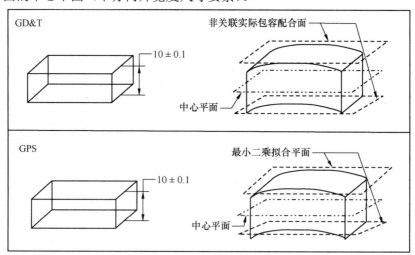

图 12-5　中心平面的定义区别示例

12.3.4 中心面的定义

GD&T 中心面是由所有垂直于宽度尺寸要素中心平面且与实际表面相交的所有线素的中心点构造的非理想的面，中心面可以是曲面。

GPS 中心面是由所有垂直于宽度尺寸要素中心平面且与实际表面相交的所有线素的中心点构造的非理想的面，中心面可以是曲面。

GD&T 和 GPS 对中心面的定义的差异就是定向相交线素的中心平面不一样。关于中心平面的差异参照 12.3.3 节。

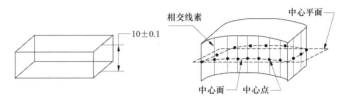

图 12-6 中心面的定义区别示例

12.4 几何公差图纸标注和解释的差异

GD&T 标准最新版本 ASME Y14.5—2018 中几何公差符号只有 12 个，包括直线度、平面度、圆度、圆柱度、线轮廓度、面轮廓度、倾斜度、平行度、垂直度、位置度、圆跳动和全跳动。GD&T 把这 12 个几何公差符号分为五大类，分别是形状公差、轮廓度公差、方向公差、位置度公差和跳动度公差，见表 12-3。

表 12-3 GD&T 几何公差的分类

公差类型	公差名称	符 号	有无基准
形状公差	直线度	——	无
	平面度	▱	无
	圆度	○	无
	圆柱度	⌭	无
轮廓度公差	线轮廓度	⌒	有或无
	面轮廓度	⌓	有或无
方向公差	倾斜度	∠	有
	平行度	∥	有
	垂直度	⊥	有
位置度公差	位置度	⌖	有或无
跳动度公差	圆跳动	↗*	有
	全跳动	⌮*	有

GPS 标准最新版本 ISO 1101—2017 中几何公差符号有 14 个，包括直线度、平面度、圆度、圆柱度、垂直度、平行度、倾斜度、位置度、同心度/同轴度、对称度、线轮廓度、面轮廓度、圆跳动和全跳动。GD&T 与 GPS 标准对比，取消了同心度/同轴度和对称度两个几何公差符号。GPS 中把这 14 个几何公差符号分为四大类公差，分别是形状公差、方向公差、位置度公差和跳动度公差，见表 12-4。以上几何公差的定义和图纸标注规则大部分相同，本节只讲解其差异内容。

表 12-4 GPS 中几何公差的分类

公差类型	公差名称	符号	有无基准
形状公差	直线度	—	无
	平面度	▱	无
	圆度	○	无
	圆柱度	⌭	无
	线轮廓度	⌒	有或无
	面轮廓度	⌓	有或无
方向公差	倾斜度	∠	有
	平行度	∥	有
	垂直度	⊥	有
	线轮廓度	⌒	有或无
	面轮廓度	⌓	有或无
位置度公差	位置度	⌖	有或无
	同心度	◎	有
	同轴度	◎	有
	对称度	⌯	有
	线轮廓度	⌒	有或无
	面轮廓度	⌓	有或无
跳动度公差	圆跳动	↗ *	有
	全跳动	⌰ *	有

12.4.1 方向公差

方向公差垂直度、平行度和倾斜度应用在尺寸要素，当管控中心要素时，GD&T 和 GPS 对于管控的对象有差异，方向公差的差异见表 12-5。

表 12-5 方向公差的差异

内容	GD&T	GPS	解释	示例
圆柱尺寸要素	管控轴线	管控中心线	参照 12.4.1 节	参照图 12-7
宽度尺寸要素	管控中心平面	管控中心面	参照 12.4.1 节	无

GD&T 标准中方向公差标注在圆柱尺寸要素上，管控的对象是尺寸要素非关联实际包容配合面的中心轴线即尺寸要素的轴线。对于外尺寸要素如圆柱轴，非关联实际包容配合面就是最小外接圆柱面；对于内尺寸要素如圆柱孔，非关联实际包容配合面就是最大内切圆柱面。方向公差标注在宽度尺寸要素上，管控的是宽度尺寸要素的中心平面。

GPS 标准中方向公差标注在圆柱尺寸要素上，管控的对象是尺寸要素任意横截面的中心点构造的中心线。方向公差标注在宽度尺寸要素上，管控的是宽度尺寸要素的中心面。

如果 GPS 标准也希望方向公差管控的对象是尺寸要素非关联实际包容配合面的中心轴线，那么对于外尺寸要素如圆柱轴，可以在方向公差值后面加Ⓝ（表示最小外接要素），对于内尺寸要素如圆柱孔，可以在方向公差值后面加Ⓧ（表示最大内切要素）。

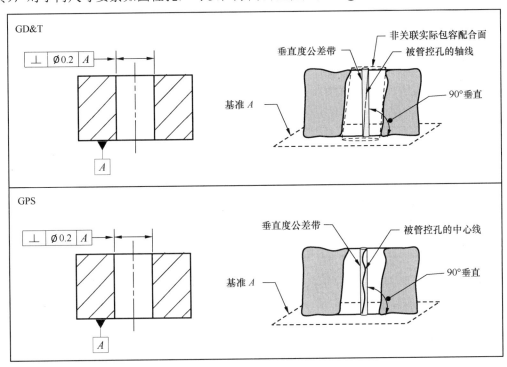

图 12-7　方向公差管控对象差异示例

12.4.2　位置度公差

GD&T 标准中位置度公差只能管控中心要素，GPS 标准中位置度公差既可以管控中心要素，也可以管控表面要素。位置度公差标注在尺寸要素（如圆柱孔或轴），管控中心要素时，GD&T 和 GPS 对于管控的对象有差异，位置度公差的差异见表 12-6。

表 12-6　位置度公差的差异

内　容	GD&T	GPS	解　释	示　例
位置度公差管控对象	管控轴线或中心平面	管控中心线或中心面	参照 12.4.2.1 节	参照图 12-8
	不能管控表面	可以管控表面	参照 12.4.2.1 节	参照图 12-9
位置度公差成组要素应用	成组要素内部位置度公差带之间固定为图纸标注的理论位置和方向	成组要素内部位置度公差带之间独立	参照 12.4.2.2 节	参照图 12-10
	成组要素同时要求	成组要素之间独立要求	参照 12.4.2.2 节	参照图 12-11 至图 12-14
复合位置度公差	复合位置度公差标注	基准只约束方向	参照 12.4.2.3 节	参照图 12-15

12.4.2.1　位置度公差管控对象的差异

GD&T 标准中位置度公差标注在圆柱尺寸要素上，管控的对象是尺寸要素非关联实际包容配合面的中心轴线即尺寸要素的轴线。对于外尺寸要素如圆柱轴，非关联实际包容配合面就是最小外接圆柱面；对于内尺寸要素如圆柱孔，非关联实际包容配合面就是最大内切圆柱面。位置度公差标注在宽度尺寸要素上，管控的是宽度尺寸要素的中心平面。

GPS 标准中位置度公差标注在圆柱尺寸要素上，管控的对象是尺寸要素任意横截面的中心点构造的中心线。位置度公差标注在宽度尺寸要素上，管控的是宽度尺寸要素的中心面。

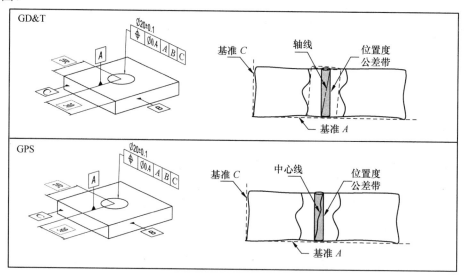

图 12-8　位置度公差管控对象差异示例

如果 GPS 标准希望位置度公差管控的对象是尺寸要素非关联实际包容配合面的中心轴线，那么对于外尺寸要素如圆柱轴，可以在位置度公差值后面加 Ⓝ（表示最小外接要素），对于内尺寸要素如圆柱孔，可以在位置度公差值后面加 Ⓧ（表示最大内切要素）。

GPS 标准中位置度公差可以标注在表面上，管控其位置。GD&T 标准中位置度公差不能标注在表面上，要想管控表面的位置只能标注轮廓度公差。

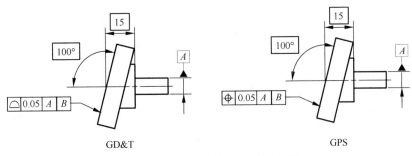

图 12-9 位置度公差管控表面差异示例

12.4.2.2 位置度公差成组要素应用的差异

当 GD&T 标准中位置度公差不带基准,或者带基准但基准不能把公差带的自由度全约束时,位置度公差应用在一个成组要素。成组要素内部各位置度公差带之间固定为图纸标注的理论位置和方向。如图 12-10(a)所示,成组要素中两个位置度公差带之间固定为图纸中的理论距离 30,且相互平行。成组要素中各要素不能超出各自的公差带,图 12-10(a)中的位置度公差管控成组要素中要素之间的相互位置和方向关系。

当 GPS 标准位置度公差不带基准,或者带基准但基准不能把公差带的自由度全约束时,位置度公差应用在一个成组要素。由 GPS 标准的独立原则可知,成组要素内部各公差带之间相互独立,不需要固定为图纸中的理论距离,如图 12-10(b)所示。如果想要公差带之间固定图纸标注的理论位置和方向,则需要在位置度公差值后加符号 CZ 表达(组合公差带),如图 12-10(c)所示。图 12-10(c)中的位置度公差管控成组要素中要素之间的相互位置和方向关系。

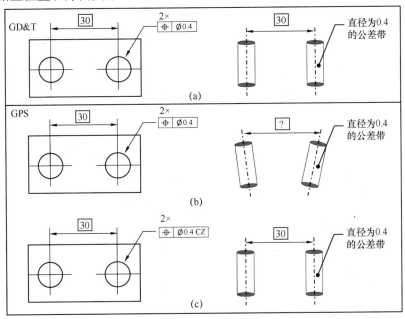

图 12-10 位置度公差成组要素应用区别示例(一)

GD&T 标准中位置度公差标注相同的基准（基准符号、标注顺序和基准后的材料修饰符号都一样），但当基准不能把公差带的自由度全约束时，位置度公差应用在多个成组要素。除了成组要素内部各公差带之间固定为图纸标注的理论位置和方向，成组要素之间也要同时要求，即成组要素之间的公差带也固定为图纸标注的理论位置和方向。如图 12-11 所示，两个 0.4 的位置度公差带之间，0.4 和 0.6 的位置度公差带之间都保持图纸中的理论位置，一起绕着基准轴线 A 旋转。图 12-11 中的位置度公差不仅管控了每个孔相对基准轴线 A 的位置度，同时也管控了三个孔之间的相互位置。

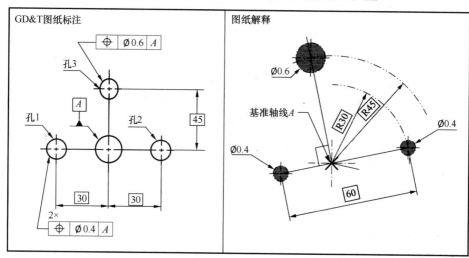

图 12-11 位置度公差成组要素管控差异示例（二）

GPS 标准中位置度公差具有相同的基准（基准符号、标注顺序和基准后的材料修饰符号都一样），但当基准不能把公差带的自由度全约束时，位置度公差应用在多个成组要素。成组要素内部各公差带之间独立（独立原则），如果需要公差带之间固定图纸标注的理论位置和方向，则需要在位置度公差值后面加 CZ（组合公差带）。成组要素之间也独立，如果需要同时要求，则在每个公差框格旁边加上符号 SIMi（同时要求 i，i 是数字 1、2、3 等）。图 12-12 中三个位置度公差带相互独立，每个公差带只需要和基准轴线 A 保持理论位置，绕着基准轴线 A 分开独立旋转。图 12-12 中的位置度公差只管控每个孔相对基准轴线 A 的位置，不管控孔之间的相互位置。

图 12-13 中位置度公差 0.4 后面加了 CZ（组合公差带）符号，表示两个直径 0.4 的位置度公差带组合在一起，每个公差带相对基准轴线 A 的距离为 30，两个公差带之间固定为图纸的理论距离 60，一起绕着基准轴线 A 旋转。直径为 0.6 的位置度公差带相对基准轴线 A 的距离为 45，0.4 的位置度公差带和 0.6 的位置度公差带之间相互独立。图 12-13 中的 0.4 的位置度公差管控孔 1 和孔 2 相对基准轴线 A 的位置，同时也管控孔 1 和孔 2 之间的相互位置。0.6 的位置度公差管控孔 3 相对基准轴线 A 的位置，孔 3 和孔 1、孔 2

之间的相互位置不受管控。

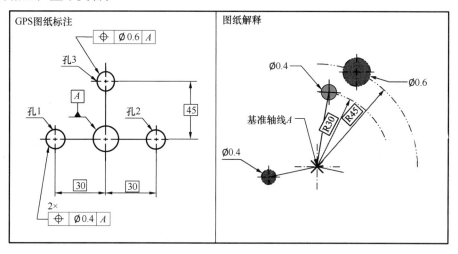

图 12-12 位置度公差成组要素管控差异示例（三）

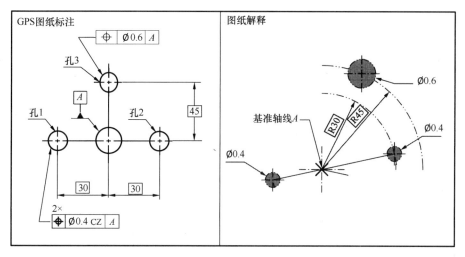

图 12-13 位置度公差成组要素管控差异示例（四）

图 12-14 中位置度公差 0.4 后面加了 CZ（组合公差带）符号，表示两个直径 0.4 的位置度公差带组合在一起，每个公差带相对基准轴线 A 的距离为 30，两个公差带之间固定为图纸的理论距离 60。直径为 0.6 的位置度公差带相对基准轴线 A 的距离为 45，位置度公差框格旁的 SIM1 表示同时要求，0.4 的位置度公差带和 0.6 的位置度公差带之间要同时要求管控，两个 0.4 的位置度公差带和一个 0.6 的位置度公差带一起绕着基准轴线 A 旋转。图 12-14 中的 0.4 的位置度公差管控孔 1 和孔 2 相对基准轴线 A 的位置，同时也管控孔 1 和孔 2 之间的相互位置。0.6 的位置度公差管控孔 3 相对基准轴线 A 的位置。0.4 和 0.6 位置度公差一起管控孔 3 和孔 1、孔 2 之间的相互位置。

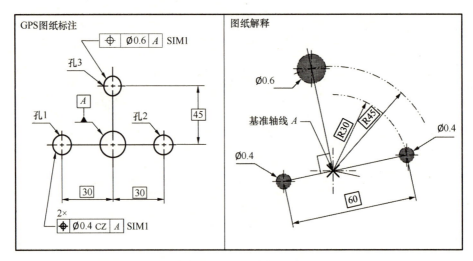

图 12-14　位置度公差成组要素管控差异示例（五）

12.4.2.3　复合位置度公差标注差异

图 12-15（a）中复合位置度公差标注是 GD&T 标准的图纸表达方式。一个位置度符号，上下两行公差，第一行公差值 0.8 带基准 A，第二行公差值 0.2 带基准 A。第一行基准 A 约束公差带的位置，两个 0.8 的位置度公差带相对基准 A 固定图纸中的理论距离 30。第二行基准 A 只约束公差带方向，不约束位置。两个 0.2 的位置度公差带相对基准 A 平行，上下一起移动，但不能超过 0.8 的位置度公差带。图 12-15（a）中的复合位置度公差第一行 0.8 管控孔相对基准 A 的位置，第二行 0.2 管控孔相对基准 A 的方向即平行度，以及两孔之间的相互位置。

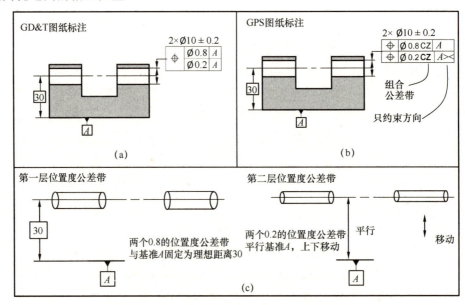

图 12-15　复合位置度公差图纸标注差异示例

GPS 标准中没有复合位置度公差标注方式,如果想要第二层的基准只约束公差带的方向,不约束位置,则可以在相应的基准后面加符号"><"表示只约束方向,如图12-15(b)所示。两层位置度公差带如图 12-15(c)所示。

12.4.3 轮廓度公差

GD&T 标准中轮廓度公差只能管控表面要素,GPS 标准中轮廓度公差既可以管控中心要素,也可以管控表面要素。非对称轮廓度公差 GD&T 用 ⓤ 表述,GPS 用 UZ 表述,其他具体差异见表 12-7。

表 12-7 轮廓度公差标注使用的差异

比 较 项 目	GD&T	GPS	解 释	示 例
非对称轮廓度公差	用 ⓤ 表达	用 UZ 表达	参照 12.4.3.1 节	参照图 12-16
动态轮廓度公差	用 △ 表达	用 OZ 表达	参照 12.4.3.2 节	参照图 12-17
轮廓度公差成组要素应用	成组要素内部公差带之间固定理论位置和方向	成组要素内部公差带之间独立	参照 12.4.3.3 节	参照图 12-18 至图 12-20

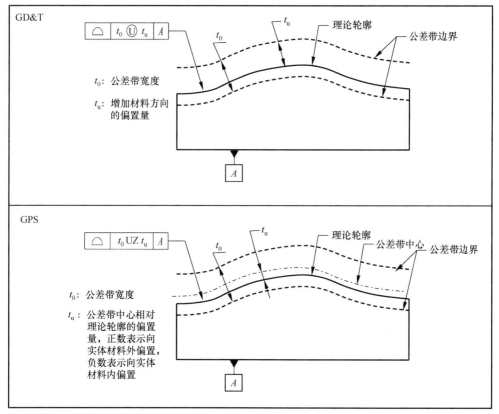

图 12-16 非对称轮廓度公差标注差异示例

12.4.3.1 非对称轮廓度公差带标注差异

GD&T 标准如果需要面轮廓度公差带相对理论轮廓非对称分布，需要在面轮廓度公差后面加修饰符号Ⓤ，Ⓤ后面的数值表示公差带相对理论轮廓向增加材料方向（材料外面）的偏移量，Ⓤ前面的数值表示公差带总体宽度。根据设计功能需求，可以通过Ⓤ后面的数值表达出公差带全面在材料增加的方向的单向公差，公差带全面在材料减少的方向的单向公差，以及材料增加和减少双向非对称公差等。

GPS 标准如果需要面轮廓度公差带相对理论轮廓非对称分布，则需要在面轮廓度公差后面加修饰符号 UZ，UZ 后面的数值表示公差带的中心相对理论轮廓的偏置量（正数表示向实体材料外的偏置，负数表示向着实体材料内的偏置）。UZ 前面的数值表示公差带的总体宽度。

12.4.3.2 动态轮廓度公差带标注差异

GD&T 标准用动态轮廓度符号△表示轮廓度公差带尺寸大小随着实际轮廓的尺寸动态变化，只需要保证公差带的宽度等于标注的公差值即可。其目的是通过动态轮廓度更加严格地管控要素的形状误差，而不是尺寸公差。

GPS 标准用未给定偏置量的线性偏置公差带符号 OZ 表示公差带允许相对于与理论轮廓的对称状态有一个常量的偏置，但未规定具体数值。该数值取决于实际轮廓相对理论轮廓的偏差值。

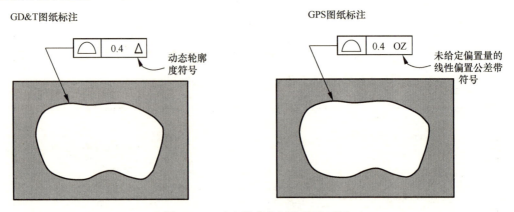

图 12-17 动态轮廓的标注差异示例

12.4.3.3 轮廓度公差成组要素应用差异

当 GD&T 标准中轮廓度公差不带基准，或者带基准但基准不能把公差带的自由度全约束时，应用在一个成组要素。成组要素内部各轮廓度公差带之间固定为图纸标注的理论位置和方向。成组要素中各要素不能超出各自的公差带。如图 12-18（a）所示，轮廓度 0.8 不带基准标注在两个表面要素，由成组要素公差带内部的约束规定，两个 0.8 的轮廓度公差带之间固定图纸中的理论距离 30，并且相互平行。每个表面不能超过相对应的公差带，图 12-18（a）中的轮廓度公差管控了两个表面之间的相互位置和自身的形状误差。

当 GPS 标准中轮廓度公差不带基准，或者带基准但基准不能把公差带的自由度全约束时，应用在一个成组要素。由于 GPS 默认独立原则，成组要素内部各公差带之间独立，不需要固定理论距离，如图 12-18（b）所示的轮廓度公差不管控两个表面之间的相互位置，只管控自身的形状误差。如果需要公差带之间固定图纸标注的理论位置和方向，则需要在轮廓度公差值后面加 CZ 修饰符号（组合公差带），如图 12-18（c）所示。图 12-18（c）中的标注等效于图 12-18（a）中的标注。

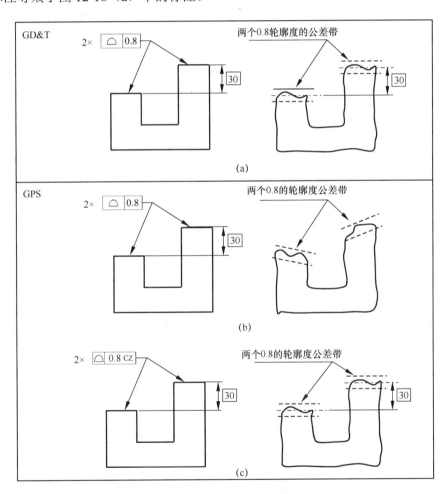

图 12-18 轮廓度公差成组要素标注差异示例（一）

图 12-19（a）中轮廓度加全周符号标注在表面，全周符号表示周圈的 4 个表面组成一个成组要素，由成组要素公差带内部位置和方向的约束关系，4 个边的轮廓度公差带组合成一个全周的整体公差带，实际表面不超过公差带，其轮廓度公差管控了方

形要素的尺寸大小和形状误差。图 12-19（b）中的轮廓度加全周符号了，如果希望公差带组合成一个整体公差带，则需要在公差值后面加 CZ（组合公差带）符号。否则由于 GPS 标准默认独立原则，公差带之间相互独立。

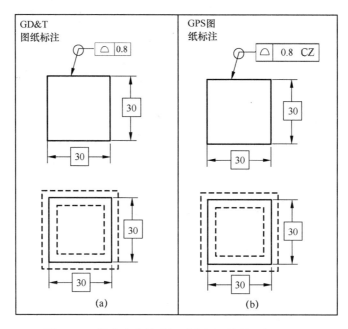

图 12-19　轮廓度公差成组要素标注差异示例（二）

图 12-20（a）中轮廓度加全周符号标注在表面，全周符号表示周圈 4 个表面组成一个成组要素，由成组要素公差带内部位置和方向的约束关系，4 个边的轮廓公差带组合成一个全周的整体公差带。2×表示左右两个全周的整体公差带保持理论的位置和方向关系，图 12-20（a）中轮廓度公差既管控了方形要素的尺寸大小和形状误差，也管控了左右两个方形要素之间的相互位置关系。

图 12-20（b）中的轮廓度加全周符号，公差值后面加 SZ CZ 符号。全周符号表示周圈 4 个表面组成一个成组要素，CZ（组合公差带）符号组合一个全周的整体公差带。SZ（独立公差带）表示两个全周的整体公差带之间相互独立，不需要保持理论位置和方向。图 12-20（b）中的轮廓度公差只管控各自方形要素的尺寸大小和形状误差，不管控两个方形要素之间的相互位置。

图 12-20（c）中的轮廓度加全周符号，公差值后面加 CZ CZ 符号。第一个 CZ 符号（表达多个成组要素组之间相互关系）表示把两个全周公差带组合成一个大的整体公差带，即两个全周公差带之间保持理论的位置和方向关系。第二个 CZ 符号（表达每个成组要素内部各要素之间的关系）表示每个方形要素的 4 个边的轮廓度公差带组合成一个

全周的整体公差带。图 12-20（c）中的轮廓度公差既管控了每个方形要素的尺寸大小和形状，也管控了两个方形要素之间的相互位置关系，其图纸标注等效于图 12-20（a）中的标注。

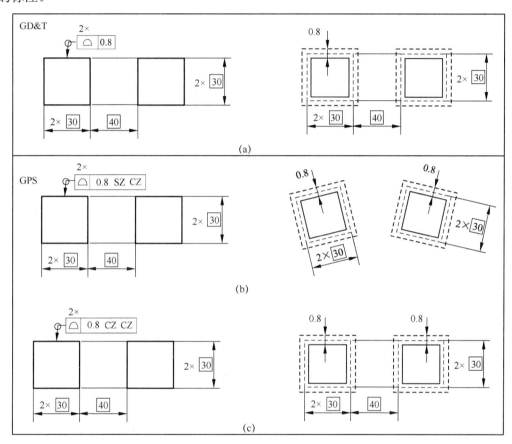

图 12-20　轮廓度公差成组要素管控区别示例（三）

12.5　图纸投影视角的差异

通过不同的投影视图，在二维图纸上表达三维零件的各种特征。GD&T 标准采用的是第三投影视角，而 GPS 标准采用的是第一投影视角。

12.5.1　第三投影视角

第三投影视角示例如图 12-21 所示，图中左下角的锥体，如果要投影形成两个圆，则要从锥体的左边向右边投影。第三投影视角是指从左边投影视图就放在左边，从右边投影视图就放右边，以此类推。因此，两个圆的视图放在左边。

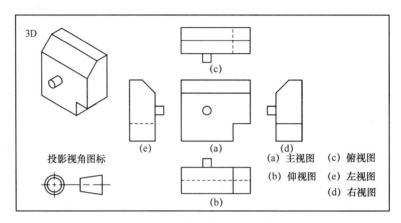

图 12-21　第三投影视角示例

12.5.2　第一投影视角

第一投影视角示例如图 12-22 所示，图中左下角的锥体，如果要投影形成两个圆，则要从锥体的左边向右边投影。第一投影视角是指从左边投影视图就放在右边，从右边投影视图就放左边，以此类推。因此，两个圆的视图放在右边。

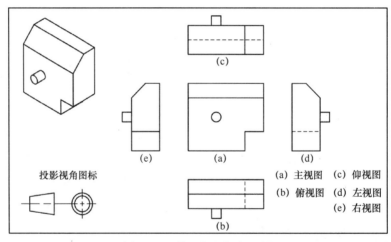

图 12-22　第一投影视角示例

本　章　习　题

一、判断题

1．ASME Y14.5—2018 是由美国机械工程师协会（ASME）制定的关于图纸公差标准。（　　）

2．中国关于图纸公差的国家标准采用 GPS（产品几何技术规范）。（　　）

3．GD&T 标准默认包容原则，如果采用独立原则应该在形位公差后面加Ⓘ。（   ）
4．GPS 标准默认独立原则，如果采用包容原则应该在尺寸公差后面加Ⓔ。（   ）
5．GPS 标准的独立原则相关规定等效 GD&T 标准的独立原则相关规定。（   ）
6．GD&T 标准关于圆柱尺寸要素的轴线是通过最小二乘圆柱拟合出来的。（   ）
7．GPS 标准的中心线是由垂直于轴线的所有横截面的最小二乘圆的中心构成的。（   ）
8．GPS 标准中垂直度公差标注在圆柱尺寸要素，管控的对象是中心轴线。（   ）
9．GD&T 标准中垂直度公差标注在圆柱尺寸要素，管控的对象是中心轴线。（   ）
10．非对称轮廓度公差图纸标注，GD&T 标准和 GPS 标准采用的是同一个符号。（   ）
11．GPS 标准中位置度公差可以管控表面和中心要素的位置。（   ）
12．GD&T 标准采用的是第三视角，GPS 标准采用的是第一视角。（   ）

二、选择题

1．独立原则中，标注在圆柱尺寸要素的尺寸管控的是（   ）。

A．非关联包容配合圆柱尺寸　　　　B．关联包容配合圆柱尺寸

B．任意横截面局部两点尺寸　　　　C．任意横截面最小二乘圆的尺寸

2．关于包容原则，下面描述正确的是（   ）。

A．GD&T 标准默认包容原则

B．包容原则适合规则尺寸要素

C．GPS 标准如果采用包容原则，则尺寸公差后加Ⓔ

D．以上都正确

3．GPS 标准的独立原则包括的内容有（   ）。

A．尺寸公差与形状公差独立　　　　B．尺寸公差和方向、位置度公差独立

C．形位公差的公差带之间独立　　　D．以上所有

4．GD&T 标准关于圆柱尺寸要素的轴线的定义是（   ）。

A．实际圆柱的非关联包容配合圆柱面的中心轴线

B．实际圆柱的最小二乘圆柱面的中心轴线

C．任意横截面最小二乘圆的圆心构成

D．任意横截面包容配合圆的圆心构成

5．下面哪个公差可以管控尺寸、形状、方向和位置（   ）。

A．位置度公差　　　　　　　　　　B．跳动度公差

C．垂直度公差　　　　　　　　　　D．轮廓度公差

6．下面关于位置度公差的描述，错误的是（   ）。

A．GPS 标准的位置度公差既可以管控表面，也可以管控中心要素的位置

B．GPS 标准的位置度公差标注在圆柱尺寸要素，默认管控的是中心线的位置

C．GD&T 标准的位置度公差标注在圆柱尺寸要素，默认管控的是轴线的位置

D．GD&T 标准的位置度公差既可以管控表面，也可以管控中心要素的位置

7．下面关于 GPS 标准的方向公差，描述正确的是（　　）。

A．GPS 标准的方向公差只能标注在尺寸要素上

B．GPS 标准的方向公差标注在尺寸要素上，管控的对象是轴线或中平面的方向

C．GPS 标准的方向公差标注在尺寸要素上，管控的对象是中心线或中心面的方向

D．GPS 标注的方向公差标注在圆柱尺寸要素上，公差值前面不能加符号 φ

8．关于非对称轮廓度公差的图纸标注表达方式，错误的是（　　）。

A．GPS 标准在轮廓度公差后面加 UZ

B．GD&T 标准在轮廓度公差后面加Ⓤ

C．Ⓤ后面的数值如果等于Ⓤ前面的数值，则表示公差带相对理论轮廓全部在增加材料方向

D．UZ 后面的数值如果等于 UZ 前面的数值，则表示公差带相对理论轮廓全部在减少材料方向

9．关于轮廓度公差的描述，错误的是（　　）。

A．GPS 标准的轮廓度公差既可以管控表面，也可以管控中心要素

B．GPS 标准的轮廓度公差标注在成组要素上，公差带默认相互独立

C．GD&T 标准的轮廓度公差标注在成组要素上，公差带默认保持理论位置和方向

D．GD&T 标准的轮廓度公差既可以管控表面，也可以管控中心要素

10．关于图纸标注和公差定义，正确的是（　　）。

A．GPS 标准的图纸视角是第三视角，GD&T 标准的图纸视角是第一视角

B．GPS 标准定义的独立原则等效于 GD&T 标准的独立原则

C．复合公差标注方式可以应用到 GD&T 标准和 GPS 标准图纸中

D．GD&T 标准默认包容原则，GPS 标准标注需要在尺寸公差后面加Ⓔ表达

三、应用题

1．根据图 12-23 回答下面的问题。

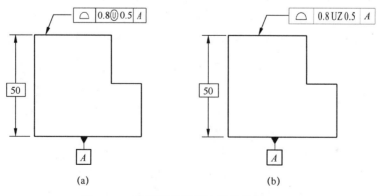

图 12-23　轮廓度公差标注差异示例（一）

（1）图 12-23（a）中的标注属于什么标准的图纸规范？

（2）图 12-23（a）中标注的 0.5 表示什么意思？

（3）图 12-23（a）中标注的理论尺寸 50 的最大极限值和最小极限值分别是多少？

（4）图 12-23（b）中的标注属于什么标准的图纸规范？

（5）图 12-23（b）中标注的 0.5 表示什么意思？

（6）图 12-23（b）中标注的理论尺寸 50 的最大极限值和最小极限值分别是多少？

2．根据图 12-24 回答下面的问题。

（1）图 12-24（a）中理论尺寸 20 的最大极限值和最小极限值是多少？

（2）在图 12-24（b）中写出与图 12-4（a）等效的 GPS 标准标注方式。

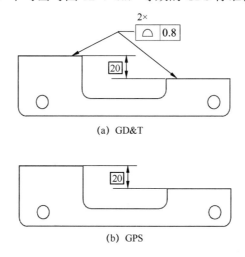

图 12-24 轮廓度公差标注差异示例（二）

附录 A

测量取点方案

A.1 概述

在对零件特征的被测要素和基准要素进行取点操作时，测量计划里要规定提取的点数、位置、分布方式（提取操作方案），应根据被测要素和基准要素的结构特征、功能要求、加工工艺、测量时间成本和测量精度要求等因素决定，并且对提取方案可能产生的测量不确定度予以考虑。本附录作为参考资料，不是强制性要求，工程师也可以结合实际情况，通过协商自行决定取点方案。

A.2 取点方案

根据提取路径特性的不同，可将常用取点方案分为栅格提取、分层提取、特殊曲线提取、随机布点提取。

A.2.1 栅格提取方案

栅格提取方案是指在提取区域内，由在多个方向上分别平行且等距分布的轮廓所构成的提取方案。轮廓相交形成的是封闭栅格，提取时，依次在栅格的角点处进行取点。根据栅格形状的不同将栅格提取方案划分为矩形、鸟笼、极坐标、三角形和米字形等，表 A-1 给出了栅格提取方案的示例。

表 A-1 栅格提取方案的示例

类型	示例	适用情况	备注
矩形栅格		矩形平面	这种方案测量点数较多，用于对测量精度要求较高，需要获取整个表面信息的场合
鸟笼栅格		圆柱面	
极坐标栅格		圆形平面	这种方案测量点数较多，用于对测量精度要求较高，需要获取整个表面信息的场合

(续表)

类 型	示 例	适用情况	备 注
三角形栅格		矩形平面	
米字形栅格		矩形平面	

A.2.2 分层提取方案

分层提取方案是指在提取区域内，由沿单一指定方向等间距分布的轮廓组成的提取方案。它形成的是一系列如层状的平行轮廓，通常在平行轮廓上等长度或角度地进行提取。分层提取方案根据轮廓形状和适用表面类型的不同可分为圆周线、平行线、母线提取方案，表 A-2 给出了分层提取方案的示例。

表 A-2 分层提取方案的示例

类 型	示 例	适用情况	备 注
圆周线		用于圆柱面的情况	多用于只需获取表面局部信息的场合
平行线		用于矩形平面的情况	
母线		用于圆柱面的情况	

A.2.3 特殊曲线提取方案

特殊曲线提取方案是指在提取区域内，由单一特殊曲线（如螺旋线、渐开线等）或特殊曲线与直线轮廓共同组成的提取方案，通常沿特殊曲线等角度或等长度距离或在特殊曲线与直线的相交处进行提取，表 A-3 给出了特殊曲线提取方案的示例。

表 A-3 特殊曲线提取方案的示例

类 型	示 例	适用情况	备 注
螺旋线		用于圆柱面的情况	多用于获取特殊表面（如螺纹孔）信息的场合

（续表）

类　　型	示　　例	适 用 情 况	备　　注
渐开线		用于圆形端面的情况	多用于获取特殊表面（如螺纹孔）信息的场合
蜘蛛网		用于圆形端面的情况	

A.2.4　随机布点提取方案

随机布点提取方案是指在提取区域内，由在非理想表面模型上以随机方式或布点方式得到的一组点的提取方案，典型示例如图 A-1 所示。该方案的提取点数相对于前面三种方案较少。

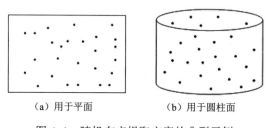

（a）用于平面　　　　（b）用于圆柱面

图 A-1　随机布点提取方案的典型示例

附录 B

拟合操作算法

B.1 概述

对形状、方向和位置度公差进行测量时，在实际被测要素上按照附录 A 中相关取点方案提取一系列的点后，需要采用拟合算法以确定理想要素的形状、方向或位置。另外，在评价方向和位置度公差时，除拟合理想要素外，还要通过在基准要素上取点，从而拟合出相对应的基准。拟合操作常用的算法有最小二乘法、约束的最小二乘法（约束的L2）、最小区域法、约束的最小区域法（约束的L∞）、最大内切法、最小外接法和外（贴）切法。本附录只对算法的相关原理进行阐述，不对数学公式进行详细解释。

B.2 最小二乘法

最小二乘法也叫高斯法，其定义是拟合的理想要素与实际要素之间的距离平方和最小。实际要素理论是由无数个点构成的，实际操作时提取一定数量的点。在实际表面按照相关取点方案提取一定数量的点后，按照最小二乘法拟合一个理想的平面，每个点到拟合的理想平面都有距离，确保所有点到拟合平面距离的平方和最小，按照最小二乘法拟合的平面在实体材料里面，如图 B-1（a）所示。

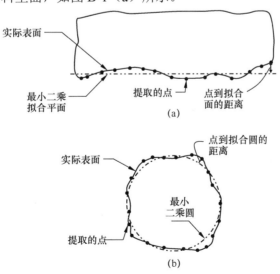

图 B-1　最小二乘法拟合标注示例

对于圆尺寸要素，在实际表面按照相关取点方案提取一定数量的点后，按照最小二乘法通过点拟合一个理想的圆，每个点到拟合的理想圆都有距离，确保所有点到拟合圆距离的平方和最小，按照最小二乘法拟合的圆在实体材料里面，如图 B-1（b）所示。

B.3　约束的最小二乘法

约束的最小二乘法也叫约束的 L2，其定义是拟合的理想要素与实际要素之间的距离平方和最小，同时保证拟合的理想要素在实体材料外部。实际要素理论是由无数个点构成的，实际操作时提取一定数量的点。

对于平面要素，在实际表面按照相关取点方案提取一定数量的点后，按照约束的最小二乘法拟合一个理想的平面，每个点到拟合的理想平面都有距离，确保所有点到拟合平面距离的平方和最小，同时确保拟合的理想平面在实体材料外部，如图 B-2（a）所示。

对于圆尺寸要素，在实际表面按照相关取点方案提取一定数量的点后，按照约束的最小二乘法拟合一个理想的圆，每个点到拟合的理想圆都有距离，确保所有点到拟合圆距离的平方和最小，同时确保拟合的理想圆在实体材料外面。图 B-2（b）所示为内尺寸要素（如孔），图 B-2（c）所示为外尺寸要素（如轴）。通过基准要素拟合基准时，ASME Y14.5.1－2019 推荐采用约束的最小二乘法。

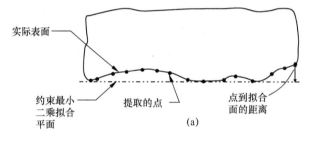

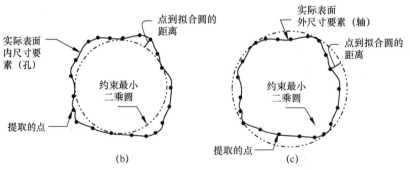

图 B-2　约束的最小二乘法拟合标注示例

B.4　最小区域法

最小区域法也叫切比雪夫法，或者极大极小法，其定义是将实际要素和拟合的理想要素的最大距离最小化。实际要素理论是由无数个点构成的,实际操作时提取一定数量的点。

对于平面要素,在实际表面按照相关取点方案提取一定数量的点后,按照最小区域法拟合一个理想的平面,每个点到拟合的理想平面都有距离,确保把最大距离最小化,按照最小区域法拟合的平面在实体材料里面,如图B-3(a)所示。

对于圆尺寸要素,在实际表面按照相关取点方案提取一定数量的点后,按照最小区域法通过点拟合一个理想的圆,每个点到拟合的理想圆都有距离,确保把最大距离最小化,按照最小区域法拟合的圆在实体材料里面。最小区域法是几何公差(形状、方向、位置)评定时,默认采用的算法,如图B-3(b)所示。

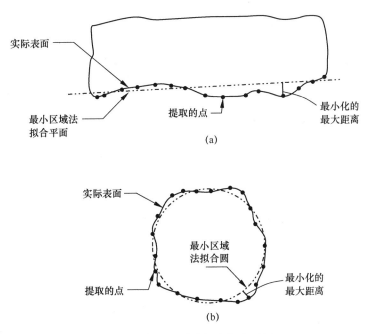

图 B-3　最小区域法拟合标注示例

B.5　约束的最小区域法

约束的最小区域法也叫约束的 L∞,其定义是将实际要素和拟合的理想要素的最大距离最小化,同时保证拟合的理想要素在实体材料外部。

对于平面要素,在实际表面按照相关取点方案提取一定数量的点后,按照约束的最小区域法拟合一个理想的平面,每个点到拟合的理想平面都有距离,确保把最大距离最小化,同时确保拟合的理想平面在实体材料外部,如图B-4(a)所示。

对于圆尺寸要素,在实际表面按照相关取点方案提取一定数量的点后,按照约束的最小区域法拟合一个理想的圆,每个点到拟合的理想圆都有距离,确保把最大距离最小化，同时确保拟合的理想圆在实体材料外面。图 B-4（b）所示为内尺寸要素（如孔），图 B-4（c）所示为外尺寸要素（如轴）。通过基准要素拟合基准时，ISO-GPS 默认采用约束的最小区域法（适合平面、曲面类）。

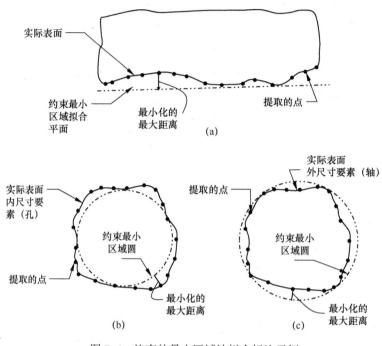

图 B-4　约束的最小区域法拟合标注示例

B.6　最大内切法

通过最大内切法拟合的理想要素，并使该理想要素内切于非理想实际要素，同时保证尺寸最大化。该算法用于规则（线性）尺寸要素。最大内切法拟合标注示例如图 B-5 所示。对于内尺寸要素（孔），在实际表面按照相关取点方案提取一定数量的点，按照最大内切法拟合一个理想的要素（圆柱），理想的要素（圆柱）内切于实际孔的表面，同时保证理想要素（圆柱）的直径尺寸最大即最大内切要素（圆柱）。对于内尺寸要素（槽），在实际表面按照相关取点方案提取一定数量的点，按照最大内切法拟合一个理想的宽度（两相互平行的平面），理想的宽度内切于实际槽表面，同时保证宽度的尺寸最大即最大内切宽度尺寸。

GD&T 标准中的方向公差或位置度公差应用在内尺寸要素（如孔或槽）时，通过最大内切法拟合理想的圆柱或宽度尺寸，从而获取被测对象中心轴线或中心平面。

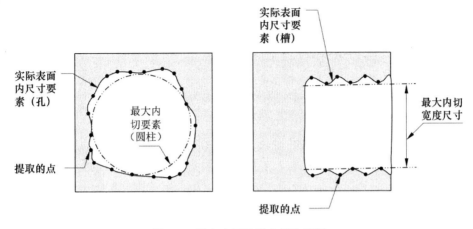

图 B-5 最大内切法拟合标注示例

B.7 最小外接法

通过最小外接法拟合的理想要素,并使该理想要素外接于非理想实际要素,同时保证尺寸最小化。该算法用于规则(线性)尺寸要素。最小外接法拟合标准示例如图 B-6 所示。对于外尺寸要素(轴),在实际表面按照相关取点方案提取一定数量的点,按照最小外接法拟合一个理想的要素(圆柱),理想的要素外接于实际轴的表面,同时保证理想要素(圆柱)的直径尺寸最小即最小外接要素(圆柱)。对于外尺寸要素(凸台),在实际表面按照相关取点方案提取一定数量的点,按照最小外接法拟合一个理想的宽度(两相互平行的平面),理想的宽度外接于实际凸台表面,同时保证宽度的尺寸最小即最小外接要素(宽度尺寸)。

GD&T 标准中的方向公差或位置度公差应用在外尺寸要素(如轴或槽)时,通过最小外接法拟合理想的圆柱或宽度尺寸,从而获取被测对象中心轴线或中心平面。

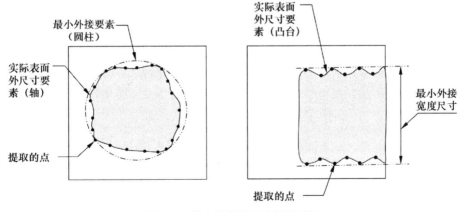

图 B-6 最小外接法拟合标注示例

B.8 外（贴）切接法

外（贴）切法拟合标注示例如图 B-7 所示。通过外（贴）切法拟合的理想要素，理想要素在实体材料外，并且与实际要素相贴（切）。当方向公差、轮廓度公差、全跳动公差应用在平面上且公差值后带有修饰符号Ⓣ时，需要通过外（贴）切法对提取要素拟合获取被测对象即相切平面。

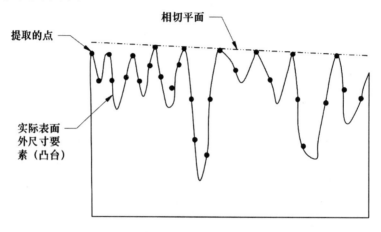

图 B-7　外（贴）切法拟合标注示例

附录 C

习题答案

第 1 章 习题答案

一、判断题

题号	1	2	3	4	5	6	7	8	9	10	11	12
答案	√	√	√	×	×	√	×	√	√	√	√	×

二、选择题

题号	1	2	3	4	5	6	7	8	9
答案	C	D	C	D	B	B	A	D	B

三、应用题

题号	答案
1	半径标注理论尺寸,公差标注轮廓度公差
2	坐标尺寸公差(正负尺寸公差)
3	位置度公差
4	理论尺寸

第 2 章 习题答案

一、判断题

题号	1	2	3	4	5	6	7	8	9	10	11	12
答案	√	√	×	×	√	×	√	×	×	√	×	×

二、选择题

题号	1	2	3	4	5	6	7	8	9
答案	C	B	D	C	B	A	C	A	D
题号	10	11	12	13	14				
答案	D	A	C	C	A				

三、应用题

Ⓐ 为尺寸要素,MMC 尺寸为 3.7,LMC 尺寸为 4.7

Ⓑ 为尺寸要素,MMC 尺寸为 16.8,LMC 尺寸为 16.2

Ⓖ 为尺寸要素,MMC 尺寸为 2.2,LMC 尺寸为 2.0

第 3 章 习题答案

一、判断题

题号	1	2	3	4	5	6	7	8	9	10	11	12
答案	×	×	×	×	√	√	×	√	√	×	√	×

二、选择题

题号	1	2	3	4	5	6	7	8	9	10
答案	A	D	C	C	B	C	B	D	D	D

三、应用题

1. 写出标记①~⑧的几何公差的名称

序号	公差名称	序号	公差名称	序号	公差名称
①	平面度	④	面轮廓度	⑦	圆跳动
②	面轮廓度	⑤	平行度	⑧	全跳动
③	垂直度	⑥	位置度		

2. ① ② ④ ⑤ ⑦ ⑧ 管控表面要素,③ ⑥管控尺寸要素

3. ③ 有公差补偿

4. ② ③ ④ ⑥ ⑦ ⑧可以管控位置

5. 最大允许值是 0.15

6. ±0.25

第 4 章 习题答案

一、判断题

题号	1	2	3	4	5	6	7	8	9	10	11	12
答案	×	×	√	√	√	×	√	√	√	√	×	√

二、选择题

题号	1	2	3	4	5	6	7	8	9	10
答案	B	B	C	A	D	A	C	B	D	A

三、应用题

1. 标记为 Ⓐ Ⓑ Ⓖ 是规则尺寸要素,受包容原则管控。其他标记尺寸不是规则尺寸要素,不受包容原则管控。

2.

尺寸	允许的形状误差
10.1	0
10.0	0.1
9.9	0.2

3.

尺寸	基本位置度公差	补偿公差	总体公差
ϕ19.8	0.4	0.4	0.8
ϕ20.0	0.4	0.2	0.6
ϕ20.2	0.4	0	0.4

第5章 习题答案

一、判断题

题号	1	2	3	4	5	6	7	8	9	10	11	12
答案	√	×	√	×	×	×	×	√	√	√	×	×

二、选择题

题号	1	2	3	4	5	6	7	8	9	10
答案	A	B	A	B	C	A	B	C	D	B
题号	11	12	13	14	15	16	17	18		
答案	A	C	D	D	C	C	D	C		

三、应用题

1. 基准 A 约束 3 个自由度,1 个平移自由度,2 个转动自由度。

2. 基准 B 约束 2 个自由度,2 个平移自由度。

3. 基准 C 约束 1 个自由度,1 个转动自由度。

4. 垂直度公差最大允许值是 0.6,实效边界是 25.4。

5. 位置度公差最大允许值是 1.3,实效边界是 13.7。

6. 位置度公差最大允许值是 0.8,基准 B 的 MMB 是 25.4,基准 C 的 MMB 是 13.7。基准要素 B 的最大偏移量是 0.6,基准要素 C 的最大偏移量是 1.3。

第6章 习题答案

一、判断题

题号	1	2	3	4	5	6	7	8	9	10	11	12
答案	×	×	×	×	×	√	×	√	×	×	√	×

二、选择题

题号	1	2	3	4	5	6	7	8	9	10
答案	D	D	D	D	A	B	C	C	D	D

题号	11	12	13
答案	B	C	B

三、应用题

1. 标记为Ⓒ的直线度公差。

2. 标记为ⒶⒷⒹ的直线度公差。

3. 最大补偿为0.2，不用遵守包容原则。

4. Ⓐ不符合，表面直线度公差前面不能加修饰符号 ϕ。Ⓑ不符合，表面直线度公差不能采用最大实体要求。Ⓓ不符合，表面直线公差值要小于尺寸公差值（包容原则）。

5. 不符合规范，圆柱度公差不能加修饰符号 ϕ。

6. 不合理，应该改成圆度公差。

7. 公差带是两个同轴的圆柱面，半径之差等于0.1。圆度误差最大允许值是0.1。

8. 不符合规范，圆柱度公差不能采用最大实体要求。

第7章 习题答案

一、判断题

题号	1	2	3	4	5	6	7	8	9	10	11	12
答案	√	×	×	√	√	×	×	×	√	×	×	√

二、选择题

题号	1	2	3	4	5	6	7	8	9	10
答案	D	A	C	C	C	C	A	D	B	D

题号	11	12
答案	D	C

三、应用题

1. 两个相互平行的平面，平面之间的距离为0.2，且垂直于基准平面 A。管控表面平面度误差。基准平面 A 约束公差带绕着 X 轴和 Y 轴的2个转动自由度。

2. 不是，平行度公差不管控位置。基准平面 A 约束公差带绕着 X 轴和 Y 轴的2个转动自由度。

3. 圆柱，最大直径尺寸是0.4。

4. 14.7

5. 不管控，因为平行度公差管控的是相切平面，不是平面的所有点。

第8章 习题答案

一、判断题

题号	1	2	3	4	5	6	7	8	9	10	11	12
答案	×	×	×	√	×	×	×	√	×	√	√	×

二、选择题

题号	1	2	3	4	5	6	7	8	9	10
答案	A	B	B	A	D	A	C	C	C	D

题号	11	12	13	14	15	16
答案	C	B	C	C	C	C

三、应用题

1. 0.3 2. 0.4 3. 0.6 4. 11.8 5. 11.7 6. 11.5 7. ±0.3 8. ±0.3 9. ±0.2 10. 0.5

第9章 习题答案

一、判断题

题号	1	2	3	4	5	6	7	8	9	10	11	12
答案	×	×	√	×	√	×	×	√	√	×	√	×

二、选择题

题号	1	2	3	4	5	6	7	8	9	10
答案	D	C	D	B	D	D	C	A	B	D

题号	11	12
答案	C	C

三、应用题

1. 答案

（1）0.2 　　　　　　　　（2）最大32.2，最小31.8

（3）最大43.2，最小42.8　　（4）最大25.1，最小24.9

(5) 最大 15.1，最小 14.9

2. 答案

(1) 0.4

(2) 最大 32.6，最小 31.8

(3) 最大 43.2，最小 42.4

(4) 最大 25.1，最小 24.7

(5) 最大 15.3，最小 14.9

第 10 章 习题答案

一、判断题

题号	1	2	3	4	5	6	7	8	9	10	11	12
答案	√	√	×	√	√	×	×	×	×	√	×	×

二、选择题

题号	1	2	3	4	5	6	7	8	9	10
答案	A	B	A	D	D	C	C	C	C	C

三、应用题

图纸标注	圆柱的下面几何特性是否被跳动公差管控					
	尺寸	同心度	同轴度	圆度	圆柱度	表面直线度
⌰ 1.2 A	No	Yes	Yes	No	No	No
↗ 1.2 A	No	Yes	No	No	No	No
⌰ 0.4 A	No	Yes	Yes	Yes	Yes	Yes
↗ 0.4 A	No	Yes	No	Yes	No	No

第 11 章 习题答案

一、判断题

题号	1	2	3	4	5	6	7	8	9	10	11	12
答案	×	×	×	√	√	×	×	√	√	×	√	√

二、选择题

题号	1	2	3	4	5	6	7	8	9	10
答案	C	D	C	B	D	B	A	D	D	C

三、应用题

1. 答案

(1) 0.2

(2) 32.2，31.8

（3）43.2，42.8

（4）25.2，24.8

（5）15.1，14.9

2．答案

（1）0.6

（2）102.6，101.4

（3）14.6，13.4

（4）9.6

（5）9.4

（6）圆锥销

第 12 章 习题答案

一、判断题

题号	1	2	3	4	5	6	7	8	9	10	11	12
答案	√	√	×	√	×	×	√	×	√	×	√	√

二、选择题

题号	1	2	3	4	5	6	7	8	9	10
答案	B	D	D	A	D	D	C	D	D	D

三、应用题

1．答案

（1）GD&T 标准。

（2）表示轮廓度公差带相对理论轮廓向材料增加方向的偏置量。

（3）最大极限值是 50.5，最小极限值是 49.7。

（4）GPS 标准。

（5）公差带中心相对理论轮廓向材料增加方向的偏置量。

（6）最大极限值是 50.9，最小极限值是 50.1。

2．答案

（1）最大极限值是 20.8，最小极限值是 19.2。

（2）GPS 等效的标注方式。

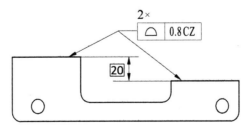

参 考 文 献

[1] ASME. Dimensioning&Tolerancing of Engineering Drawings: ASME Y14.5[S]. 2018.
[2] ASME. Mathematical Definition of Dimensioning &Tolerancing Principles: ASMEY14.5.1[S]. 2019.
[3] ASME. Digital Production Definition Data Practices: ASME Y14.41[S].2019.
[4] ASME. Model Organization Practices:ASME Y14.47[S].2019.
[5] ASME. Dimensioning and Tolerancing Principles for Gagesand Fixtures: ASME Y14.43[S].2011.
[6] ISO. Geometrical product specifications (GPS)—Geometricaltolerancing-Tolerances of form, orientation, Location and run-out: ISO 1101[S].2017.
[7] ISO. Geometrical product specifications (GPS)—Geometrical Tolerancing—Maximum material requirement (MMR), least material requirement (LMR) and reciprocity requirement (RPR): ISO 2692[S].2014.
[8] ISO. Geometrical product specifications (GPS)—Geometrical Tolerancing—Pattern and combined geometrical specification: ISO 5458[S].2018.
[9] ISO. Geometrical product specifications (GPS)—Geometrical Tolerancing—Datums and datum systems: ISO 5459[S].2011.
[10] ISO. Geometrical product specifications (GPS)—Fundamentals—Concepts, principles and rules: ISO 8015[S].2011.
[11] ISO. Geometrical product specifications(GPS)—Dimensional Tolerancing—Part 1:Linear sizes, ISO 14405-1[S].2010.
[12] ISO. Geometrical product specifications(GPS)—Dimensional Tolerancing—Part 2:Dimensions other than linear sizes, ISO 14405-2[S].2010.
[13] Alex Krulikowski. FUNDAMENTALS of Geometric Dimensioning and Tolerancing[M].Cengage Learning, 2012.
[14] 国家市场监督管理总局, 中国国家标准化管理委员会. 产品几何技术规范（GPS）几何公差 形状、方向、位置和跳动公差标注：GB/T 1182[S]. 2018.
[15] 国家市场监督管理总局, 中国国家标准化管理委员会. 产品几何技术规范（GPS） 基础、概念、原则和规则：GB/T 4249[S]. 2018.
[16] 国家市场监督管理总局, 中国国家标准化管理委员会. 产品几何技术规范（GPS）几何公差最大实体要求（MMR）、最小实体要求（LMR）和可逆要求（RPR）：GB/T 16671[S]. 2018.
[17] 国家质量监督检验检疫总局, 中国国家标准化管理委员会. 产品几何技术规范（GPS） 几何公差 检测与验证: GB/T 1958[S]. 2017.
[18] 国家市场监督管理总局, 中国国家标准化管理委员会. 产品几何技术规范（GPS） 几何公差成组（要素）与组合几何规范: GB/T 13319[S]. 2020.
[19] 国家市场监督管理总局, 中国国家标准化管理委员会.产品几何技术规范（GPS） 几何公差轮廓度公差标注: GB/T 17852[S]. 2018.

[20] 国家市场监督管理总局, 中国国家标准化管理委员会. 产品几何技术规范（GPS） 尺寸公差第1部分：线性尺寸，GB/T 38762.1[S]. 2020.

[21] 国家市场监督管理总局, 中国国家标准化管理委员会. 产品几何技术规范（GPS） 尺寸公差第2部分：除线性、角度尺寸外的尺寸，GB/T 38762.2[S]. 2020.

[22] 国家市场监督管理总局, 中国国家标准化管理委员会. 产品几何技术规范（GPS） 几何精度的检测与验证　第2部分：形状、方向、位置、跳动和轮廓度特征的检测与验证, GB/T40742.2[S]. 2021.

反侵权盗版声明

电子工业出版社依法对本作品享有专有出版权。任何未经权利人书面许可，复制、销售或通过信息网络传播本作品的行为；歪曲、篡改、剽窃本作品的行为，均违反《中华人民共和国著作权法》，其行为人应承担相应的民事责任和行政责任，构成犯罪的，将被依法追究刑事责任。

为了维护市场秩序，保护权利人的合法权益，我社将依法查处和打击侵权盗版的单位和个人。欢迎社会各界人士积极举报侵权盗版行为，本社将奖励举报有功人员，并保证举报人的信息不被泄露。

举报电话：（010）88254396；（010）88258888
传　　真：（010）88254397
E-mail：　dbqq@phei.com.cn
通信地址：北京市万寿路 173 信箱
　　　　　电子工业出版社总编办公室
邮　　编：100036